아름다워지는

미용 침구

Takeshi Kitagawa
장준복 옮김

신흥메드싸이언스

아름다워지는

미용 침구

Takeshi Kitagawa

장 준 복 옮김

신흥메드싸이언스

아름다워지는 미용 침구

2009년 5월 발행

지 은 이 : Takeshi Kitagawa
옮 긴 이 : 장 준 복
발 행 인 : 홍 성 혁
발 행 처 : 신흥메드싸이언스
편 집 : 인 선 남
디 자 인 : 소 유 미
주 소 : 서울시 영등포구 양평동3가 15-1번지
월드메르디앙 비즈센터 501호
등록번호 : 제318-2007-000077호
전 화 : 02) 2165-8670~4
팩 스 : 02) 2165-8675
홈페이지 : www.shmed.co.kr

I S B N : 978-89-90933-57-7 93510
정 가 : 60,000원

저자 서문

나는 대학 졸업 후 잠시 일반 기업에 근무하였지만 「평생의 일(lifework)」로서 건강이나 의료와 관계된 일에 종사하고 싶고, 일본이나 동양 특유의 일에 종사하고 싶어 「침구」의 길을 선택하였다.

그리고 실제로 발을 들여 놓은 침구의 세계는 상상 이상으로 흥미로운 세계인 동시에 심도가 깊어 끊임없이 공부하고, 정진해야 하는 세계였다. 실제 임상에서도 침구에는 다른 의료와는 다른 다양한 이점이 있다. 예를 들면 정신적 스트레스의 격증과 PC의 보급으로 현대 사회에 증가하고 있는 긴장성 두통 · 경부(頸部)의 현저한 결림이나 통증 · 악관절증 · 초조 · 안성(眼性) 피로 · 건조성 각막염(dry eye) · 불면 · 거친 피부 등의 다양한 증상이나 질환에 대한 결정적인 현대 의학적 접근(approach) 이 없는 반면에 침구 치료에서는 부작용도 거의 없고 대부분의 경우 뛰어난 효과를 발휘한다.

그러나 유감스럽게도 일본에는 이 뛰어난 침구라는 치료법을 한 번도 체험하지 못한 사람이 여전히 많은 것이 현실이다. 역사는 길지만 침구의 인지도는 이처럼 높지 않다. 그러므로 「보다 많은 사람들에게 이 침구 치료의 좋은 점을 알려 줘야겠다」는 생각을 많이 하게 되었다.

하지만 이와 같은 나의 생각과는 반대로 '침' 에는 「아플 것 같다」, 「무섭다」, 「불안하다」라는 부정적인 편견이 있어 쉽사리 받아들여지지 않고 있다. 그래서 영역을 넓히기 위해 「미용」이라는 「문」을 열었다. 처음 동기는 「미용」이 목적이든 「치료」가 목적이든 상관없이 한 사람이라도 많은 사람에게 침을 체험할 수 있게 하는 것이었다.

그리고 10년 정도 그럭저럭 해 오던 것이 환희의 「큰 오산」이 일어나기 시작했다. 미국을 진원지로 침구 치료나 미용 침구가 유행하기 시작하여 일본에서도 미용 침구의 수요가 높아지기 시작한 것이다. 내가 있는 곳에도 이전과는 비교도 안 될 만큼의 많은 사람이 방문하게 되었다.

그리고 미용을 목적으로 방문한 사람들이 용자의 개선뿐만 아니라 「어깨 결림이 나아졌다」, 「두통이 없어졌다」, 「잘 잘 수 있게 되었다」, 「화분증이 나아졌다」 등 말을 할 때마다 마음속으로 「당연하지」라고 생각하면서도 기쁨을 억누를 수 없었다. 아름다워질 뿐만 아니라 건강해진다. 이것이야 말로 「미용 침구의 진수」라고 할 수 있다. 침을 받아들이는 사람도 증가했으므로 내가 바라던 대로 된 것이다.

따라서 더욱 침구에 대한 인식과 수요가 많아질 것을 기원하여 본서를 집필한 것이다. 그래서 독자 대상이 명확하지 않아 흐지부지될 가능성이 있어 본서의 내용에는 「침구의 기초지식」이나 「자가 치료」 등 일반 이용자도 읽을 수 있는 내용을 포함시켰다. 「미용」을 「시작」으로 하여 더욱 많은 사람들에게 침구의 존재를 알리고 싶었기 때문이다.

그리고 마지막 장인 제10장에서는 미용을 목적으로 한 침구를 실천하는 데 있어 피할 수 없는 두부, 안면부의 주요 경혈에 관하여 지면이 허락하는 한 자세하게 설명하였다. 편집부 담당자와 지혜를 모아 각 경혈을 쉽게 알아볼 수 있도록 편집 디자인에도 신경을 썼다.

아직도 배우는 중이며 부족한 점도 많이 있지만, 침구의 초보자는 물론 일반인까지 포함하여 보다 많은 사람들에게 읽혀 침구에 대한 인식이 한층 더 넓어지고 침구를 받아들이는 사람이 증가하여 침구 업계가 한층 더 번창한다면 더 바랄 게 없을 것이다.

Takeshi Kitagawa

역자 서문

한의학은 생활과학으로서 인간이 부모로 받은 정혈을 바탕으로 내·외적 환경변화에 맞춰 생로병사의 과정을 겪어 가며 살아가는 데 적합한 생활의 법도를 제시하며 아픈 사람은 건강하게, 건강한 사람을 더욱 오래 살 수 있도록 길잡이의 역할을 담당한다. 따라서 젊음 유지와 더불어 영원한 아름다움은 인간의 가장 큰 소망 중 하나이므로 웰빙(well-being)의 시대에 한의학은 그 진가를 발휘하고 있으며 그 중 한방여성의학은 남녀에 따른 체질적 차이에서 비롯한 여성 특유의 건강을 바탕으로 한 아름다움을 주요 분야로 다루고 있다.

BC 168년경의 마왕퇴한묘(馬王堆漢墓)에서 출토된 의서를 기원하여『황제내경』의 소문과 영추에서 한의학의 기본체계가 완성된 후, 경락과 침구는 한방진료에 있어 대표적인 치료방법으로 각종 연구와 임상에서 중요한 역할을 담당해 왔으며 인류 최대의 발명품으로까지 평가받고 있다. 특히 인체는 생명력의 작용과 반작용의 연쇄반응에 의해 다양한 현상이 나타나는데 한의학에서는 그 복잡한 인과관계를 연역하고 귀납하여 실마리가 되는 근본적 원인 개선을 추구한다. 이때 일침(一鍼) 이구(二灸) 삼약(三藥)의 방법으로 그 기를 조절하여 원활한 영위의 운행을 통해 전신에 상호 영향을 미치므로 침구 치료를 우선적으로 활용하게 된다. 또한 요즘과 같은 어려운 경제 여건과 치열한 의료 환경에서 자연친화적이고 즉각적인 효과를 발휘하는 침구를 활용한 한방성형과 미용이라는 새로운 영역이 유행처럼 번지고 있는 실정이다.

이 책은 건강하고 아름다운 여성의 미용을 위한 침구서로서 전문한의사뿐만 아니라, 일반인도 쉽게 이해할 수 있도록 그림과 사진을 최대한 활용하여 이론, 특성, 장점, 치료 시 주의사항, 선혈 방법 및 자가 치료법을 비롯한 기본적 내용뿐만 아니라, 필자가 생각하는 침의 선택, 방향, 깊이, 치료기전 및 치료경과 등 미용 침구의 임상 경험을 구체적으로 담고 있다. 특히 전통의학의 관점에서 경락과 침구 원칙을 충실히 소개하고 주름, 늘어짐, 잡티, 탈모, 여드름, 다크서클, 기미, 부종, 비만 등 각종 질환을 언급하고 있으며 시술 시 생기는 문제점과 상황에 맞는 대처요령 등 여성 미용 침구의 전반적인 내용을 기술하고 있다. 아울러 근육, 혈관, 신경 등 현대 해부학적 지식을 참고로 경혈 위치, 선혈 방법 및 수기법 등을 컬러 사진으로 해설하고 있으므로 미용 침구에서 뿐 아니라 두통, 구안와사, 비염 등의 특효법으로서 출혈이나 멍, 장기 손상 등을 우려하여 망설이고 꺼렸던 얼굴 부위의 침 시술에 좀 더 자신을 갖고 임할 수 있는 계기를 마련해 줄 것으로 생각된다.

앞으로 침구를 이용한 미용과 성형 분야가 한의학에서 고유의 영역으로 각인되고 지속적인 발전을 하리라 확신하며 역자로서 원서의 용어와 의미를 가능한 살리려 노력하였으나 일본의 사회문화와 의료실정 차이를 고려하고 읽는 이의 편의를 위해 딱딱한 문어체적 표현을 바꾸고 우리 한의계 현실에 맞는 적합한 용어를 선택하여 사용하려 노력하였지만 다소 어색한 부분에 대해서는 많은 지적과 이해를 바란다. 끝으로 원고정리와 교정에 수고를 아끼지 않은 의국원들과 출간에 도움을 주신 (주)신흥메드싸이언스 관계자 여러분께 감사의 말을 전한다.

2009년 4월 화창한 봄날

장 준 복

역자 소개

장 준 복

- 한방부인과 전문의 및 한의학박사
- 경희대학교 한의과대학 부인과학교실 부교수
- 경희의료원 한방병원 부인과 과장
- 대한한방부인과학회 부회장 겸 교육이사
- 대한한방병원협회 중앙수련교육위원
- 보건복지가족부 보건의료 한방분야 전문위원
- 한국보건산업진흥원 한방의료 전문평가위원

차 례

차 례

차 례

차 례

차 례

차 례

10. 두 · 안면부의 경혈과 미용 111

1
미용 침구의 본질

ACUPUNCTURE FOR HEALTH & BEAUTY

Introduction

최첨단을 지향하는 전통 미용

요즘 미용을 목적으로 하여 침구를 이용하는 사람이 급격하게 증가하고 있다. 그리고 최근에는 「미용 침구」라는 말도 사용되게 되었다. 미용을 목적으로 한 침구가 「스포츠 침구」, 「재활 침구」 등과 같이 침구의 한 장르로서 확립되고 있다. 하지만 한편에서는 침구 치료나 미용 침구에 관해서는 일반에 알려져 있지 않은 경우도 많아 아직까지도 많은 이용자가 의문이나 오해를 하고 있는 것 같다.

실제로 필자가 있는 곳에도 처음 침구 시술을 받으려고 하는 이용자의 의견을 들어보면 「침은 아플까?」, 「침은 왜 미용에 효과가 있을까?」, 「침은 어느 정도의 길이일까?」, 「부작용은 있을까?」, 「어느 정도의 빈도로 치료를 받으면 될까?」, 「비용은 어느 정도일까?」 등 실로 다양한 질문을 받게 된다. 아쉽게도 대부분의 사람들이 아직까지도 침구 시술을 받은 경험이 없고 침구라는 것을 거의 알지 못하는 것이 현실이다. 그리고 더욱 안타까운 것은 이와 같은 의문이나 오해가 요인이 되어 많은 사람들이 높은 관심을 가지면서도 침구 시술을 받는 것을 주저하고 있는 것 같다.

그렇기 때문에 「미용 침구」라는 새로운 장르의 침구를 성공적으로 보급해 나가기 위해서는 미용에 대한 침구의 효과나 장점이 폭넓게 인지되고 그 「본질」이 정확하게 이해되는 것이 필요하다. 또한 미용 침구의 기반이 되는 전통의학의 이론이나 침구의 특성에 관해서도 폭넓게 인지되는 것이 바람직하다.

그래서 이 책에서는 앞으로 미용 침구를 실천하려고 하는 침구전문가뿐만 아니라 침구 치료와 미용 침구에 관심이 있는 일반인들도 읽을 수 있도록 내용을 담았다. 이 책의 내용을 펼쳐봄으로써 조금이라도 침구 치료와 미용 침구에 대한 의문이나 오해가 해소되어 보다 많은 사람들에게 침구 치료와 미용 침구를 안심하고 이용할 수 있게 되길 바란다.

이 책의 처음에는 미용 분야로서 침구의 목적, 원리, 효과 등의 기본적인 사항에 관하여 소개하고자 한다.

미용 침구의 본질 1

I. 미용과 침구

「미용 침구」라는 말에는 일반적인 침구 치료와는 달리 특별한 침구라는 이미지가 있다. 하지만 실제로 미용 침구는 「미용을 목적으로 하여 행해지는 침구」라는 특징은 있지만 지금까지의 침구 치료와 동떨어진 것은 아니다.

미용에 영향을 미치는 증상에는 주로 「거친 피부」, 「건성 피부」, 「지성 피부」, 「다크서클, 잡티」, 「주름, 늘어짐」, 「부종」, 「여드름, 부스럼」, 「탈모증」, 「비만」 등이 있다. 그리고 이러한 증상은 용자(容姿)[주]에 지장을 초래하므로 「미용상의 트러블」로서 인식되고 있는데, 본래라면 이러한 증상은 「반 건강 상태」나 「미병(未病)」의 징후로서도 간주되어야 할 것이다. 그렇지만 이용자뿐만 아니라 전문가 사이에서도 치료사가 미용과 관계된 시술에 종사한다는 발상은 지금까지는 거의 없었다.

그렇기 때문에 미용과 관계된 시술은 일본에서는 일반적으로 「에스테틱 살롱」이라고 불리는 미용 살롱에서 「에스테티션(피부관리사)」이라고 불리는 기술자에 의해 행해지고 있고 상기와 같은 미용상의 트러블에 대한 시술도 주로 에스테틱 분야에서 행해져 왔다. 「에스테틱」이란 프랑스에서 확립된 미용학으로, 일본에서도 모발이나 네일아트 이외의 미용 시술을 에스테틱 전문가가 지금까지 거의 독점적으로 종사해 왔다.

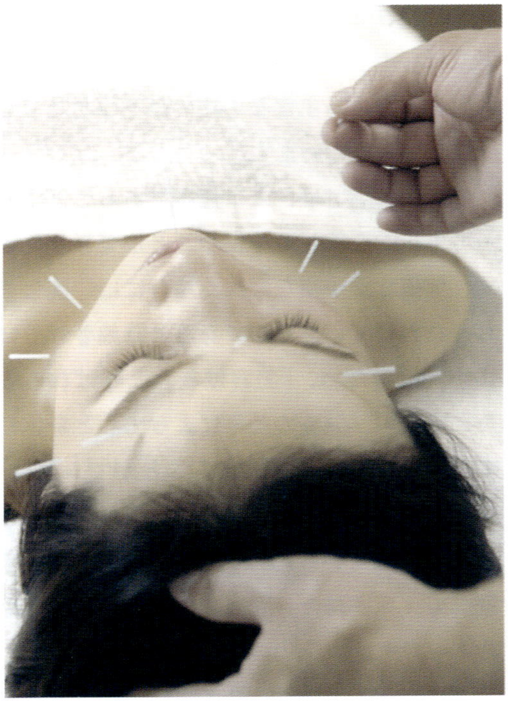

한편 침구는 질병 치료에만 그치지 않고 「미용」에도 매우 탁월한 효과를 발휘한다. 그렇기 때문에 「미용」이라는 분야는 침구라는 시술 특성을 많이 살린 분야인 동시에 새로운 침구의 가능성을 추구할 수 있는 분야이기도 하다.

침구는 일본에서 오로지 「건강」을 유지,

주) 용자(容姿) : 용모(容貌)와 자태(姿態)

증진, 회복하는 것을 목적으로 한「치료법」으로서 행해져 왔지만, 침구라는 독특하고 뛰어난 기법을 의료 분야에만 국한시키는 것은 실로 매우「아깝다」고 할 수 있다.

한편 침구의 발상지인 중국에서는 아주 먼 옛날부터「미는 건강을 기초로 하여 이루어진다」,「건강과 미용은 표리일체 한다」라는 인식이 존재하며 이와 같은 인식을 기본으로 하여 미용 분야에서도 침구가 번창하여 실천되어 왔다. 중국에는 긴 역사와 고도로 체계화된 독자적인 이론을 가진「중의학(中醫學)」이라는 전통의학이 존재하고 그 중의학에는「중의미용학(中醫美容學)」이라는 미용 전문과목도 존재한다.

구미나 일본에서는「의료」와「미용」을 각각 다른 전문 분야로 인식하는 경향이 있지만, 중의학에서는「건강」과「미용」은 원래 끊을래야 끊을 수 없는「표리일체」의 관계에 있다고 인식되고 있기 때문에 중의학에는 미용 전문과목도 확립되어 있다. 즉 그다지 알려져 있지 않았지만 동양에는 프랑스의 에스테틱과는 달리, 알려지지 않은 미용학이 존재하고 있는 것이다. 그리고 중의 미용에서는「침구」,「한약의 내복 · 외용」,「추나(推拿)」,「식료(食療)」,「기공」 등의 중의학 치료법이나 양생법과 같은 기법이 이용되고 있어, 침구는 중의학의 치료법인 동시에 중의 미용에 있어서 주요한 기법의 하나로서도 자리매김 되고 있다.

중의미용학에서는 사람은 건강 상태가 좋으면 외견상의 아름다움을 유지하는 것이 가능하고, 반대로 건강 상태가 좋지 않은 경우에는 아름다움도 손상되어 가는 것이라고 인식되고 있다. 그렇기 때문에「미용 침구」라고 불리는 침구에 한정하지 않고 침구의 효과에 의해 마음과 신체의 건강 상태를 유지 · 증진하는 것이 가능하다면 그와 함께 일정한 미용적인 효과가 나타나기 시작하는 것은 필연이므로「침구 치료」와「미용 침구」의 근본은 같다고 할 수 있다.

또한 미용 침구는 일본에서는「침구사」가 실행하고 있다. 침구사란「침사」,「구사」의 면허를 취득하여 침구를 전문으로 실시하는 치료사이므로 침구는 어디까지나 건강에 기초를 둔 미를 획득하기 위한 기법으로서 이용되는 것으로, 건강과 무관하거나 상반되는 방법으로서 침구가 이용되는 경우는 없다. 동시에 심신의 건강 상태에 무관하게 형태적인 아름다움만을 추구하는 미용 침구의 성립은 있을 수 없다.

따라서「침구 치료」와「미용 침구」의 차이를 말한다면 그것은「치료」를 목적으로 한 침구인지,「미용」을 목적으로 한 침구인지, 추구하는「목적」의 차이에 지나지 않아 어느 쪽을 목적으로 하는지는 이용자의 요구에 따라 결정할 수 있다.

그리고 이와 같은 의미에서 미용 침구의「본질」을 한마디로 집약하면「침구가 가진 특성을 살려 건미(健美)를 추구하는 것」이라고 나타낼 수 있다.「건미(健美)」란「중의미용학」에서 이용되는 용어로「건강을 바탕으로 한 아름다움」이라는 개념을 표현한 말이다. 전술한 바와 같이 중국에는 예로부터 건강과 미용은 표리일체의 관계에 있어 서로 의존하고 있다는 사상이 존재하고「건강한 신체는 아름답다」,「인간의 미는 건강을 기초로 하여 성립되는 것이다」라는 인식이 존재한다. 그리고「건미」란 이와 같은 인식에 근거한 인간의 아름다움을 표현한 말로 중의미용학이 목표로 하는 미의 형태이다.

중의 미용의 다섯 가지 기법

1. 추나(推拿)

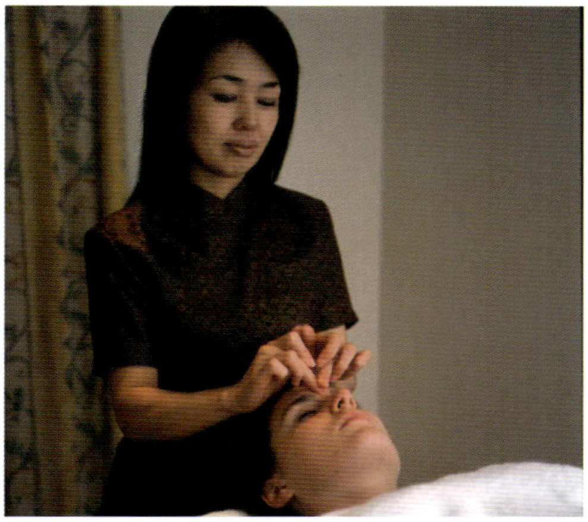

중의학의 수기 요법으로, 중국 고대의 가장 전통적인 건강법의 하나이다. 치료나 양생을 목적으로 하여 손가락을 이용한 누르는 수기〔추법(推法)〕나 집어 올리는 수기〔나법(拿法)〕를 실시하므로 「추나」라고 불린다.

2. 중약(中藥)

「중약」이란 중의학에서 이용되는 한약으로, 약의 재료가 되는 식물 · 동물 · 광물 등을 말한다. 한약은 「탕약」으로서 내복되지만, 미용이 목적인 경우에는 크림이나 팩으로서 외용되는 경우도 있다.

3. 약선(藥膳)

고대 중국에서는 음식은 약이 된다고 생각하여 중의학의 약성이론(藥性理論)에 근거하여 치료나 양생에 이용된다. 치료가 목적인 경우에는 「식료(食療)」, 건강과 미용의 유지 · 증진이 목적인 경우에는 「식양생(食養生)」이라고 불린다.

4. 기공(氣功)

자연적이고 평온하게 호흡을 조절하거나 호흡과 동작이 조화된 부드러운 운동으로, 기(氣)와 의식을 조절하여 전신의 기능을 조절하는 방법이다. 운동을 수반하는 「동기공(動氣功)」과 정지(靜止)한 자세로 실시하는 「정기공(靜氣功)」으로 대별된다.

5. 침구(鍼灸)

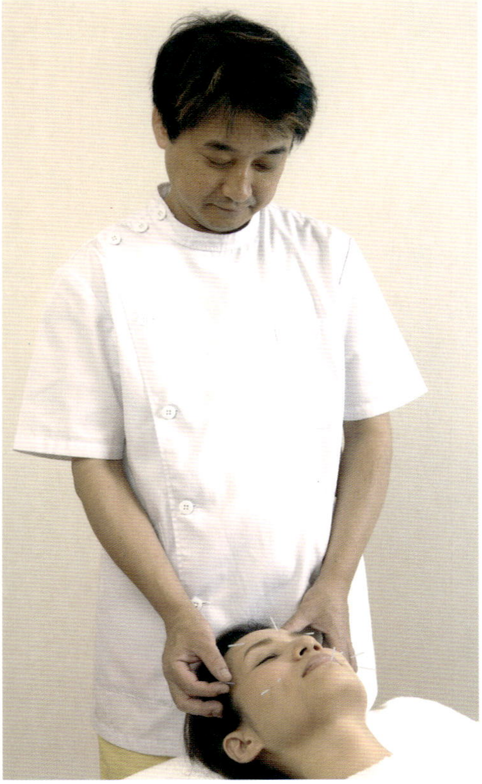

침구는 미용을 목적으로 하여 이용했을 경우에도 일정한 효과가 나타나며 중의 미용에 있어서 효과가 있는 미용법으로서 인식되고 있다.

2. 미용 침구의 목적

중의 미용에는 목적에 따라 「보건 미용」과 「의료 미용」으로 나뉜다. 두 분야 모두 중의학의 이론과 방법을 이용하는 것은 같지만, 「보건 미용」은 건강을 유지 · 증진을 도모함에 따라 피부의 트러블이나 노화를 방지하여 용자를 유지 · 증진하는 것을 목적으로 하고 있고, 「의료 미용」은 「손용성(損容性) 질환」이라고 불리는 질환을 치료함에 따라 용자를 개선하는 것을 목적으로 하고 있다. 즉 다시 말하면 특정 질환의 치료를 실시할지 어떨지는 두 분야의 큰 차이이다. 그리고 침구는 중의 미용의 기법 중 하나이기도 하므로 미용 침구도 「보건 미용」을 목적으로 행해지는 경우와 「의료 미용」을 목적으로 행해지는 경우가 있다.

보건 미용

미용 침구의 목적 중 하나는 국소와 전신의 건강 상태의 유지, 증진을 도모함으로써 노화를 방지하고 젊음과 자연의 아름다움을 유지, 증진하는 것이다.

중국에서는 고대부터 용자의 아름다움은 「건강」이나 「장수」와 밀접한 관계가 있다고 인식되어 왔다. 그렇기 때문에 중의 미용 및 미용 침구의 목적은 형태적인 용자를 개선하는 것뿐만 아니라 심신의 「양생(養生)」을 실시하는 것도 포함되어 있다. 「양생」이란 건강 상태를 유지함에 따라 각종 질환을 예방하여 장수를 실현시키는 것이다.

고대 중국의 저명한 의학서인 「신농본초경(神農本草經)」을 저술한 「화타(華陀)」라는 인물도 「주안(駐顔)」, 「경신내로(輕身耐老)」라는 말을 이용하여 미용과 건강과의 관계에 관하여 언급하고 있다. 「주안」이란 얼굴의 젊음을 유지한다는 의미이며, 「경신내로」란 몸의 가벼움을 유지하여 노쇠(老衰)를 방지한다는 의미로 현대의 「노화방지(antiaging)」를 의미하고 있다. 침구는 치료법으로서만이 아니라 예로부터 양생법으로서도 실천되어 왔다. 그렇기 때문에 「주안」이나 「경신내로」를 목적으로 한 양생법으로서의 침구는 보건 미용에 효과가 있는 방법이기도 하고, 동시에 보건 미용을 목적으로 한 침구의 시술에는 건강의 유지, 증진과 노쇠를 방지하는 효과도 있다고 할 수 있다.

특히 중 · 고령층을 대상으로 보건 미용을 목적으로 한 미용 침구에서는 용자의 젊음과 건강미를 유지하는 것이 목표가 되기 때문에 건강의 유지, 증진 및 노쇠의 방지에 효과가 있는 침구는 보건 미용을 목적으로 한 양생법 및 미용법으로서 뛰어난 효과를 발휘한다.

의료 미용

미용 침구의 또 다른 하나의 목적은 용자를 개선하는 것을 목적으로 하여 「손용성(損容性) 질환」 및 「손형성(損形性) 질환」이라고 불리는 질환을 치료하는 것이다.

「손용성 질환」과 「손형성 질환」은 모두 서양의 현대의학 용어가 아니라 중의미용학에서 사용되는 용어이다.

「손용성 질환」이란 눈, 코, 입, 귀 등을 포함한 안면부나 수족 등 인간의 눈에 띄기 쉬운 부분에 발생하여 신체의 생리 기능에 중대한 영향을 미치지 않지만 사람의 용자에 악영향을 미쳐 경우에 따라서는 주위에 불쾌감을 주는 질환의 총칭이다. 손용성 질환에는 여드름, 주근깨, 기미, 탈모 등 외에 주사비(딸기코), 상처 자국, 새치, 안검하수, 구안와사, 구취, 액취, 수족 냉증 등이 포함되는 경우도 있다.

한편 「손형성 질환」이란 비만증에 대표되는 것 같은 인체의 형태미를 손상시키는 질환의 총칭이다.

손용성 질환과 손형성 질환의 특징은 모두 용자에 악영향을 미치는 경우는 있어도 신체의 생리 기능에는 중대한 영향을 미치지 않으므로 미용 침구의 분야에서는 손용성/손형성 질환의 치료를 달성할 수 있다면 미용상의 목적도 달성된 것이라고 판단하고, 반대로 미용상의 목적을 달성할 수 있는 경우에는 손용성/손형성 질환의 치료도 달성되었다는 것을 의미한다. 또한 이와 같은 손용성/손형성 질환의 「예방」은 보건 미용의 분야로 자리매김 되고 있다.

3. 장상학설과 미용 침구

중의학에는 「장상학설(藏象學說)」이라는 내장의 생리 기능과 병리의 메커니즘에 관한 특유의 이론이 있다. 「장상(藏象)」의 「장((藏)」은 「지니다」의 의미로, 인체의 내측에 있는 「오장」(간 · 심 · 비 · 폐 · 신 등 5개의 내장)을 가리키고, 「상(象)」은 「현상(現象)」이라는 의미에서 「장상」이라는 말은 체표에 나타난 오장의 생리 기능이나 병리 변화의 「외재 현상(外在 現象)」을 의미하고 있다.

장상학설에 있어서 인간의 신체는 단순한 부분 부분의 집합체가 아니라 신체의 각 부분이 유기적으로 제휴하여 기능함으로써 전체적으로 기능하는 「통일체」라고 인식하고 있다. 따라서 신체의 내측에 있는 「오장」과 외측(체표)도 유기적으로 연결되어 있어 오장의 상태는 생명 활동을 통해 다양한 형태로 체표에 나타난다. 그렇기 때문에 오장의 기능이 정상이라면 체표에 충분한 영양을 공급할 수 있기 때문에 피부는 윤기나 혈색을 유지할 수 있어 외견상의 미를 유지할 수 있다. 반대로 오장 어딘가의 기능이나 영양 상태가 저하됐을 경우에는 체표에 충분한 영양을 공급할 수 없기 때문에 피부는 윤기를 잃어 건조하거나 거친 피부 등의 외견에 영향을 미치는 다양한 트러블을 일으키는 원인이 된다.

또한 안면부는 미관상 중요한 위치에 있는 부위인데, 장상학설에서는 안면부를 「오장의 거울」이라고 표현하였고 특히 내장의 건강 상태를 그대로 반영하는 부위라고 할 수 있다. 또한 인간의 용자를 구성하는 눈, 코, 입, 귀, 이, 모발 및 목소리, 정서 등은 오장과 밀접하게 관계하고 있어 어떠한 원인에 의해 오장의 기능에 이상이 있을 경우에는 안색이 나빠지고, 눈빛이 흐려지는 등 용자에 악영향을 미치는 것이라고 볼 수 있다.

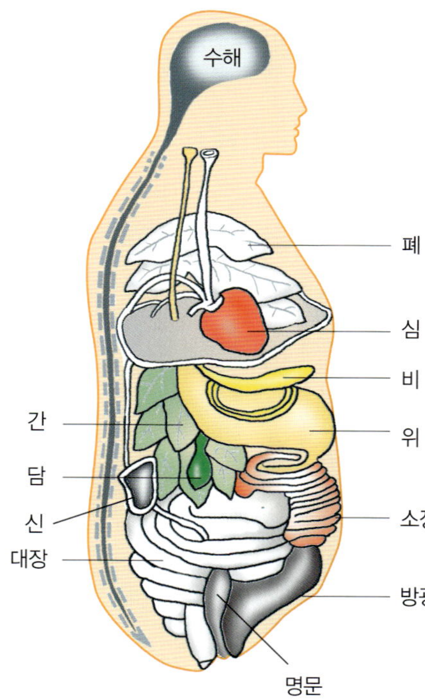

장상학설(藏象學說)에 근거한 장부(臟腑)

이와 같이 피부나 안면부에 발생한 문제는 국소적인 문제만이 아니다. 그렇기 때문에 장상학설의 이론에 근거하여 「미용」과 「오장」의 건강 상태는 매우 밀접한 관계가 있으므로 피부나 안면부의 아름다움을 유지 · 증진하기 위해서는 문제가 발생한 「국소」뿐만 아니라 반드시 「내장」의 건강 상태의 유지 · 증진 · 회복을 도모해야만 한다.

그리고 이와 같은 중의학의 장상학설의 이론에 근거하여 「통일체」로서의 신체라는 인식을 중시하여 신체 전체의 조화를 도모함으로써 본질적인 미를 추구하는 것이 미용 침구의 기본적인 사상이다.

4. 미용 침구의 효과

치표(治標) : 국소 효과

미용 침구에서는 손용성 질환의 치료가 시행되는 경우가 있다. 그리고 중의학의 치료방침에는 「치표(治標)」와 「치본(治本)」의 두 가지가 있다. 「표(標)」는 외측에 나타나는 증상을 가리키므로 「치표」란 이른바 「대증 요법」과 같은 개념이고, 「본(本)」은 「근본」이라는 의미로 「질병의 본질」을 가리키므로 「치본」은 「근본 치료」를 의미한다.

「치표」에서는 예를 들면 어깨 결림의 치료에는 견부(肩部), 요통에는 요부(腰部)와 같이 주로 증상이 나타나는 국소에 대한 시술이 이루어진다. 그리고 침은 신체의 국소에 자입(刺入)하는 것만으로 대부분의 경우에 일정한 효과를 발휘한다. 예를 들어 어깨에 침을 놓으면 어깨 결림이 경감되고, 허리에 침을 놓으면 요통이 완화되는 것을 많이 볼 수 있다. 침의 종류, 자침 부위, 자침의 깊이, 자극량 등에 실수를 하지 않는다면 그런 대로의 효과를 얻을 수 있다는 것이 침의 장점이라고 해도 과언이 아니다.

한편 이와 같은 조건을 충족시킨다면 안면부에 있어서도 침은 자입하는 것만으로 대부분의 경우에 효과를 나타낸다. 안면부에 대해서 자침을 실시하여 15분~20분 정도, 피하에 침을 유치함으로써 대부분의 사람이 「안색이 좋아졌다」, 「눈 주위의 다크서클이 없어졌다」, 「피부에 탄력이 생겼다」, 「부종이 나아졌다」 등 미용적인 효과를 얻었다는 것을 실감할 수 있다. 침의 국소적 미용 효과에 관해서는 아직 충분한 연구가 이루어지고 있지 않은 것이 현실이다. 그렇기 때문에 그 작용 메커니즘에 관해서도 해명되어 있지 않는 경우가 많지만, 자침으로 국소에 일어난 피부의 복구 작용이 미용에 바람직한 효과가 있을 것이라고 추측되고 있다.

피부 표면에 침을 놓으면 표피나 피하조직에는 매우 미세한 「상처」가 생긴다. 그리고 인체의 「자가 치유력」에 의해 자침 부위에는 그 상처를 복구하기 위한 반응이 일어나기 때문에 미용 침의 미용 효과는 이와 같은 피부의 「복구 작용」을 이용한 것이라고 생각된다. 그리고 이러한 종류의 미용 효과는 어떠한 고가의 화장품에 의해서도, 어떠한 고도의 마사지에 의해서도 얻을 수 없다. 미용 침은 자침에 의해 일어나는 인체의 「자가 치유력」을 이용한 자연적인 미용법이며, 침이라는 시술의 특성에 의해서만 실현할 수 있는 특별한 미용법이라고 할 수 있다.

치본(治本) : 근본 치료

또한 중의학에서는 「치병구본(治病求本)」이라는 것이 치료 원칙이다. 「구본(求本)」이란 「근본을 찾는다」라는 것으로, 「치병구본」이란 「질병을 치료하는 경우에는 그 근본적인 원인을 찾아내 그 원인에 따른 적절한 치료법을 이용해야 한다」는 것이다. 장상학설의 이론에 따르면 신체의 표면과 내장은 유기적으로 연결되어 있다고 보기 때문에 안면부 등 국소에 발생한 문제도 실제로는 그 일부분만의 문제가 아니라 근본에는 내장이나 전신적인 문제가 관계하고 있다고 생각한다. 그리고 「치병구본」은 이와 같은 인식에 근거하여 문제가 있는 국소에 대해서 대처하는 것뿐만 아니라 관련된 내장의 기능을 조절함으로써 근본적인 대처를 해야 한다는 것을 치료 원칙으로 한다.

예를 들어 여드름, 부스럼은 필링(peeling) 등 국소적인 치료를 실시함으로써 개선되는 경우가 있다. 하지만 현재 상태의 여드름, 부스럼이 개선되었다고 하더라도 대부분이 시간이 경과하면 계속해서 새로운 여드름, 부스럼이 생겨난다. 이것은 국소적인 치료가 성공해도 근본적인 치료가 되어 있지 않다는 것을 말해 준다. 여드름, 부스럼은 편식, 소화흡수 기능의 문제, 변비, 스트레스 등 다양한 원인에 의해 발생하기 때문에 원인에 따라 「치병구본」의 원칙에 근거하여 근본적인 치료를 실시하지 않으면 효과는 일시적인 것에 그치게 된다.

반대로 스트레스에 의한 어깨 결림의 치료를 계속하고 있는 중에 어깨 결림 증상이 개선되는 것과 동시에 여드름, 부스럼이 개선되었다는 사례도 있다. 여드름, 부스럼은 침구를 국소적인 시술에 이용하여 두드러진 효과를 올리는 것은 어렵다고 할 수 있지만, 내장의 기능을 조절하여 트러블의 원인에 대처함으로써 효과를 올리는 경우가 적지 않다.

또한 「치병구본」은 침구를 비롯하여 중의학 치료의 기본 원칙이지만, 일반적으로 급성적인 증상에서는 「치표」가 보다 중시되고, 만성적인 증상에서는 「치본」이 보다 중시된다. 또한 상황에 따라서는 두 가지 모두 중시되는 경우도 있다. 이와 같이 「치병구본」을 기본 원칙으로 하면서 증상에 따른 임기응변으로 최적의 치료가 이루어지는 것도 미용 침구의 큰 특징 중 하나이다.

2
미용 침구의 장점과 주의점

Introduction

진화하는 침구

침구는 예로부터 행해져 온 가장 전통적인 치료법의 하나로, 체표의 일정한 부위에 침을 놓거나 뜸을 뜨는 매우 자연적인 시술이다. 그렇기 때문에 일반적으로 화학 요법이나 외과적 수술이 필요한 중증 질환이나 증상에는 적용하지 않는 반면 위험성이 매우 적은 치료법이면서도 어깨 결림, 요통, 안구피로(眼球疲勞), 월경불순, 월경통 등 현대의학에서는 근본적인 치료가 곤란한 만성적인 질환이나 증상에 대해서 성공하는 경우가 적지 않다.「안전」하기 때문에「안심」하고 받을 수 있다는 것이 침구의 큰 장점이다.

한편 이와 같은 실상에 반해 관심이 있으면서도 침구 시술을 받는 것에 대해 불안해하는 사람도 적지 않은 것 같다. 그리고 직접 이러한 사람들의 의견을 들어 보면 침에 대한 불안의 대부분은「통증」,「출혈」,「감염」,「부작용」에 관한 것이고, 뜸에 관한 불안은「뜨거움」,「화상」,「부작용」에 관한 것이 대부분이다.

하지만 현재 침구 교육 체계와 침이나 뜸의 제조기술 발전으로 이러한 불안 요소는 거의 해소되었다.

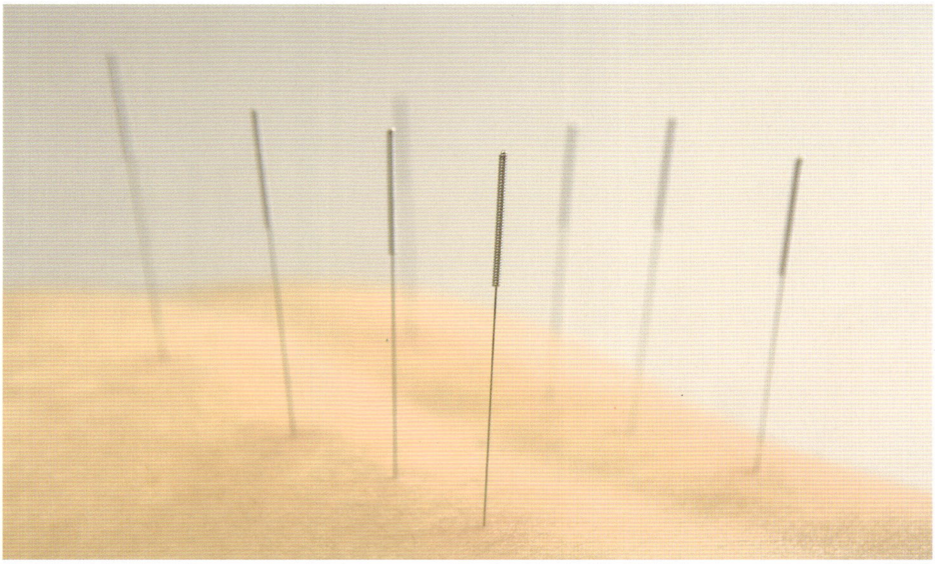

미용 침구의 장점과 주의점 2

I. 미용 침구의 장점

안전하고 안심

고대에는 지금과 같은 치료 전용 침이 존재하지 않았기 때문에 돌을 깎아 사용하였고, 또한 지금과 같은 가는 침을 만드는 제조기술의 등장도 근대의 일이기 때문에 과거의 침 치료가 통증이나 출혈을 수반했던 것은 당연한 일이다.

하지만 침 제조기술의 진보에 따라 현재는 직경 0.12mm라는 매우 가는 침을 제조하는 것도 가능해졌기 때문에 침을 놓음으로써 통증을 느끼는 경우는 거의 없고 출혈을 수반하는 경우도 대폭 줄어 들었다.

또한 「통증」이란 주관적인 개념이며 「통증」에 대한 감수성도 사람에 따라 다르기 때문에 전혀 「무통」이라고는 말할 수 없지만 침 시술에 의한 통증은 매우 미약한 것이다.

또한 1978년에 일본의 침 제조회사인 「세이린 사」가 세계에서 처음으로 「일회용 침(disposable needle)」을 제조한 이래 전 세계의 치료 현장에서 일회용 침이 급속하게 보급되어 간염이나 HIV 감염에 대한 위험과 불안이 대폭적으로 해소되었다. 그렇기 때문에 현재 보건소의 지도를 준수하는 치료원이라면 「감염」에 관해서 걱정할 필요가 없다고 할 수 있다.

한편 뜸에 관해서는 옛날에는 피부에 직접 시술하는 방법이 일반적이었지만 이 방법은 이용자가 뜨거움을 견디지 못하거나 화상을 수반하는 경우도 있어 현재는 심한 뜨거움이나 화상을 수반하지 않는 방식의 뜸을 채용하는 경우가 증가하고 있다. 또한 일반적으로 미용 침구의 시술에서 안면부에 지침을 하는 경우는 많지만 뜸을 사용하지는 않는다.

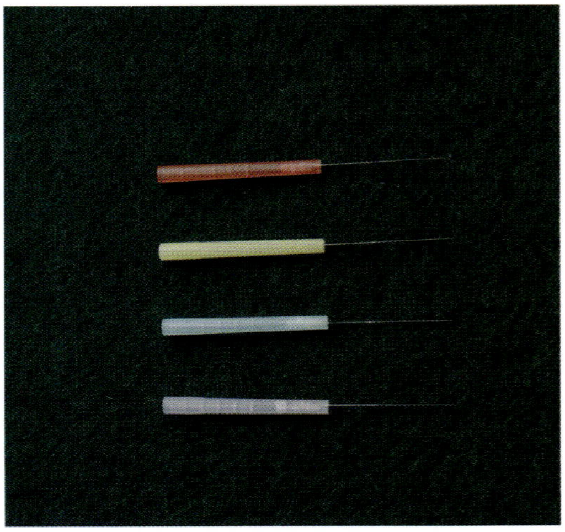

미용 침구에 사용되는 단침의 일회용 침(실물 크기)

최근 일본 내 스파나 살롱에서는 충분한 교육을 받지 않고 이용자의 신체를 관리할 만한 지식과 기술을 갖추지 못한 자칭 「프로테라피스트」(직업적 치료가)가 업무에 종사하는 경우가 많은 것이 현실이다.

한편 침구는 일본에서는 일정한 교육기간

을 수료하여 「침사」, 「구사」(일반적으로는 총칭하여 「침구사」라고 부른다)라는 국가자격을 취득한 전문가가 아니라면 실시할 수 없다. 침구사를 양성하기 위한 교육 커리큘럼에서는 최저 3년 동안 「해부학」, 「생리학」, 「병리학」, 「운동학」 등 기초의학을 모두 배우는 것이 의무화되어 있다. 그리고 침구 시술 목적이 미용인 경우에도 국가자격을 가진 치료 전문가인 「침구사」가 시술하기 때문에 이용자는 안심하고 시술을 받을 수 있다.

침구 치료는 체표에 침을 놓거나 뜸을 뜨는 매우 단순한 방법에 의해 일어나는 인체 반응을 이용하여 건강의 유지, 증진, 회복을 도모하는 것이다. 다시 말하면 침구 시술은 인간의 신체에 원래부터 갖추어져 있는 「자가 치유력」이나 「항상성 유지기구」를 부활시켜 인체의 다양한 균형을 조절하기 위한 것이며 기본적으로 신체에 안전한 시술이다. 그렇기 때문에 「부작용」이나 「과오」가 매우 적다는 것도 큰 장점이다.

침구 시술에 의해 일어날 수 있는 부작용이나 과오에는 자극량의 과다에 의한 「뇌허혈」, 침이 폐로 가서 생긴 「기흉(氣胸)」이 있는데, 이러한 부작용이나 과오는 빈번하게 일어나는 것은 아니다. 그리고 이 중 「뇌허혈」은 일시적인 증상으로, 보통은 시간이 경과하면 회복된다. 또한 「기흉」은 초보적인 과오이며 전문가로서의 기본적인 해부학 지식이 있다면 미연에 방지할 수 있다.

따라서 이와 같은 부작용이나 과오가 일어날 가능성이 전혀 없다고는 할 수 없지만 기본적으로는 안전한 시술이다. 그리고 이와 같은 현대의 침구 상황을 올바르게 인지하고 있으면 안심하고 침구 시술을 받을 수 있을 것이다.

자연적이고 저비용

침구 시술에 필요한 것은 기본적으로는 「침」과 「뜸」이다. 따라서 침구 시술은 고액의 대규모 기계나 설비를 필요로 하지 않고 적은 비용으로 시술할 수 있다. 또한 화학약물을 사용하지 않기 때문에 「자연적」이고 「경제적」인 방법이라고 할 수 있다.

예를 들면 미용 침구에서 비교적 효과가 높은 것에는 「주름, 늘어짐」이 있는데, 그 개

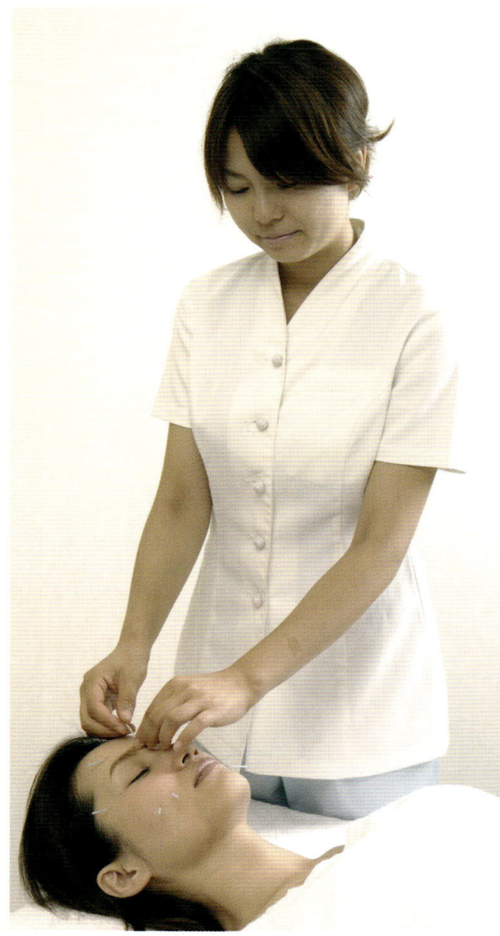

침구는 국가자격을 가진 전문가가 실시한다.

선을 목적으로 한 다른 방법에는 「안면 주름 제거술」, 「봉합사 기법(cable suture technique, 늘어진 조직을 실로 끌어 올리는 방법)」 등의 수술이 있고 보톡스〔보툴리눔 톡신(botulinum toxin)〕, 콜라겐(collagen), 하이알루로닉산(hyaluronic acid) 주사에 의한 방법이 있다. 그리고 이러한 방법은 모두 매우 고액의 비용과 어느 정도의 위험성을 수반하는 것이다. 특히 보톡스 주입에 의한 주름 제거술은 최근에 미용에 응용된 방법으로 헐리웃 스타들 사이에서 유행하여 보급된 것이지만, 근육을 이완시켜 주름을 제거한 방법으로 표정근 기능의 저하로 표정이 굳어지는 부작용이 있다.

한편 미용 침구는 「보툴리눔 톡신」과 같은 이물질을 사용하지 않고, 체표에 침을 놓는 매우 단순하고 자연적인 방법이며, 「주름, 늘어짐」에 특정한 효과가 있을 뿐만 아니라 예방 효과도 있다. 그렇기 때문에 최근에는 많은 헐리웃 스타들이 보톡스에서 미용 침구로 전환하는 것이 각종 매체에서 소개되어 미용 침구가 유행하기 시작했다. 이처럼 수술이나 화학 약물 주입보다 훨씬 저렴하고 자연적이란 점은 미용 침구의 큰 장점이다.

건강에 기초를 둔 미용

미용의 영역에는 주요 전문 분야로서 헤어, 메이크업, 네일아트 등의 「장식 미용」, 외과적 수술에 의한 「성형 미용」, 피부나 체형을 관리하는 「에스테틱」 등이 있다. 미용 침구가 미용에 목적을 두었다는 점에서는 다른 분야와 공통적이지만, 기본 사상과 수법에는 본질적으로 차이가 있다.

「장식 미용」은 화장품을 사용하여 안면부, 머리, 손 · 발톱 등에 장식을 하는 방법이다. 그리고 이처럼 화장에 의한 「장식미」는 인체의 결점을 가리거나 장식을 함으로써 외관미를 강조하는 것이지만, 일단 화장품 등을 제거했을 경우에는 본질이 드러나게 되는 것이 현실이다. 한편 미용 침구의 목표는 「건미(健美)」이므로 가리거나 장식에 의한 「장식 미용」과는 반대로 인간의 본질적인 아름다움을 추구하는 것이다.

「성형 미용」은 주로 외과적 수술에 의해 형태적인 미를 만들어내는 것을 목적으로 한 수법이므로 「형태미」를 목표로 하는 수법이라고 할 수 있다. 한편 미용 침구는 일정한 패턴에 의해 용모를 성형적으로 꾸미는 것이 아니라 각자 다른 체질, 피부, 형태의 특징 등에 근거하여 비수술적인 방법에 의해 근본적인 아름다움을 추구하는 것이므로 성형 미용과도 근본적인 이념과 방향성이 다르다.

「에스테틱」은 프랑스에서 확립된 미용학으로, 「건강을 기초로 한 미」를 목표로 한 지식체계와 수법이다. 그렇기 때문에 에스테틱은 인간의 미에 대한 생각이나 방향성은 미용 침구와 통하고 있다. 하지만 일본을 비롯한 선진국에서는 에스테틱의 수법을 의료법으로 규제하여 치료 행위를 하는 것은 불가능하기 때문에 서비스의 범위가 피부나 체형의 「관리」나 「보호」에 한정되어 있다.

한편 본래 치료 행위인 침구는 예를 들면 「부스럼」, 「원형탈모증」, 「비만증」 등 용자를 손상시키는 원인이 되는 질환이나 증상을 가진 이용자에게 이루어지는 경우가 있다. 그리고 그 치료를 성공시킬 수가 있다면, 즉 건미를 달성할 수 있다는 것이 미용 침구의 큰 특징이다. 또한 미용 침구에 종사하는 침구사는 치료 행위를 하기 위한 국가자격을 취득하였으므로 필요에 따라 「보호」와 「치료」 모두 선택적으로 시행할 수 있다.

미용 침구는 「신체 전체의 조정」, 「국소의 관리」, 「질환의 치료」의 세 가지 방법을 통해 「안색을 건강하게 빛나게 한다」, 「피부결을 곱고 윤기가 흐르게 한다」, 「눈에 힘과 빛을 갖게 한다」, 「입술의 혈색을 좋게 한다」, 「머리카락을 검고 빛나게 한다」 등 인간이 가진 본질적인 자연의 아름다움, 즉 「건미(健美)」를 높이는 것을 목표로 하고 있다.

그리고 이와 같은 인간이 가진 본질적인 자연의 아름다움은 화장을 지움으로써 잃는 것이 아니다. 화장에 의한 미용 효과는 일시적인 것이지만, 「건미」는 심신의 건강을 지킴으로써 유지할 수 있는 것이다. 또한 지금 여성들의 큰 관심사인 「노화방지」나 「주름과 늘어짐 제거」도 「건미」를 목적으로 한 개념으로 미용 침구가 가장 자신 있어 하는 분야이다. 「미용 침구」 최대의 본질적인 장점은 침구라는 시술의 특성에 의해 피부 그 자체, 신체 그 자체가 아름다워지는 것뿐만 아니라 「건(健)」과 「미(美)」를 동시에 획득할 수 있는 것이다.

2. 미용 침구의 위험성과 주의점

현재는 침 제조기술의 발전으로 침 시술에 따른 심한 통증이나 출혈을 수반하지는 않는다. 또한 이미 서술한 바와 같이 침구는 부작용이나 과오에 의한 사고의 위험성이 적어 안심하고 받을 수 있는 시술이다.

하지만 침 시술에서는 절대로 피할 수 없는 「위험성」이 있다. 그것은 자침(刺針)이라는 행위는 항상 「출혈」이나 「피하 출혈」이 발생할 가능성을 수반한다는 것이다. 침이 체내에 자입될 때에는 피부, 모세혈관, 근육 등의 조직에 미세한 상처가 생기기 때문에 그 결과로 「출혈」이나 「피하 출혈」이 발생하는 경우가 있다. 그리고 이러한 현상은 시술의 과오에 의한 것이 아니라 인체의 정상적인 반응이기 때문에 침이라는 시술을 실시하는 이상, 그 가능성은 피해갈 수 없다.

미용 침구에서는 안면부에 자침을 하는 경우가 많다. 안면부에 하는 자침으로는 매우 가는 전용 침이 사용되기 때문에 피하 출혈이 발생할 가능성은 매우 적지만, 「출혈」이나 「피하 출혈」은 인체의 정상적인 반응이며 예측 불가능한 현상이므로 어떠한 전문가도 그 가능성을 전혀 없다고 할 수 없다. 즉 미용 침구의 시술에서는 안면부에 「출혈」이나 「피하 출혈」이 일어날 가능성을 「전제」로 한다. 그리고 미용 침구를 시술할 때나 받을 때 이 점을 사전에 이해할 필요가 있다. 또한 피하 출혈이 일어났을 경우에는 「멍」이 생기기도 하는데 안심해도 된다. 인간의 신체에는 「자가 치유력」이라는 시스템이 갖추어져 있기 때문에 눈에 띄는 「멍」이 생긴 경우에도 개인에 따라 다르겠지만 보통은 일주일에서 수주일 안에 자연히 옅어져 자국을 남기는 경우는 없다. 그리고 미용 침구는 미용을 목적으로 자가 치유력을 유효하게 활용한 수법이므로 비록 일시적인 「멍」이 생겼더라도 대부분 회복되어 원래의 정상적인 피부 상태로 된다.

미용 침구의 시술에 의한 문제를 피해야 하는 입장에서 다시 한번 말하지만, 침구는 「출혈」 및 「피하 출혈」이 일어날 가능성이 있는 시술이라는 것을 확인해 주길 바란다. 그리고 미용 침구의 시술에서는 안면부에 피하 출혈에 의한 일시적인 「멍」이 생길 가능성이 있다

는 것을 미리 이해해 주길 바란다. 또한 침구전문가가 미용 침구의 시술을 실시하는 경우에는 이용자에게 이와 같은 사항을 명확하게 전달하고 이용자의 동의를 얻고 나서 실시해야 한다.

전술한 바와 같이 피하 출혈은 빈번하게 발생하는 것이 아니다. 하지만 아름다워지는 것을 희망하여 미용 침구의 시술을 받은 이용자의 안면부에 「멍」이 생긴 경우에 이용자가 어떠한 심경일지를 생각해 보자. 또한 피하 출혈에 의해 생긴 「멍」은 시술 직후가 아니라 수십 분에서 수시간 정도의 시간이 지나고 나서 생기는 경우도 있다. 그렇기 때문에 이용자가 귀가하고 나서 처음으로 안면부의 「이변」을 깨닫게 되는 경우도 있다. 그리고 이와 같은 경우에 사전에 충분한 설명이 이루어지지 않으면 그 「멍」이 일시적이라는 것을 알지 못하고 이용자가 흥분 상태에 빠지는 경우도 충분히 생각할 수 있다. 그렇기 때문에 미용 침구를 실시하는 경우에는 이용자에게 「출혈」 및 「피하 출혈」에 관하여 명확하게 설명할 뿐만 아니라 「멍」이 생긴 경우에도 그것은 반드시 일시적이라는 것을 사전에 충분히 설명해 주어야 한다.

또한 이용자와 침구사 사이에 시술의 「동의서」를 작성하여 이용자에게 서명을 받는 것이 이상적이다. 그리고 만일 이용자의 안면부에 「멍」이 생긴 경우에는 「성의」 있게 대응하는 것이 매우 중요하다. 비록 그것이 「과오」에 의한 것이 아니라 사전의 「동의」에 근거한 것이더라도 시술에 기인하여 이용자는 불쾌감을 느끼기 때문이다.

미용 침구를 시술할 때 이용자와의 문제점을 방지하기 위한 세 가지 주요 포인트는 아래와 같다.

- 이용자에게 사전의 충분한 설명
- 이용자의 동의에 근거한 시술 실시
- 성의 있는 사후 대응

동의서 양식의 예

동 의 서

침 구

침구 치료 · 미용 침구의 시술을 받기 전에 알아두어야 할 점이 있습니다. 아래의 설명을 충분히 이해하신 후, 시술을 희망하는 경우에 이 동의서에 서명해 주시길 바랍니다.

• 시술의 명칭 및 종류

1. 이번에 　　　　　　　님께서 받게 될 시술은 「침구」입니다.
2. 「침구」란 「침」과 「뜸」의 총칭으로, 「침」이란 침을 가지고 신체 표면의 일정 부위에 접촉 또는 투과하여 자입하는 것이며, 「뜸」이란 약쑥을 연소시키거나 그것을 대신하는 물질을 이용하여 신체 표면의 일정 부위에 온열적 자극을 주는 것입니다.

• 효과에 관하여

침구의 효과에는 「직후 효과」와 「사후 효과」가 있어 시술 후 바로 효과가 나타나는 경우와, 일정 시간이 경과하고 효과가 나타나는 경우가 있습니다. 또한 효과가 나타나는 방법 및 효과의 지속성에도 개인차가 있습니다.

• 출혈과 피하 출혈에 관하여

침의 시술에서는 침이 피부, 모세혈관, 근육 등의 조직에 자입되기 때문에 피하 출혈이나 약간의 출혈을 수반할 가능성이 있습니다. 따라서 침의 자입에 의한 피하 출혈이나 출혈은 인체의 정상적인 반응이지 시술의 과오에 의한 것이 아닙니다. 또한 드물기는 하지만 피하 출혈로 멍이 생기는 경우도 있으나, 개인차에 따라 일주일에서 수주일 정도면 없어집니다. 멍이 오랫동안 남는 경우는 없으니 안심하십시오.

침구 시술을 받기 전에 이와 같은 사항을 이해하고 통증, 피하 출혈, 멍, 약간의 출혈이 있을 수 있음을 양지한 후 시술을 받는 것에 승낙해 주시길 바랍니다.

저는 이번 시술에 관하여 상기와 같이 설명하였습니다.

년 월 일

담당자 성명 ㊞

저는 상기의 건에 관하여 충분한 설명을 듣고 이해했으므로 시술받는 것을 승낙합니다.

년 월 일

동의자 성명 ㊞

※동의자가 도장을 소지하고 있지 않은 경우에는 서명만으로도 가능

3
침구의 기초지식

Introduction

자가 치유력을 끌어낸다

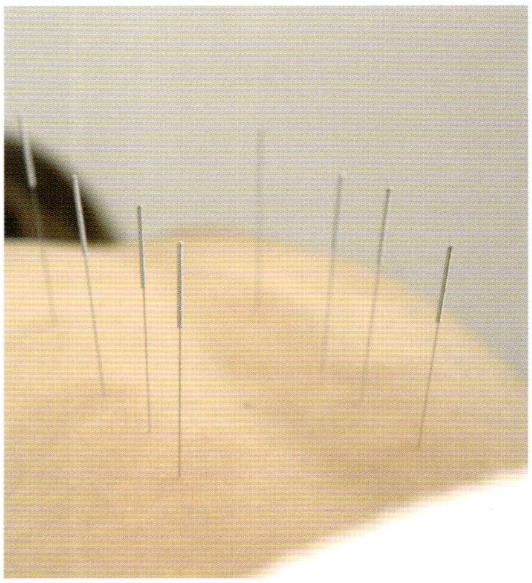

침과 뜸은 전 세계적으로 예가 없는 매우 독특하고 특징적인 치료법이다. 왜냐하면 침구 치료는 치료 행위이면서 약물을 사용하지 않기 때문이다. 질환 치료를 목적으로 인간의 신체에 어떠한 작용을 미치기 위해서는 보통은 특정 작용을 가진 약물을 체내에 넣거나 외과적으로 신체를 여는 것이 필요하다. 그렇기 때문에 현대의학에서도 질병의 치료는 주로 화학 약물의 투여나 외과적 수술에 의존하여 이루어지고 있다.

하지만 침구 치료에서는 약물을 사용하지도, 신체를 열지도 않는다. 약물을 사용하지 않고 치료 행위가 성립하는 것은 침구 치료에서는 시술에 의해 일어나는 환자 자신의 「생체 반응」이 유효하게 이용되기 때문이다. 즉 침구 치료에 있어서 실제로 신체를 치유하는 「힘」은 약물 등에 의한 외부의 작용이 아니라 환자 자신의 인체에 원래 갖추어져 있는 「자가 치유력」이 있어 침이나 뜸은 그 치유력을 유효하게 이용하는 수단에 해당하는 것이다.

물론 이와 같은 침구 치료에는 우수한 분야와 한계(부적응)가 있어 약물이나 외과적 수술로 치료해야 하는 증상과 질환까지 모두 침이나 뜸으로 치료할 수 있다는 것은 아니다. 하지만 서양의 현대의학에도 우수한 분야와 한계가 있기 때문에 침구 치료는 이런 현대의학을 보완대체의학(CAM : complementary and alternative medicine)으로서 재인식되어 전 세계의 주목을 받고 있다.

침구의 기초지식 3

1. 「침술」과 「구술」

「침」과 「뜸」은 모두 특정 질환이나 증상 치료를 목적으로 한 시술이기 때문에 본래는 「침술(鍼術)」, 「구술(灸術)」이라고 하는데, 일반적으로는 「침」, 「뜸」이라고 불리고 있다.

또한 「침」과 「뜸」은 각각 독립된 치료법이지만, 모두 고대 중국에서 발전한 전통적인 치료법으로, 체표를 통해 신체를 자극한다는 점과 주로 「경혈」이라고 불리는 특유의 치료점이 이용되는 등 역사, 이론, 기법 등에 있어서 공통점이 많아 총체적으로 「침구」라고 불리고 있다.

2. 침의 기초지식

침의 정의

침구전문가 양성시설에서 교재로 사용되고 있는 「침구 이론」(사단법인 동양요법학교협회)에서 침술은 다음과 같이 정의되고 있다.

침술이란 일정한 방식에 의해 침을 가지고 신체 표면의 일정 부위에 접촉 또는 천자 · 자입(穿刺 · 刺入)하여 인체에 일정한 기계적 자극을 주고, 그것에 의해 일어나는 효과적 인체 반응을 이용하여 생활 기능의 부조화를 교정하여 보건 및 질병의 예방 또는 치료에 폭넓게 응용하는 시술이다.

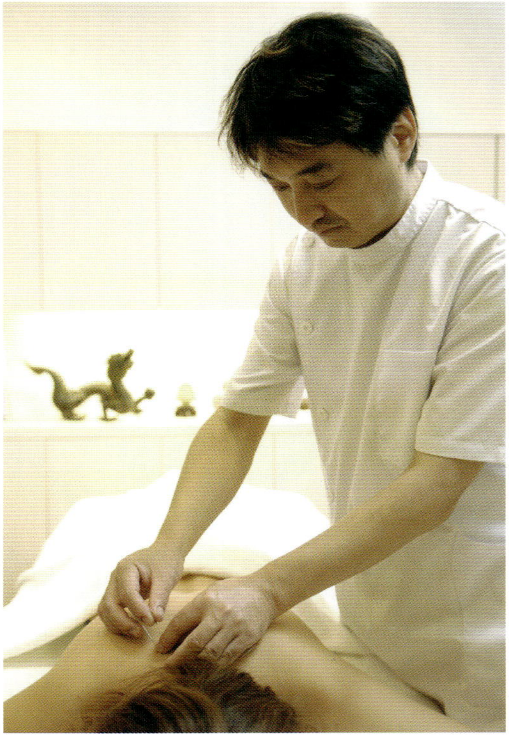

체내에 침입하여 치유하는 독특한 치료법

침의 기법상 가장 큰 특징은 「침」이라는 특수한 치료 기구를 이용하는 것이다. 그리고 그 치료 기구를 체표에서 체내로 「침입」시키는 매우 특이한 방법이 이용된다.

신체의 체표에 실시되는 치료법에는 침뿐만 아니라 「이학 요법」, 「안마」, 「마사지」, 「지압」 등의 방법도 있는데, 「도수(徒手)」를 이용한 이러한 치료법으로는 신체의 깊은 부위를 직접 자극할 수 없다. 반면에 침 치료에서는 「침」이 체표를 통해 체내로 침입하기 때문에 신체의 깊은 부위에 도달하여 직접적인 작용을 할 수 있다. 그리고 이 때 치료사의 손과 환자의 신체 내부는 「침」을 통해 연결되어 있는 것이다. 신체를 열지 않고 신체 안까지 침입하는 침 치료의 방법은 그야말로 「묘기」라고도 할 수 있으며 전 세계를 찾아보아도 보기 어려운 독특한 치료법이다.

「침(鍼)」과 「침(針)」

「침」의 한자 표기에는 「鍼」과 「針」의 두 가지 한자가 사용되고 있는데, 「어느 것이 맞는 것일까?」 그 답은 「모두 맞다」이다.

침구 치료의 분야에서 「침」이라는 말은 「시술 행위」로서의 「침」과 「도구」로서의 「침」의 두 가지 의미로 사용된다. 현대 중국에서는 「鍼」자는 사용되지 않고 대부분 「針」자가 사용되고 있다. 반면 일본에서는 「시술 행위」를 나타내는 경우에는 「鍼」자가 사용되는 경우가 많고, 「도구」로서의 「침」을 나타내는 경우에는 「針」자를 사용하는 것이 일반적이다. 그렇기 때문에 일본에서 「도구」로서의 「침」을 한자로 표기할 경우에는 「침구침(鍼灸針)」과 같이 두 한자를 모두 이용하여 표기하게 된다.

또한 일본과 중국에서는 침 치료의 치료 방법이나 사용하는 침에 차이가 있어 일본식 침을 실천하고 있는 전문가는 시술 행위나 도구에 대해서도 「鍼」자를 사용하는 경향이 있고, 반대로 일본에서 중국식 침을 사용하는 전문가는 시술 행위나 도구에 대해서도 「針」자를 사용하는 경향이 있다.

일본 VS 중국

중국에는 긴 역사와 고도로 체계화된 이론과 기법을 가진 「중의학」이라는 고유의 전통의학이 존재한다. 그리고 침구 치료는 중의학에 있어서 주요 치료법의 한 분야로서 자리매김하고 있다. 중국에서 기원된 침구는 일본에도 전래되었지만, 그 후의 쇄국정책으로 일본과 중국과의 교류가 오랫동안 두절되었고 그 사이 일본에서는 독자적으로 침구의 발전이 이루어졌다.

그리고 그 후 중국과의 국교정상화로 현재의 일본에는 중국에서 실천되어 온 중국의 침구

일본의 호침(毫針)(위쪽의 3개)과 중국의 호침(아래쪽의 5개)〔실물 크기〕

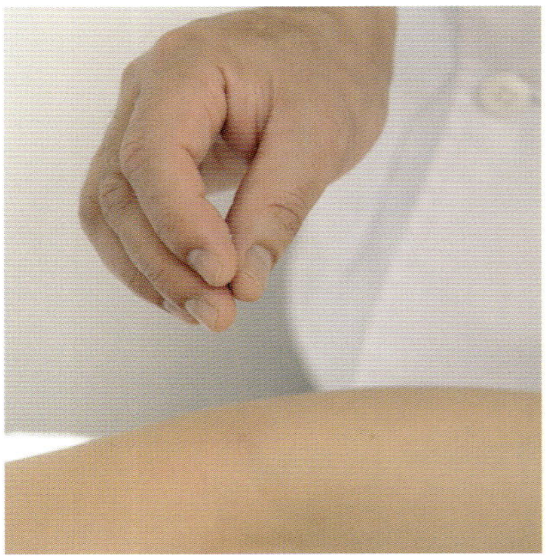

호침의 자입

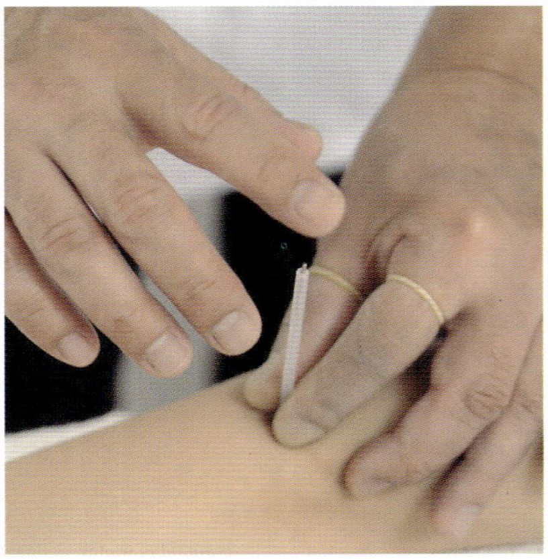

일본에서 개발된 「관침법(管鍼法)」

가 다시 소개되었다. 그렇기 때문에 현재 일본에서 실천되고 있는 침구에는 중국의 침구와 일본에서 독자적으로 발전한 침구 두 가지 방식이 존재한다. 그리고 이 두 가지의 침구에는 각각 다른 특징이 있어 이론, 기법, 사용하는 침 등에 있어서도 공통점과 차이점이 있다.

일본에서 개발된 「관침법(管鍼法)」

신체표면을 투과하여 자입(刺入)하는 경우에 중국을 비롯하여 많은 나라에서 손으로 침병(針柄)을 잡고 직접 피부에 자입한다. 이 경우 침의 조작 기술이 미숙하면 자입 시 통증을 주게 된다. 현재는 침의 제조기술의 비약적인 발전으로 침의 자입 시 통증이 문제가 되는 경우가 대폭 줄어들었지만, 옛날에는 시술자에게 상당한 기술이 요구됐음을 상상하는 것은 그리 어려운 일이 아니다.

일본 에도(江戸) 시대에 침의 자입 기술을 보완하기 위해 「자입 방법」을 연구한 인물이 있었다고 전해지고 있는데, 「스기야마 와이치(杉山和一)」란 인물로 침을 용이하게 자입하기 위해 침보다 약간 짧은 관을 이용한 방법을 고안했다. 이 관은 「침관(鍼管)」이라고 불리어, 침을 침관에 삽입한 상태에서 침첨(針尖)과 침관을 자입 부위의 피부에 대고 침관의 후부에서 돌출한 침병을 손가락으로 쳐서 정확한 위치에 재빠르게 자침하는 것을 가능하게 한 것이다. 이 기법은 「관침법(管鍼法)」이라 불리어, 초심자도 간단하고 정확하게 자침을 실시할 수 있어 폭넓게 보급되었고 침의 자입 방법의 주류가 되었다. 또한 침구전문가 양성시설에 있어서의 교육 현장에서도 이 기법이 폭넓게 채용되고 있다.

3. 뜸의 기초지식

구술의 정의

침구전문가 양성시설에서 교재로 사용되고 있는 「침구 이론」(사단법인 동양요법학교협회)에서 구술은 다음과 같이 정의되고 있다.

구술이란 일정한 방식에 의해 약쑥을 연소시키거나 그것을 대신하는 물질을 이용하여 신체 표면의 일정 부위에 온열적 자극을 주고, 그것에 의해 일어나는 효과적인 생체 반응을 이용하여 생활 기능의 부조화를 교정하여 보건 및 질병의 예방 또는 치료에 폭넓게 응용하는 시술이다.

「뜸」과 「약쑥」

이와 같은 뜸의 특징은 시술에 있어서 「약쑥」이라는 독특한 물질(또는 그것을 대신하는 물

여러 종류의 간접구(間接灸)(오른쪽 위쪽은 약쑥)

질)을 연소시켜 이용한다는 것이다. 따라서 뜸의 시술에 사용되는 것은 원칙적으로 「약쑥」이지만, 실제로는 약쑥뿐만 아니라 다양하게 가공된 약쑥이 사용되는 경우도 있다.

그리고 그 경우에 뜸의 시술에 사용하는 것을 목적으로 한 「약쑥의 가공품」(또는 그것을 대신하는 물질의 가공품)은 일반적으로 「약쑥」이 아니라 「뜸」이라고 불린다. 즉 「뜸」이라는 말은 「시술」로서의 「뜸」과 시술에 사용되는 「약쑥의 가공품」(또는 그것을 대신하는 물질의 가공품)으로서의 「뜸」의 두 가지 의미를 가지고 있는 것이다.

약쑥을 태워 치유하는 「뜸」

뜸은 침과 같이 고대 중국에서 기원하여 일본에 전래한 것인데, 뜸을 이용한 치료는 중국보다도 오히려 일본에서 왕성하게 행해지게 되었다. 뜸의 기법 면에서의 특징은 약쑥이라는 것을 연소시킴으로써 인간의 피부와 조직에 온열적 자극을 준다는 것이다. 온열 자극을 이용한 치료법은 뜸 이외에도 전 세계에서 다양한 방법이 존재하고 있지만, 식물을 연소시켜 이용하는 뜸의 기법은 다른 예가 없는 독특한 기법이라고 할 수 있다.

그리고 뜸의 시술에는 더욱 큰 특징이 있다. 그것은 뜸의 시술에는 「약쑥」이라는 특별한 것이 이용되는 것이다. 약쑥은 주로 쑥잎의 뒤쪽에 붙어 있는 「모용(毛茸)」과 「선모(腺毛)」라는 부분을 재료로 하여 만들어지고 있다. 중국의 고대 사람들은 경험의 축적에 의해 이와 같은 특정 식물의 특정 부분(쑥잎의 모용과 선모)이 인간의 피부와 조직에 대해서 적당하게 유효한 온열 자극을 주는 것에 적합하다는 것을 알고 있었던 것이다. 약쑥이 고대부터 현대까지 변함없이 뜸의 시술에 계속 사용되고 있다는 점에서 약쑥은 뜸의 핵심이며, 그것은 고대 사람들의 지혜의 산물이라고 할 수 있을 것이다. 그리고 이와 같은 약쑥을 이용한 뜸의 시술은 침과 다른 의미에서 매우 특징적인 치료법이라고 할 수 있다.

직접 VS 간접

뜸의 시술 방법에는 약쑥을 직접 피부 위에 얹고 불을 붙이는 「직접구(直接灸)」라고 불리는 방법과, 약쑥을 직접 피부에 얹지 않고 연소하는 약쑥을 열원(熱源)으로서 피부나 조직에 간접적으로 온열 자극을 주는 「간접구(間接灸)」라고 불리는 방법의 두 종류가 있다. 「직접구」에서는 약쑥이 피부 표면에서 연소하기 때문에 「자국」을 남기는 경우도 있다. 또한 「간접구」에는 타고 있는 약쑥을 피부에 가깝게 대는 「봉구(棒灸)」나 피부 위에 소금, 마늘, 생강 등을 얹어 그 위에 약쑥을 태우는 「격물구(隔物灸)」가 있다.

유흔(有痕) VS 무흔(無痕)

약쑥을 직접 피부 위에 얹어 연소시키는 직접구는 치료 목적에 따라 피부에 의도적으로

간접구

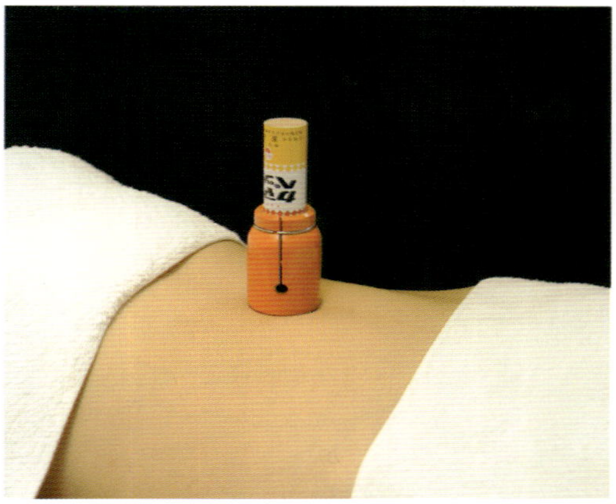

후드(나무틀)에 장착하여 사용하는 봉구(棒灸)

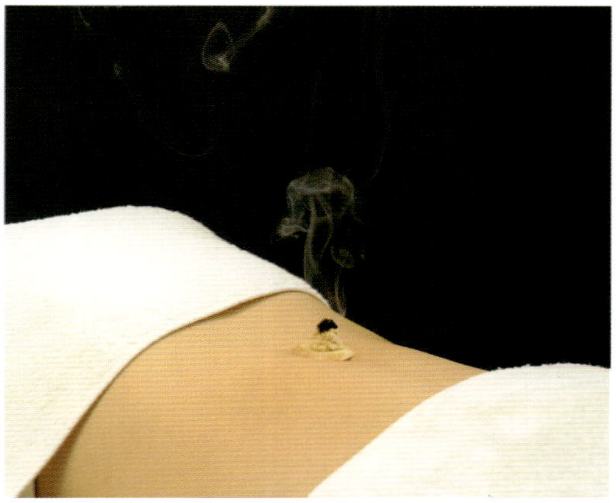

얇게 썬 생강을 사용한 격물구(隔物灸)

지통(紙筒)을 사용한 간접구(間接灸)

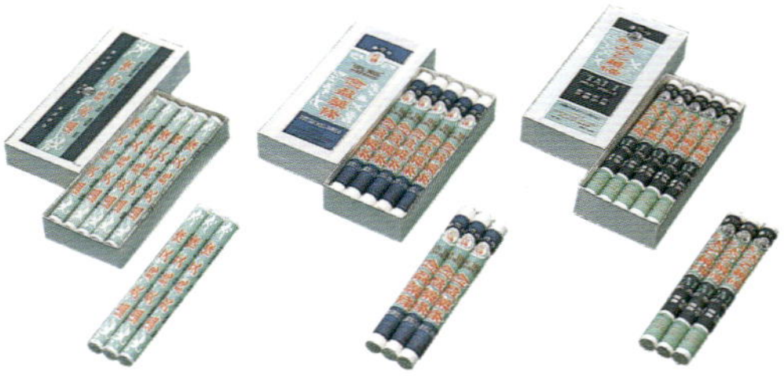

봉구(棒灸)

「자국」을 남기는 경우가 있다. 그렇기 때문에 뜸 기법은 「자국」의 유무에 의해서도 대별되며 뜸 자국을 남기는 방법은 「유흔구(有痕灸)」, 뜸 자국을 남기지 않는 방법은 「무흔구(無痕灸)」로 불리고 있다. 직접구에는 「유흔구」에 속하는 방법과 「무흔구」에 속하는 방법이 있고, 봉구(棒灸)나 격물구(隔物灸) 등의 간접구는 뜸 자국이 남지 않기 때문에 이러한 기법은 「무흔구」로 분류된다.

요즘에는 뜸 자국을 남기는 「유흔구」는 이용자가 멀리하는 경향이 강해지고 있을 뿐만 아니라 불만이나 문제 발생의 원인이 될 가능성도 있기 때문에 이전처럼 행해지지 않게 된 것이 현실이다.

한편 무흔구에 사용되는 온구 등은 일반 약국 등에서도 다양한 종류가 시판되고 있어 가정에서도 안전하고 손쉽게 실천할 수 있다. 양식은 다소 변화하고 있지만 뜸은 예전이나 지금이나 서민에게 친근한 치료법이라는 것에는 변함이 없다.

4
도구로서의 침

Introduction

침에 관하여 알아둘 것

「주사침」, 「봉합침」 등 침상(針狀)으로 찔리면 아플 것 같은 것에는 대체로 「針」이라는 한자가 사용되고 있다. 그렇기 때문에 「針」이라는 한자에는 매우 아프다는 이미지가 있어 그 이미지가 침 시술에 대해서도 「아플 것 같은 시술」이라는 인상을 주는 것 같다. 하지만 실제로는 침 시술에 사용되는 침구침은 매우 가늘어 침 시술은 주사침이나 봉합침이 찔릴 때와 같은 심한 통증을 수반하지 않는다. 「침」=「아플 것 같은 시술」이라는 인상은 「針」이라는 한자가 가진 아플 것 같은 이미지에 의한 큰 오해라고 할 수 있다. 실은 필자가 이 책의 집필을 결심한 것도 이와 같은 침 시술에 대한 오해를 바로 잡아 침의 장점이나 매력을 보다 많은 사람들에게 알려주고 싶다는 생각이 가장 큰 이유이다.

그렇기 때문에 여기에서는 우선 침 시술에 사용되는 「도구」로서의 「침」을 가능한 한 상세하게 설명하려고 한다. 한마디로 「침」에는 긴 침, 짧은 침, 굵은 침, 가는 침, 찌르는 침, 찌르지 않는 침 등, 실제로 다양한 종류의 침이 존재한다. 목적에 맞는 다양한 침과 그 사용법, 침의 기원 등에 관하여 알게 됨으로써 이 책의 주제이기도 한 미용 침구를 포함한 침의 장점과 매력을 보다 폭넓고, 보다 깊게 이해할 수 있을 것이다.

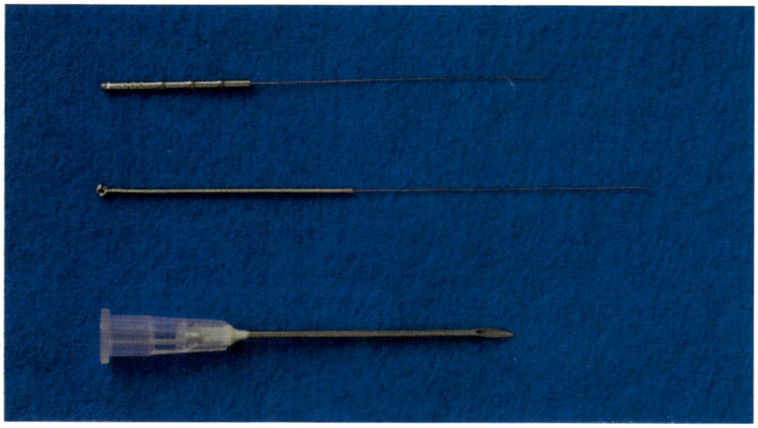

침구침은 주사침(가장 아래)에 비해 매우 가늘다〔실물 크기〕.

도구로서의 침 4

1. 미용 침구에 사용되는 침

제2장에서도 설명했지만, 침 시술에서는 침을 체표에서 피하로 자입하는 행위가 행해지기 때문에 매우 드물지만 「출혈」이나 「피하 출혈」이 일어나는 경우가 있다. 일반적으로 이와 같은 출혈이나 피하 출혈은 신체의 정상 반응으로, 시술상의 「과오」에 의한 것이 아니지만, 일부에서는 난폭한 시술이 원인인 경우도 있고 침의 굵기나 품질에도 의존한다. 자침에 의해 피하 출혈이 일어났을 경우에는 일정한 범위에 일시적 「멍」이 생기는 경우가 있다. 그리고 만일 안면부에 멍이 생긴 경우에는 다른 부위보다도 큰 문제가 될 가능성이 높다고 할 수 있다.

미용을 목적으로 한 침 시술에서는 안면부에 자침을 실시할 기회가 많아지기 때문에 시술자의 기술과 함께 「침의 선택」과 「침의 품질」이 중요한 요소가 되어 안면부에 대한 시술에서는 일반적으로 매우 가늘고 짧은 침이 사용된다.

한편 침 제조기술의 발전으로 최근에는 침 끝의 「예리함」이 크게 향상되었고, 또한 극세침 등도 제조되었다. 그리고 이와 같이 예리하고 가는 침을 사용함으로써 침을 놓을 때의 통증이 경감되어 출혈이나 피하 출혈이 일어날 가능성도 크게 줄어듬에 따라 미용 목적의 침 수요에 대해 보다 안전하게 대응할 수 있게 되었다. 침 제조기술의 발전은 미용 침의 보급과 발전에 크게 기여하고 있다고 할 수 있다.

특히 일본의 침 제조기술은 세계에서도 최고 수준으로, 2006년에 일본 국내 최대의 침 제조회사인 「세이린 사」가 미용 시장을 향해 「단침(短針)」이라고 불리는 짧은 침을 발매함에 따라 안면부에 하는 침 시술을 안전하고 원활하게 실시할 수 있게 되어 미용 침을 적극적으로 실시하는 전문가도 증가하고 있다.

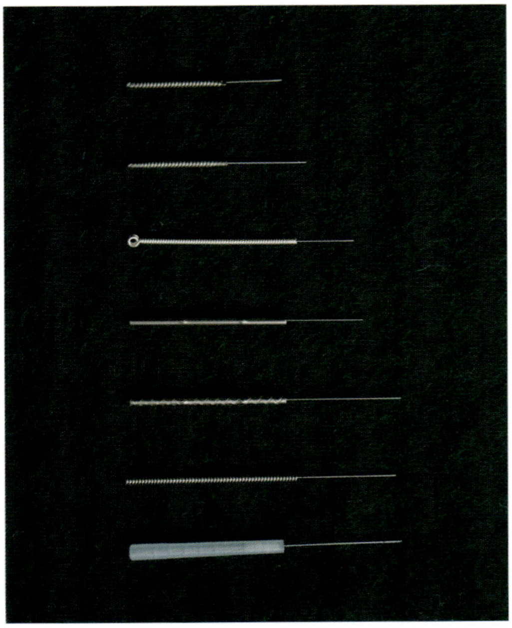

안면부에 사용되는 단침(실물 크기)

일본의 침 제조기술은 해외에서도 높게 평가되고 있어 「세이린 사」는 현재 생산하는 침구침의 약 50%를 유럽이나 미국을 중심으로 한 해외에 수출하고 있다. 침 끝이 예리하고 가는 침이 제조되게 됨에 따라 미용을 목적으로 하는 침의 수요는 유럽에서도 높아지기 시작했다.

그리고 이 회사가 해외 시장을 향해 「단침」을 발매하여 안면부에 대한 침 시술이 매우 원활하게 실시할 수 있게 됨으로써 유럽에서도 미용을 목적으로 한 침에 대해서 관심을 갖는 전문가가 증가하고 있다. 또한 품질이 좋은 일본제의 「단침」을 사용한 미용 침 기술은 해외에서도 화제가 되어 2007년 10월에는 독일이나 네덜란드를 중심으로 한 유럽에서 의사를 비롯하여 침구전문가 단체가 일본을 찾아 필자의 강습회를 수강했다. 일본의 침구침 제조기술과 미용 침의 기술은 해외에서도 주목을 받고 있고, 동시에 세계 각지의 침구 치료와 미용 침구의 보급에 기여하고 있다. 동시에 이것이 상승적으로 일본에 있어서의 미용 침구의 수요를 환기시키고 있다.

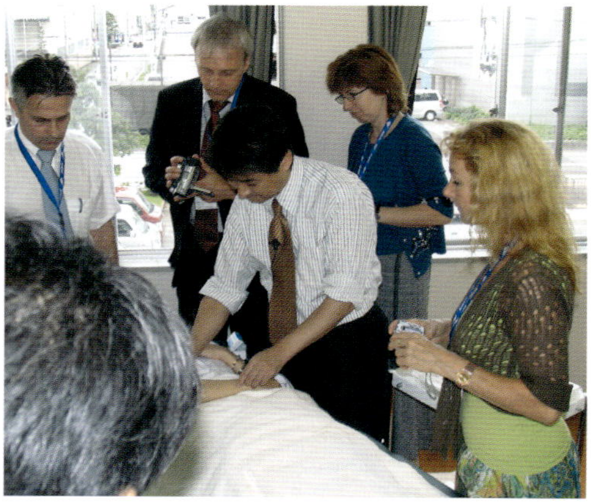

유럽에서 온 의사나 침구전문가를 대상으로 미용 침구의 강습회를 여는 필자

2. 다양한 침

침의 기원 : 고대 구침(九針)

침의 기원에 관해서는 상세한 것은 알 수 없지만, 일설에서는 석기 시대의 「폄석(砭石)」이라고 불리는 가늘고 예리하고 뾰족한 석기라고 하여 상처나 질병의 치료를 목적으로 하여 폄석으로 체표를 자극하거나, 출혈시키거나, 고름을 배출시키거나 했던 것이 침 치료의 기원이 되고 있다. 그리고 그 후의 금속 가공 기술과 도구의 발달로 폄석은 금속제의 침으로 진화했다.

기원전 1200년 경에 저술되었다고 여겨지는 중국의 가장 오래된 의학서인 「황제내경(黃帝內經)」에는 침과 침구 치료에 관해 상세하게 기재되어 있어 당시 사용되고 있던 다양한 형태의 침이 9종류로 분류되고 있다. 이 9종류의 침은 「고대 구침(九針)」이라고 불리고 있어, 현대에 사용되고 있는 다양한 종류의 침의 원형으로서 자리매김 하고 있다.

고대 구침(九針) 모형〔중국 쑤저우(蘇州)醫用品廠製, 중의연구원 중국의사(醫史)문헌연구소 감수〕

① **참침(鑱針)**

머리 부분은 크고 첨단의 일부가 뾰족하다. 피부를 약간 째서 소량의 출혈〔사혈(瀉血)〕이나 〔배농(排膿)〕을 촉진함으로써 두부나 신체에 열이 있는 증상이나 농종(膿腫)을 치료한다. 시두침(矢頭針)이라고도 한다.

② **원침(圓針)**

침체는 원주형, 침첨은 난원형이다. 체표부위를 안압(按壓)하거나 경혈을 압박함에 따라 근육과 근육, 또는 근육과 다른 조직 사이의 기혈의 어체(瘀滯)를 치료한다. 원두침(圓頭針)이라고도 한다.

③ **시침(鍉針)**

침첨은 기장·조와 같은 곡식 모양으로 약간 뾰족하다. 자침하지 않고 경락을 안압(按壓)하여 맥기(脈氣)가 허약한 사람을 치료한다.

④ **봉침(鋒針)**

침체는 원주형, 침첨의 모양은 날카롭고 뾰족한 삼각뿔이다. 소량의 출혈(사혈)이나 배농을 목적으로 하여 이용되어 열이 있는 증상이나 농종을 치료한다. 삼릉침(三稜針)이라고도 한다.

⑤ **피침(鈹針)**

형상은 검 모양으로, 지금의 「수술용 칼」과 같이 절개와 배농을 목적으로 하여 이용된다. 비침(錍針), 검두침(劍頭針)이라고도 한다.

⑥ **원리침(員利針)**

침첨은 날카롭고 침체는 호침보다도 굵다. 체내에 깊게 자침하여 사지마비나 농종을 치료한다.

⑦ **호침(毫針)**

실털과 같이 가는 침이다. 현대의 침 치료에 있어서의 「침구침」이란 이 호침을 가리키고 임상에서 상용되는 침이다.

⑧ **장침(長針)**

근육이 두꺼운 부위에 자침을 목적으로 한 침체가 긴 호침이다. 좌골신경통의 치료에 있어서 「환도(環跳)」라는 경혈을 대상으로 하여 자주 이용되므로 「환도침(環跳針)」이라고도 한다.

⑨ **대침(大針)**

침체가 굵은 호침이다. 다음에 화침(火針)(40~42쪽 참조)용의 침으로서 발전하였다.

침이라고 하면 찌르는 것을 목적으로 한 것으로 첨단이 뾰족하고 가는 것이라는 이미지가 있는데, 고대의 침에는 피부 절제를 목적으로 한 지금의 수술용 칼과 같은 것이나 신체를 찌르지 않고 경혈을 안압(按壓)하거나 경락을 따라 찰과(擦過)하는 것을 목적으로 하여 이용되는 침도 존재했다. 「고대 구침」은 이러한 사용목적에 따라 다음과 같이 분류되고 있다.

(a) 째는 침(피부를 절제하는 것이 목적인 침)

참침(鑱針), 봉침(鋒針), 피침(鈹針)

(b) 찌르는 침(자입을 목적으로 한 침)

원리침(員利針), 호침(毫針), 장침(長針), 대침(大針)

(c) 찌르지 않는 침

원침(圓針), 시침(鍉針)

현대의 침

현대에 있어서도 사용목적에 따라 다양한 형태의 침이 존재한다. 그리고 침구 치료에서 가장 일반적으로 사용되고 단순하게 「침」이라고 불리고 있는 것은 「호침(毫針)」이라는 종류의 침이다. 「호침」은 인체에 체표를 통과하여 자입(刺入)하는 것을 목적으로 한 침으로서 예로부터 사용되고 있어 「고대 구침」의 하나로도 볼 수 있다. 현대의 침구 치료에 있어서 「호침」은 침의 표준(standard)으로서 자리매김 하여 침 치료 분야에서 「침」이라 하면 보통은 「호침」을 가리킨다. 호침을 자입하는 깊이는 부위와 자극량에 따라 달라진다. 그렇기 때문에 호침에는 다양한 길이와 굵기가 있다.

(a) 호침의 구조

호침은 「침병(針柄)」, 「침근(針根)」, 「침체(針體)」, 「침첨(針尖)」이라는 네 부분으로 구성되어 있다.

(b) 호침의 길이

호침의 길이를 나타내는 경우에는 보통은 신체에 자입되는 침체의 길이가 기준이 된다. 그렇기 때문에 예를 들면 「50mm의 침」이란 침체의 길이가 50mm의 침이라는 것이다. 최근까지 호침의 길이는 촌척법(寸尺法)으로 표현되는 것이 일반적으로, 예를 들면 40mm의 침은 「1촌 3분」, 50mm의 침은 「1촌 6분」으로 표현되어 전문가 사이에서는 줄여서 「촌3」, 「촌6」 등이라고 불리는 것이 일반적이었다. 39쪽의 왼쪽 표에 나타낸 길이는 일본에서 특히 사용빈도가 높은 호침의 길이인데, 이 밖에도 150mm와 같은 긴 침이 사용되는 경우도 있다.

호침의 구조

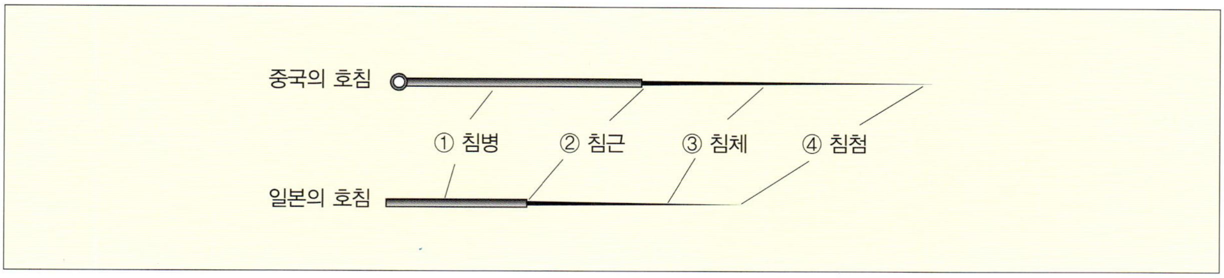

① 침병(針柄)
침을 찌르거나 빼거나 할 때 또는 이미 찌른 바늘을 조작할 때 손가락으로 잡는 부분이다. 침의 사용목적이나 길이 등에 따라 침병에도 다양한 모양이나 길이가 있고, 재질에는 일반적으로 금속이나 플라스틱이 사용된다.

② 침근(針根)〔침각(針脚)〕
침병과 침체가 접합하고 있는 부분이다.

③ 침체(針體)
신체에 자입되는 부분이다.

④ 침첨(針尖)
침의 첨단 부분이다. 일회용 침은 시술 중의 통증을 경감시키는 것이 목적이며, 침이 피부를 천자(穿刺)할 때 발생하는 마찰을 경감시키기 위해 침첨을 실리콘 오일로 코팅한 방식이 늘고 있다.

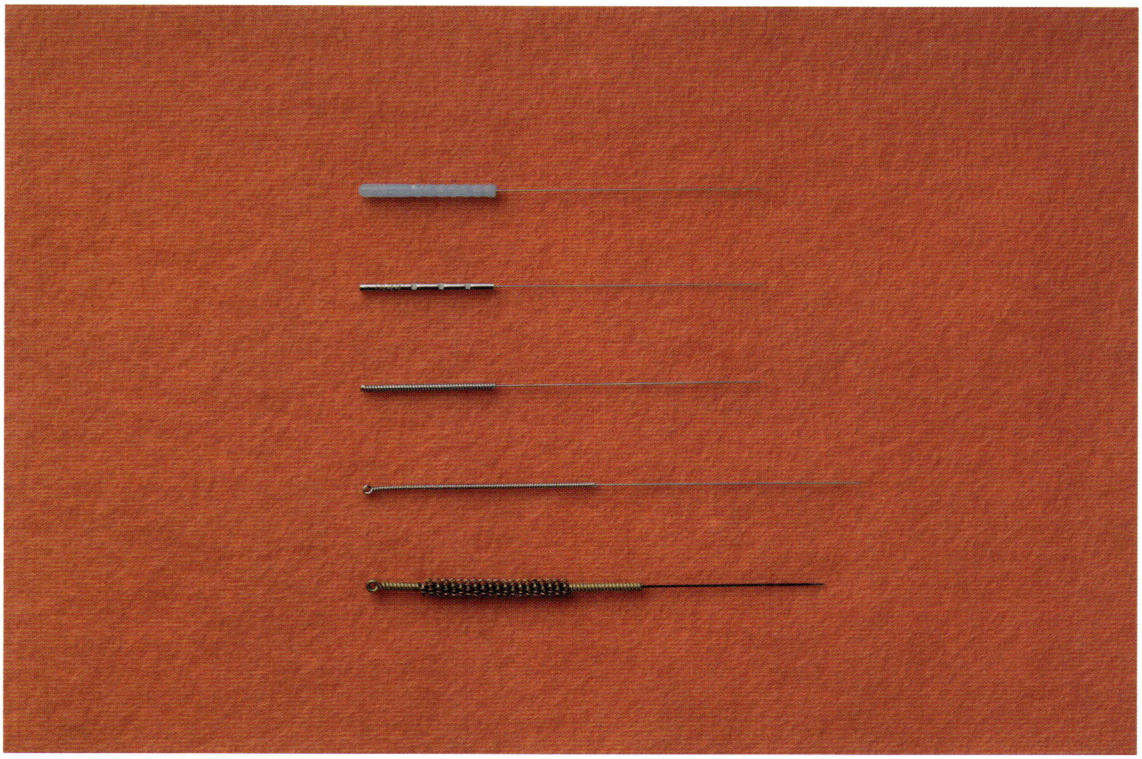

침병에는 몇 가지의 종류가 있다. 위쪽부터 플라스틱 침병, 금속 침병〔관병(管柄)〕, 평병(平柄), 권병(圈柄), 「화침(火針)」에 특유의 화병(花柄)〔실물 크기〕

(c) 호침의 굵기

일본에서는 호침은 그 직경에 따라 「호수」가 정해져 있어 호침의 굵기는 「직경」과 「호수」에 의해 명확해진다. 호침의 호수는 직경이 0.01mm 증가할 때마다 1호씩 호수가 증가하여 일본에서는 10호침(직경 0.10mm)~50호침(직경 0.50mm)의 21종류가 규격화되어 있다.

최근에는 중국에서 수입되는 침이 사용되는 경우도 증가하고 있는데, 중국에는 일본의 호수와는 다른 호수를 사용한다. 또한 일본에서는 침의 굵기를 나타내는 단위로서 규격화되어 있는 「호수」와는 다른 「번수(番數)」〔번정(番定)〕라는 단위도 사용하여 임상 현장이나 교육 현장에서는 「호수」보다도 오히려 「번수」가 일반적으로 이용되고 있다.

호침의 번수는 직경이 0.02mm 증가할 때마다 1번씩 번수가 증가하여 일본에서는 02번(직경 0.12mm)~8번(직경 0.30mm)의 호침이 일반적으로 사용되고 있다. 임상 현장에서 사용하는 호침 굵기의 판별을 하기 쉽도록 일회용 침구침에는 굵기에 따라 침병이 색깔별로 나뉘어져 있는 것도 있다(39쪽 사진).

39쪽의 오른쪽 표는 침의 직경에 대한 일본의 호수, 번수, 중국의 호수를 나타낸 것이다. 단 호침의 호수와 번수는 호침의 재료가 되는 스테인리스 와이어의 JIS규격의 관계로부터 제조회사에 따라서는 굵기에 0.01mm의 차이가 있는 경우가 있다. 예를 들면 5번 침의 굵기는 본래는 0.24mm이지만, 「세이린 사」 제품인 5번 침의 굵기는 0.25mm이다.

(d) 호침의 재질

호침은 주로 스테인리스, 금, 은 등을 재질로 하여 만들어졌다. 이전에는 침은 고압멸균기(autoclave)를 사용하여 멸균처리를 하고 반복하여 사용하는 것이 일반적이었다. 침은 고압멸균기로 올바르게 멸균처리를 한다면 HIV나 간염이 감염될 위험성은 없다. 하지만 이용자 입장에서는 압도적으로 일회용 침이 선호되고 있다.

일회용 침을 세계에서 처음으로 사용한 나라가 일본 기업이라는 것은 침구 역사에서도 그다지 알려져 있지 않은 사실이다. 일회용 침은 1978년에 일본의 침구침 대기업 제조회사인 「세이린 사」에 의해 세계에서 처음으로 제조, 발매되었다. 이후 일회용 침은 HIV 감염 확대에 따라 보급되어 현재에는 전 세계의 침 임상 현장에서 일회용 침은 표준이 되었다. 그리고 비용과 내구성의 관점에서 일회용 침의 재질에는 스테인리스가 사용되고 있다.

특수한 침

(a) 구두침(灸頭針)

신체에 자침한 침의 침병에 약쑥을 붙여 불을 붙이는 기법을 「구두침(灸頭針)」이라고 부른다. 구두침은 피부나 조직에 보통의 침의 자극과 뜸의 복사열에 의한 자극을 동시에 주는 것을 목적으로 한 기법이다. 구두침에 사용하는 전용 침은 지금은 존재하지 않아 구두침은 보

침체의 두께별로, 침병의 색깔별로 구분된 일회용 침(실물 크기)

침 길이의 규격

길이(mm)	길이(촌, 분)
10mm	0.3촌
15mm	0.5촌
30mm	1촌
40mm	1촌 3분
50mm	1촌 6분
60mm	2촌
90mm	3분

침 두께의 규격

직경	호수(일본)	번수(일본)	호수(중국)
0.12mm	12호	02(00)번	
0.14mm	14호	01번	
0.16mm	16호	1번	
0.18mm	18호	2번	
0.20mm	20호	3번	
0.22mm	22호	4번	35호
0.24mm	24호	5번	34호
0.26mm	26호	6번	33호
0.28mm	28호	7번	32호
0.30mm	30호	8번	31호
0.32mm	32호	9번	30호
0.34mm	34호	10번	29호
0.36mm	36호		28호
0.42mm	42호		27호
0.45mm	45호		26호

통의 호침을 사용하여 실시한다.

하지만 구두침에서는 침병에 붙인 약쑥에 불을 붙이므로 침병이 플라스틱인 침은 사용할 수 없다. 그리고 약쑥의 중량을 견딜 수 없는 가는 침이나 부드러운 침도 구두침에는 적합하지 않다. 그렇기 때문에 보통은 침병, 침체 모두 스테인리스제의 일회용 침이 사용되고 있다. 또한 구두침에서는 불이 붙은 약쑥이 떨어졌을 경우에는 화상을 입을 우려가 있기 때문에 침병에 장착하는 타입의 약쑥 낙하방지용 전용 캡 등도 사용되고 있다.

(b) 화침(火針)

침체를 뜨겁게 달구어 순식간에 찌르고 뽑는〔즉자즉발(卽刺卽拔)이라고 한다〕 침 기법을 「화침(火針)」이라고 부른다. 중국에는 화침에 사용하는 특별한 침이 있지만, 아쉽게도 일본에서는 구입할 수 없다. 굵기가 30번 정도 이상의 스테인리스제의 일회용 호침을 사용하여 화침을 실시하는 것도 가능하다. 중국제 화침 전문 침의 침체에는 내열성이 뛰어난 텅스텐(tungsten)이 사용되어 침병 부분에 침체의 열이 손으로 전도되는 것을 방지하기 위해 그물 모양의 가는 철사가 감겨져 있다.

(c) 피내침(皮内針)과 원피침(圓皮針)

피내침(皮内針)과 원피침(圓皮針)은 모두 「유침(留鍼)」이라고 불리는 기법에 사용되는 매우 가늘고 짧은 침이다. 이러한 침은 자입한 상태 그대로 일정 기간 유치함으로써 지속적인 자극을 주는 것을 목적으로 한 것으로, 핀셋 등을 이용하여 자입하고 전용 반창고로 고정시킨다.

피내침과 원피침은 모두 피내에 자입한 그대로 유치하기 때문에 피하조직에 비집고 들어가 꺼낼 수 없게 되지 않도록 이러한 뒷부분에는 피내에 들어가지 않는 「축(軸)」이나 「두(頭)」라고 불리는 부분이 붙어 있다. 피내침과 원피침은 자입을 목적으로 하는 각도와 깊이에 따라 구분해서 사용할 수 있다.

◆ 피내침

피내침은 아카바네 코베가 고안한 것으로, 크기와 모양은 피부에 대해서 얕은 각도에서 자입하고 피하의 얕은 부분에 유치하는데 적합하도록 설계되어 있어 자입, 유치, 발침(拔針)의 일련의 시술에 적합한 원형 또는 판 모양의 「축(軸)」이 붙어 있다.

◆ 원피침

원피침은 피내에 수직으로 자입하여 피내침보다도 깊은 부분에 유치하는데 적합하도록 압정 모양으로 설계되어 있다. 최근에는 핀셋을 사용하지 않아도 손가락이 원피침에도 피부에도 닿지 않아 청결하고 안전하게 자입할 수 있는 새로운 타입이 개발되어 원피침은 보다

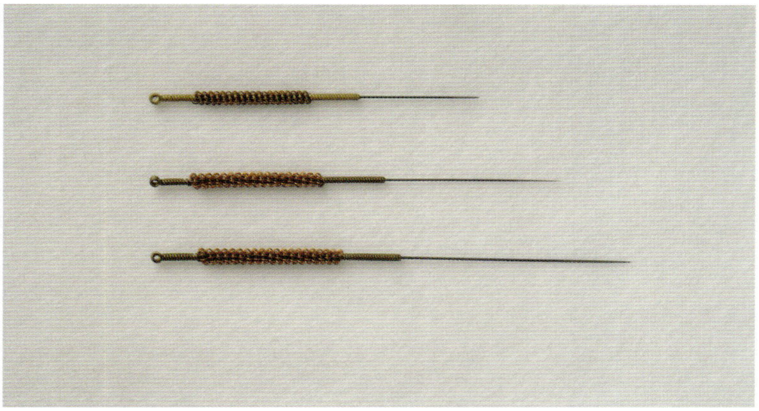

화침(火針)〔실물 크기〕

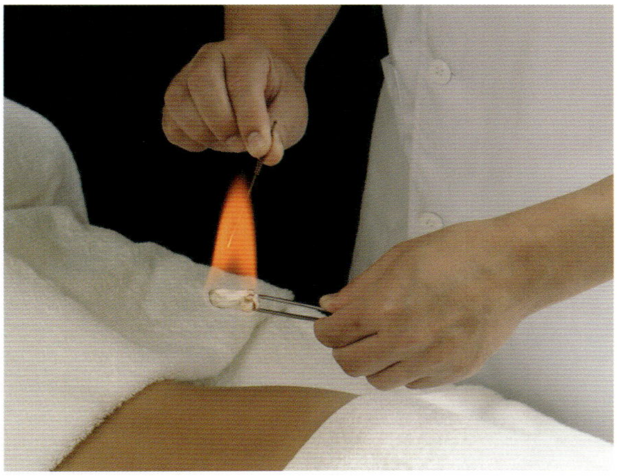

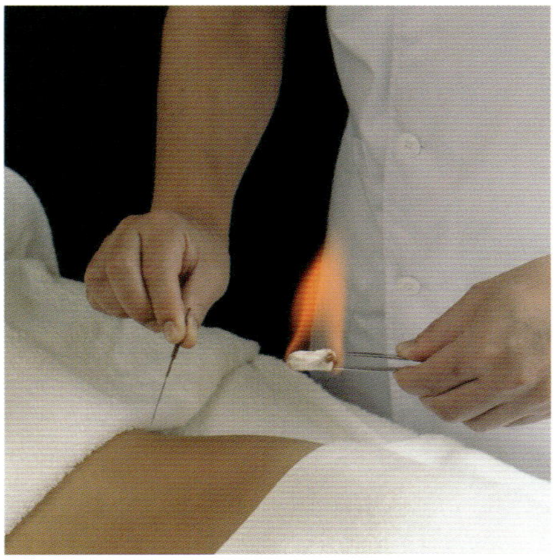

화침은 침체를 뜨겁게 달구어 순식간에 찌르고 뽑는다. 두 · 안면부의 시술에는 이용하지 않는다.

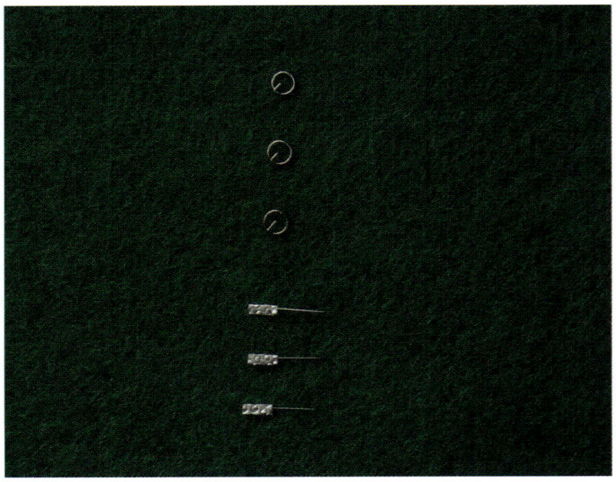

원피침(위쪽의 세 개)과 피내침(아래쪽의 세 개)

실(seal)로 붙일 수 있는 원피침

폭넓게 보급되기 시작했다.

미용을 목적으로 한 시술에 있어서 원피침은 항진한 식욕을 억제하기 위한 「이침(耳鍼)」이나 취침 중에 안면부에 실시하는 「유침(留鍼)」으로서 응용할 수 있다.

찌르지 않는 침

(a) 시침(鍉針)

시침은 「고대 구침」에 있어서 「찌르지 않는 침」으로 분류되고 있는 침이다. 현재에도 시침은 천자 · 자입(穿刺 · 刺入)을 실시하지 않는 침으로서 피부에 침첨을 접촉시켜 신체에 경미한 자극을 주는 것을 목적으로 하여 설계되어 있다.

시침은 보통의 호침으로 바뀌는 것은 아니지만, 고대부터 천자 · 자입(穿刺 · 刺入)하지 않고 경혈에 접촉 또는 안압(按壓)함으로써 인체에 일정하게 효과적인 반응을 유발시키는 것을 목적으로 하여 사용되어 왔다. 안면부는 수많은 경혈이 집중하여 존재하는 부분이므로 시침은 안면부의 미용을 목적으로 한 시술에도 폭넓게 응용할 수 있다. 또한 침에 대한 공포심을 가지고 있는 사람을 대상으로 한 경혈 시술에도 효과가 있다.

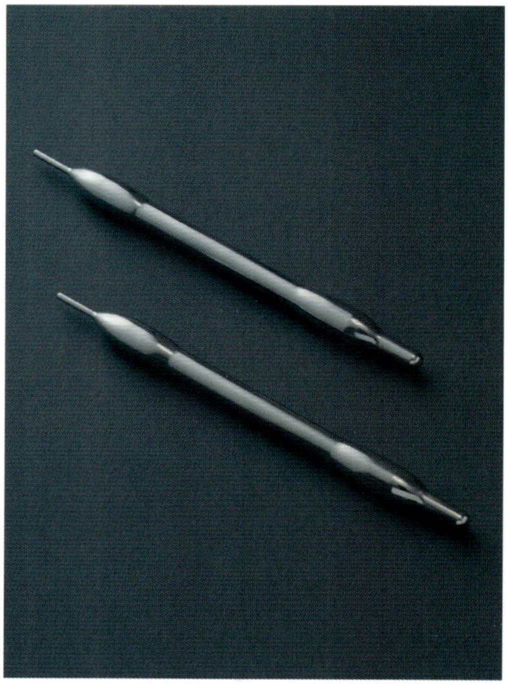

시침(鍉針)

(b) 접촉침과 마찰침

접촉침과 마찰침은 모두 주로 「소아침(小兒鍼)」이라고 불려 영유아와 소아를 대상으로 한 침 치료에 사용되는 침이다. 접촉침과 마찰침은 모두 천자 · 자입(穿刺 · 刺入)을 실시하지 않는 침으로, 접촉침은 침첨으로 피부 표면에 가볍게 접촉하는 것을 목적으로 하여 설계된 침이며, 마찰침은 피부 표면을 가볍게 마찰하는 것을 목적으로 하여 설계된 침이다. 영유아나 소아를 대상으로 한 소아침 분야에서는 천자 · 자입(穿刺 · 刺入)을 목적으로 한 호침 사용이 곤란하기 때문에 이와 같은 접촉침이나 마찰침이라는 특수한 침이 사용되고 있다. 접촉침이나 마찰침에는 모양이나 목적으로 하는 자극의 종류에 따라 43쪽 사진과 같이 다양한 종류의 침이 있다.

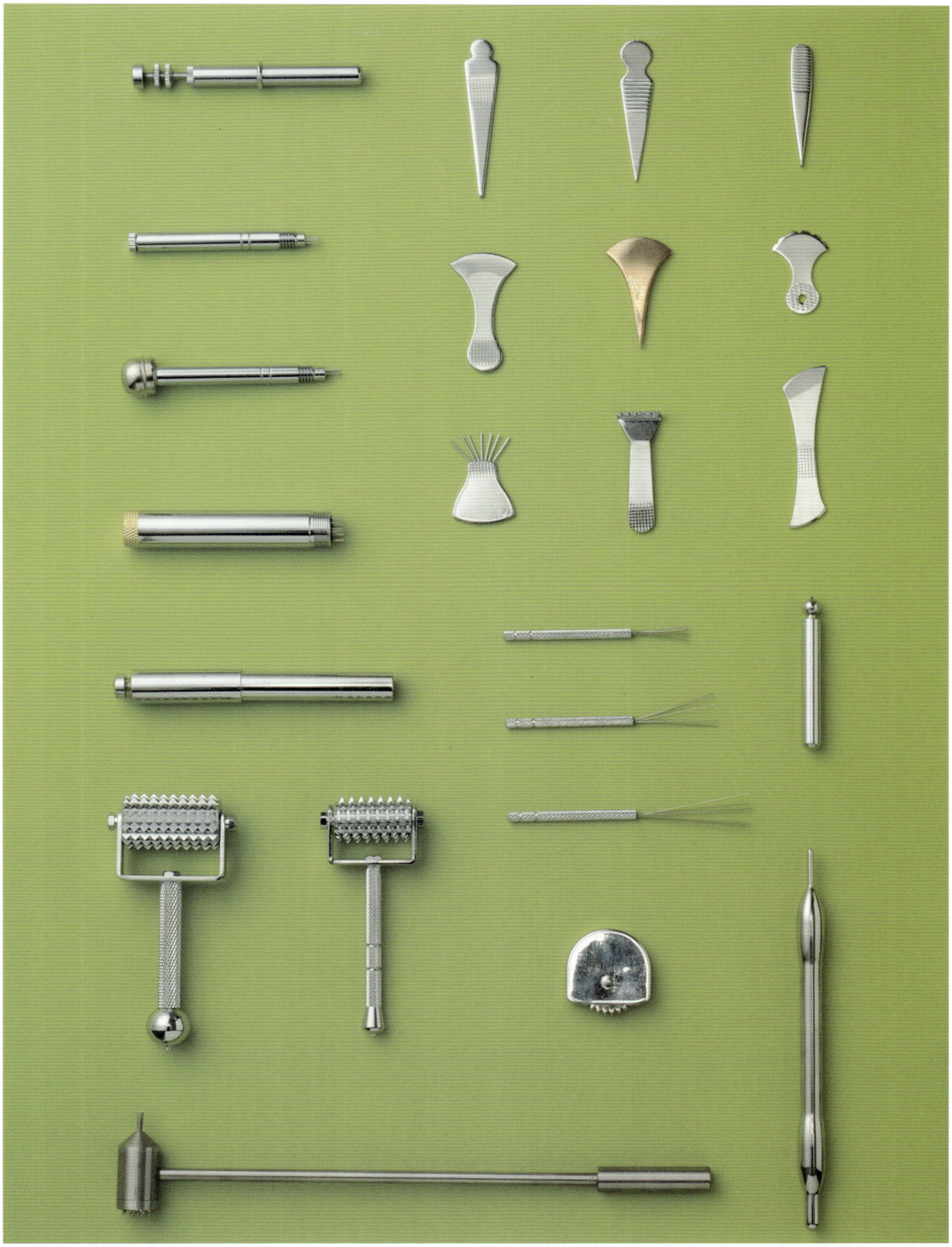

다양한 종류의 「찌르지 않는 침」

(c) 입침(粒針)

입침(粒針)이란 금, 은, 스테인리스 등 둥근 모양의 작은 알갱이 또는 돌기가 붙어 있는 원반 침으로, 전용 반창고로 피부 표면에 붙여 사용한다. 입침은 피내침이나 원피침과 같이 피부 표면에 일정 기간 유치하여 사용하는데, 피내침이나 원피침과 같이 천자 · 자입(穿刺 · 刺入)하는 침이 아니라 피부나 피하조직에 지속적인 「압박 자극」을 주는 것을 목적으로 하고 있다.

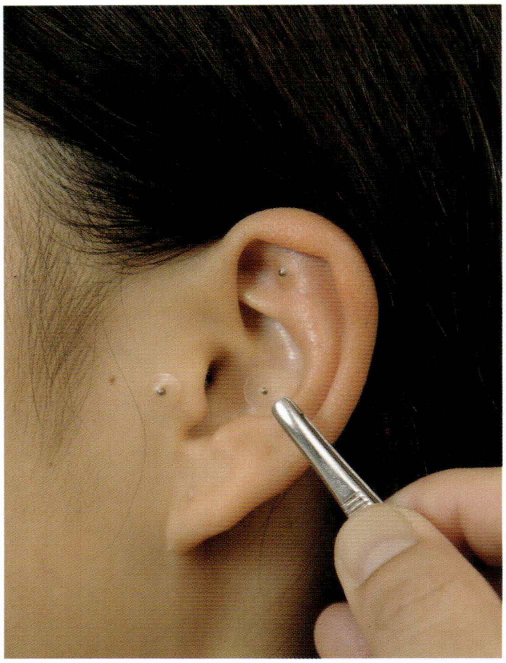

입침(粒針)

5
경락 경혈

Introduction

체표상의「치료점」

「급소」라는 말이 있는데, 이 말은 일반인에게 친숙한 개념이다. 하지만「급소란 무엇일까요?」라고 물으면 정확하게 대답하는 사람은 의외로 적다. 대부분「누르면 기분이 좋아지는 곳」이라고 대답하는 것으로 봐서 일반인들 사이에서 급소는 대체로 이와 같이 인식되고 있다고 할 수 있다. 분명히 급소를 누르면「기분이 좋다」고 느끼는 경우가 많은 것은 사실이지만,「누르면 기분이 좋아지는 곳」이라는 것이 급소의 본래 의미가 아니며 실제로는 좀 더 깊은 의미가 있다.

「급소」는 정식으로는「경혈」이라고 하여 침구나 안마 등의 중의학 치료에 이용되는 신체상의「치료점」이다. WHO가 정한 바에 의하면 인간의 신체에는 361개의 경혈이 존재한다고 되어 있고, 경혈은 모두「경락」이라고 불리는 특정 경로 위에 존재한다고 되어 있다. 이 장에서는 경락과 경혈의 기초적인 사항에 관하여 해설하고자 한다.

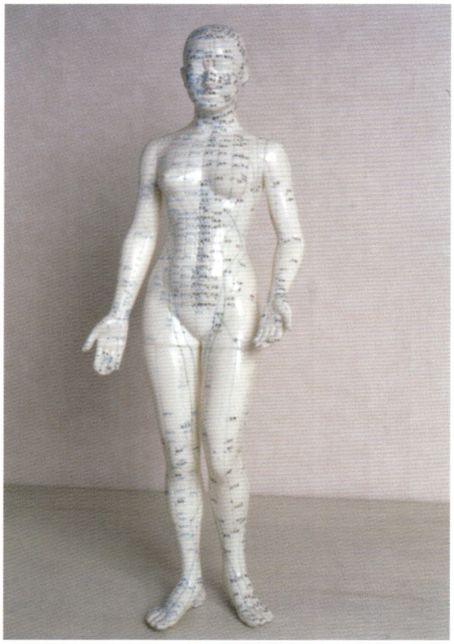

경락 경혈 5

I. 십사경맥(十四經脈)과 경혈

중의학에서는 인간이 생명 활동을 유지해 나가기 위해서는 「기(氣)」, 「혈(血)」이라고 불리는 기본적인 물질이 필요하다고 보고, 「경락」이란 이러한 물질을 전신으로 옮기기 위한 경로라고 인식되고 있다.

경락은 신체 각 부분의 일정한 부위에 경로를 가지고 신체 내부부터 체표까지 전신을 빠짐없이 순행하고 있다. 경락의 대부분은 신체 내를 순행하고 있지만, 일부는 체표 부근에도 분포하고 있다. 그리고 체표 부근을 순행하는 경락 위의 요소가 되는 곳이 「경혈」이라고 불리는 포인트이다. 즉 경락을 전철의 선로에 비유하면 「역」에 상당하는 곳, 도로에 비유하면 버스의 「정류소」에 상당하는 곳이 「경혈」이다. 경혈은 단독으로 존재하는 것이 아니라 경락이라는 개념 위에 존재하고 있는 것이다.

「경락」은 신체를 세로 방향으로 순행하는 굵은 「경맥(經脈)」과 경맥에서 분기하여 전신에 빠짐없이 분포하는 가는 「낙맥(絡脈)」으로 이루어져 있다. 「경락」은 가는 것까지 포함하면 전신에 무수히 존재하는데, 특히 주요한 것은 14개가 있다고 여겨지고 있다. 이것은 국토에 「도로」는 무수하게 있으면서도 이를 종단하는 주요 「간선도로」의 수는 그다지 많지 않은 것과 같다.

경락

- 전신을 순행하는 "기혈(氣血)"이 통하는 길
- 체표뿐만 아니라 체내에도 연결되어 있다.
- 주요 경락은 14개
- 12개가 오장육부(육장육부)와 각각 연결되어 있다.
- 경혈(급소) 체표 부근을 순행하는 경락 위의 중요한 포인트

경혈(급소)

· 치료점
· 반응점
· 진단점
경락 위에 존재한다. 361개(WHO)

십사경락(十四經絡)

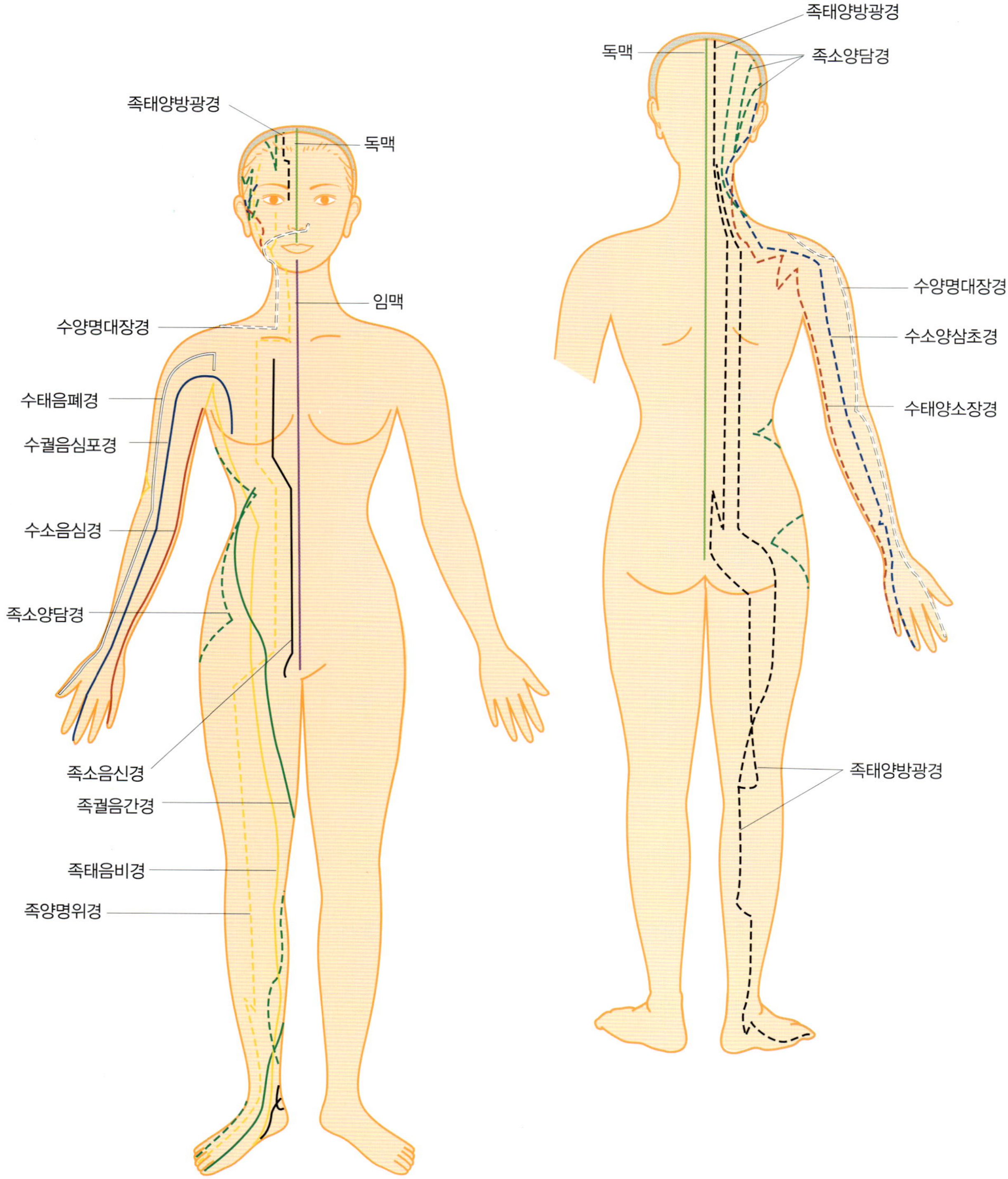
족태양방광경
독맥
임맥
수양명대장경
수태음폐경
수궐음심포경
수소음심경
족소양담경
족소음신경
족궐음간경
족태음비경
족양명위경
족태양방광경
독맥
족소양담경
수양명대장경
수소양삼초경
수태양소장경
족태양방광경

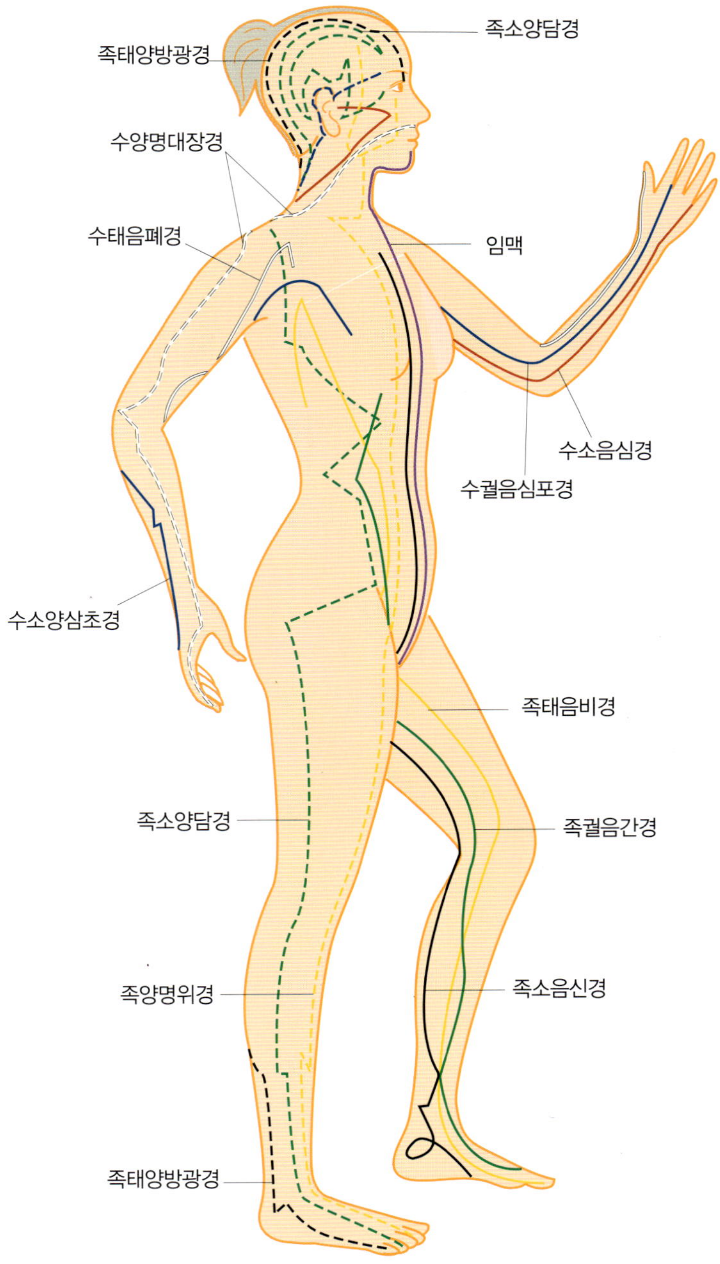
족소양담경
족태양방광경
수양명대장경
수태음폐경
임맥
수소음심경
수궐음심포경
수소양삼초경
족태음비경
족소양담경
족궐음간경
족소음신경
족양명위경
족태양방광경

이 14개의 경락이란 체내의 각 장부(臟腑)와 연락하는「십이경맥(十二經脈)」또는「십이정경(十二正經)」이라고 불리는 12종류의 경맥 및 인체의 배면(背面)과 전면(前面)의 정중선상에 각각 존재하는「독맥(督脈)」과「임맥(任脈)」이라고 불리는 2개의 경맥으로, 임상적으로도 특히 중요한 경락이라고 여겨지고 있다.

십이경맥은 체내에서는 각각 특정한 장부(臟腑)와 연결되어 있어 체표 부근에서는 좌우 대상으로 2개씩 존재하고, 모두 손 또는 발의 말단부에서 종시(終始)하고 있다. 특정 장부(臟腑)란 중국의 고대 사람들이 인간의 체내에 있다고 생각한「오장육부(五臟六腑)」, 즉「간(肝)」,「심(心)」,「비(脾)」,「폐(肺)」,「신(腎)」의 오장과「담(膽)」,「소장(小腸)」,「위(胃)」,「대장(大腸)」,「방광(膀胱)」,「삼초(三焦)」의 육부에「심포(心包)」를 더한 육장육부(六臟六腑)이다.

또한 경락은 눈, 귀, 코 등의 각 기관과도 연결되어 있어 체표와 각 장부(臟腑)·기관을 유기적으로 연결하는 역할도 하고 있다. 그렇기 때문에 중의학의 이론에서는 체표 부근을 순행하는 경락 위의 경혈에 대해서 침이나 뜸을 시술함으로써 경락을 통해 관련된 내장이나 기관에 그 자극이 전달되어 내장이나 기관의 기능을 조절할 수 있다고 생각되고 있다. 또한 각 장부(臟腑)에 부조화가 일어났을 경우에는 그 반응은 경락을 통해 경혈에 나타난다. 그렇기 때문에 경혈은「치료점」일 뿐만 아니라 관련된 장부(臟腑)의「반응점」이기도 하여 그 반응을 살핌으로써「진단점」으로서 활용할 수도 있다.

장부(臟腑)

장(臟)	부(腑)
간(肝)	담(膽)
심(心)	소장(小腸)
비(脾)	위(胃)
폐(肺)	대장(大腸)
신(腎)	방광(膀胱)
심포(心包)	삼초(三焦)

예를 들면 식욕부진이나 소화불량 등 위의 기능에 관계된 문제가 일어났을 경우에 위와 연결되어 있는 경락 위에 있는 경혈에 침구를 실시함으로써 체내에서 기능하고 있는 위까지 신체 표면에서 접근하여 위의 기능을 조절할 수 있다. 그리고 동시에 위의 기능에 변조가 일어났을 경우에는 위와 연결되어 있는 경락 위에 있는 경혈에 그 반응이 나타난다.

이와 같이「경혈」이란 체표 부근을 순행하는 경락 위의 지점이며, 침구나 수기법 등에 의한 시술을 실시함으로써 경락을 통해 신체 내부에 존재하는 장부(臟腑), 원격부의 조직, 기관에 이르기까지 작용을 미칠 수가 있는 지점으로 인식되고 있다. 단, 경락 위에 존재하는 경혈을 올바르게 활용하기 위해서는 주요 경락이 어느 장부(臟腑)와 기관에 관련되어 있고, 체표 부근에서는 어느 부분을 순행하고 있는지를 올바르게 인지하고 있어야 한다.

2. 십이경맥(十二經脈)의 명칭

48~49쪽 그림에 나타낸 것과 같이 십이경맥의 명칭에는「수(手)」,「족(足)」,「음(陰)」,「양(陽)」,「장부(臟腑)」등이 있다. 십이경맥은 체내에서는 각각 특정 장부(臟腑)에 소속하여 체표 부근에서는 손 또는 발을 순행하고 그 말단부에서 종시하고 있기 때문에「수」또는「족」및 소속하는「장부(臟腑)」의 명칭이 있는 것이다.

또한 경락 경혈에 관한 이론을 포함한 중의학의 이론에서 2,000년의 역사를 가진「음양학설(陰陽學說)」이라는 중국 고대의 철학사상이 응용되어 십이경맥의 명칭에는「음」,「양」둘 중 하나의 명칭이 붙여진다.「음」과「양」은 구체적인 사물의 명칭이 아니라 만물을 구성하는 두 가지의 기본적인 물질의 속성을 나타내는 매우 추상적인 개념이다. 그리고 음양학설에서는 자연계의 모든 만물이나 현상은「음」과「양」이라는 상관된 두 가지의 요소로 성립되어 있다고 여겨져 만물이 태어나거나, 성장하거나, 변화하거나 하는 것은 그 사물을 구성하는「음」과「양」의 상호작용에 의한 것이라고 해석되고 있다.

예를 들면 하루는「낮」과「밤」으로 이루어지고, 낮은「양」에, 밤은「음」에 귀속한다. 또한 1년은「봄」부터「여름」에 걸친「양」과「가을」부터「겨울」에 걸친「음」으로 이루어져 있다. 자연현상으로 말하면「하늘」과「땅」, 온도로 말하면「뜨겁다」와「차다」, 인간으로 말하면「남성」과「여성」등 대체로 자연계에 존재하는 모든 것은 상관된 성질을 가진 두 가지의 요

경락 명칭의 의미

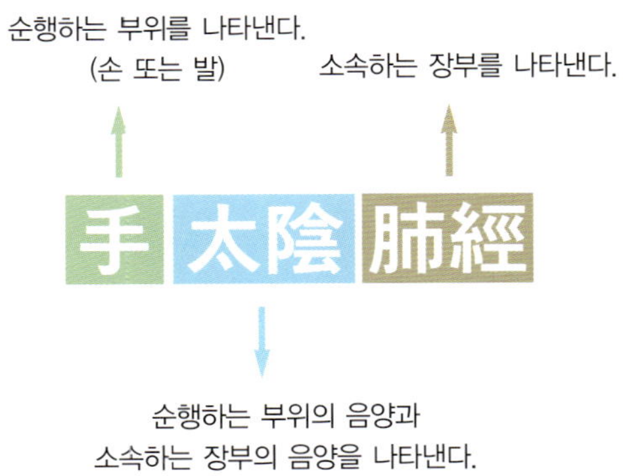

음양의 개념을 상징하는 태극 모양

음양의 상대(相對)

속성	공간	시간	기후	계절	온도	밝기	위치	운동	생명	현상	기능 활동	물질 상태	전기	형질	온도	두께	속도
음	천	주	청	춘하	열	명	외상전우	동승부진	성장	발육	흥분 항진	기체 액체	+	무형 기능	온열	박	속
양	지	야	우	추동	한	암	내하후좌	정강침퇴	노쇠	성숙	억제 쇠퇴	액체 고체	–	유형 물질	한량	후	지

소로 성립되어 있다.

「음」, 「양」이란 이 두 가지 성질의 속성을 나타낸 말로, 각각이 정해진 성질을 갖고 만물은 그 성질에 의해 「음」에 속하는지, 「양」에 속하는지가 정해진다. 「음」, 「양」의 각각의 성질에는 아래와 같은 것이 있어 인체의 각 부위도 그 구조나 기능의 성질에 따라 「음」과 「양」의 어느 쪽에 귀속하고 있다.

◆ 「양(陽)」의 성질

활동적, 상승적, 외재적, 온열적, 밝다, 명현적, 기능적, 항진적, 흥분적

◆ 「음(陰)」의 성질

정지적, 하강적, 내재적, 한랭적, 어둡다, 불명현적, 실질적, 쇠퇴적, 억제적

각각의 경락도 음양학설에 근거하여 「음」과 「양」에 귀속하고 있다. 54쪽의 위쪽 그림이 나타내듯이 신체의 「내측」과 「외측」에서는 「내측」은 음, 「외측」은 양에 속한다. 또한 「장부(臟腑)」에서는 「장(臟)」은 음, 「부(腑)」는 양에 속한다. 그렇기 때문에 십이경맥에서는 육장에 소속하여 체표 부근에서 상지와 하지의 「음」의 부분(내측부)을 순행하는 경락에는 모두 「음」이라는 명칭이 붙여지고, 육부에 소속하여 상지나 하지의 「양」의 부분(외측부와 하지의 후면)을 순행하는 경락에는 모두 「양」이라는 명칭이 붙여져 있다.

또한 체표면에 있어서의 경락 구분은 음의 부분에도 양의 부분에도 각각 3면이 있으므로, 경락은 음의 부분에서는 「태음(太陰)」, 「소음(少陰)」, 「궐음(厥陰)」의 삼음, 양의 부분에서는 「태양(太陽)」, 「소양(少陽)」, 「양명(陽明)」의 삼양으로 분류되어 십이경맥의 명칭에는 삼음삼양(三陰三陽)의 분류에 근거해 명칭이 붙여진다. 또한 삼음삼양의 각각의 경락에는 기혈(氣血)의 양에도 차이가 있다.

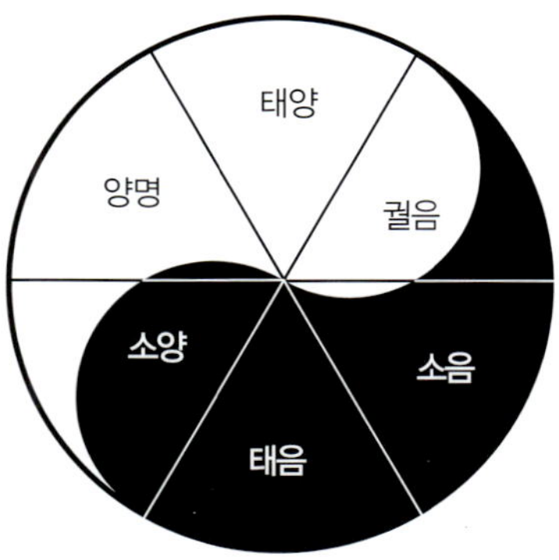

태극 모양에 있어서의 삼음삼양

◆ 삼음(三陰)

수태음폐경(手太陰肺經)
수소음심경(手少陰心經)
수궐음심포경(手厥陰心包經)
족태음비경(足太陰脾經)
족소음신경(足少陰腎經)
족궐음간경(足厥陰肝經)

◆ 삼양(三陽)

수태양소장경(手太陽小腸經)
수소양삼초경(手少陽三焦經)
수양명대장경(手陽明大腸經)
족태양방광경(足太陽膀胱經)
족소양담경(足少陽膽經)
족양명위경(足陽明胃經)

◆ 경맥의 기혈의 양

태음 : 혈은 적고, 기는 많다.
소음 : 혈은 적고, 기는 많다.
궐음 : 혈은 많고, 기는 적다.
태양 : 혈은 많고, 기는 적다.
소양 : 혈은 적고, 기는 많다.
양명 : 혈은 많고, 기는 많다.

경락은 신체 각 부분의 일정한 부위를 순행하고 기혈이 흐르는 방향도 정해져 있다. 예를 들면 상지에서는 손의 삼음경(三陰經)〔폐경(肺經) · 심포경(心包經) · 심경(心經)〕은 체간부에서 손의 말단을 향해 순행하고, 손의 삼양경(三陽經)〔대장경(大腸經) · 삼초경(三焦經) · 소장경(小腸經)〕은 손의 말단부에서 체간부를 향해 순행한다. 또한 하지에서는 발의 삼음경〔비경(脾經) · 신경(腎經) · 간경(肝經)〕은 발의 말단에서 체간부를 향해 순행하고, 발의 삼양경〔방광경(膀胱經) · 담경(膽經) · 위경(胃經)〕은 두부에서 흉복부를 지나 발의 말단부를 향해 순행한다.

또한 십사경맥은 각각 독립하여 순행하는 것이 아니라 특정 순서로 유기적으로 연결되어 전신을 구석구석까지 빠짐없이 순행한다.

인체에 있어서의 음양(陰陽)

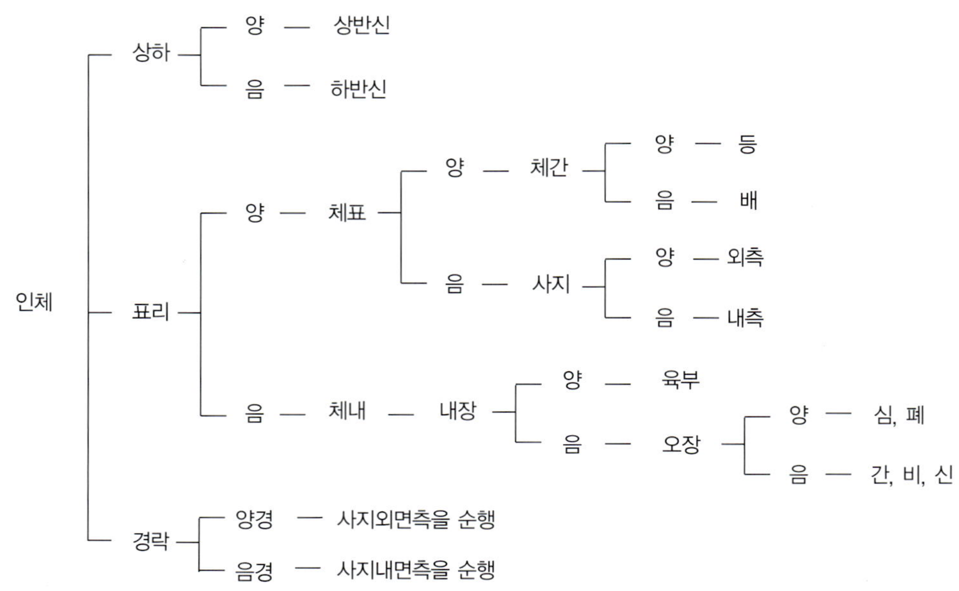

경락의 순서

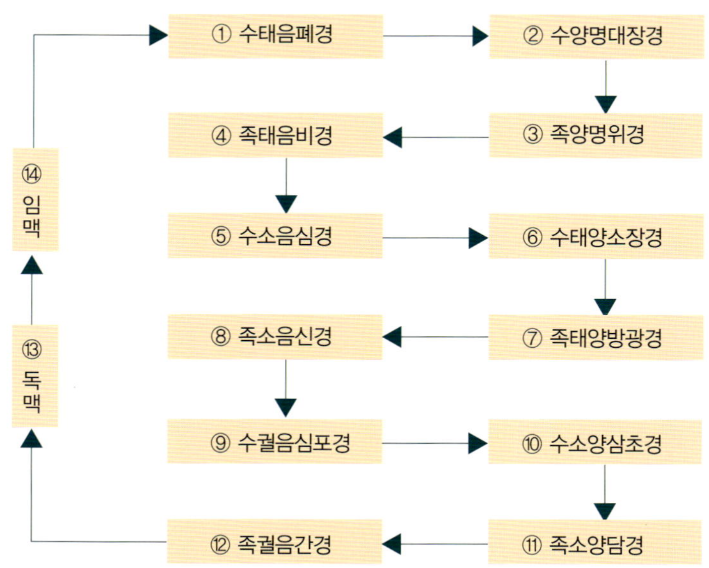

6
취혈 방법

Introduction

경혈의 위치를 특정한다

경혈을 대상으로 하여 침이나 뜸 시술을 실시하기 위해서는 그 경혈의 위치를 특정할 필요가 있다. 그리고 경혈에는 각각 특정 「효능」이 있기 때문에 시술의 효과를 높이기 위해서는 경혈의 위치를 정확하게 특정하는 것이 매우 중요한 조건이 된다.

경혈의 위치를 특정하는 것을 「취혈(取穴)」이라고 한다. 경혈의 위치는 체표로부터 특정할 수 있는 어떠한 표지(標識)로부터의 방향과 거리에 의해 설명된다. 예를 들면 「관원(關元)」이라는 경혈의 위치는 「배꼽 아래 3촌」이라고 나타나 있고, 「배꼽」을 표지로 하여 거기에서 바로 아래(방향)에 3촌(거리)이 되는 곳에 있다고 설명되고 있다. 경혈을 특정하기 위한 표지로서는 배꼽과 같이 체표 위에서 눈으로 볼 수 있는 것 외에 관절, 피하와 닿을 수 있는 뼈의 돌기부나 함요부 등이 이용되고 있다. 또한 안면부에는 눈, 코, 귀 등의 기관이 존재하기 때문에 이러한 기관도 표지로 여겨지고 있다.

한편 경혈의 위치를 나타내기 위한 거리는 예로부터 「촌」이라는 단위로 나타내고 있다. 그리고 이 경우의 「촌」은 취혈을 실시하기 위한 특별한 계측법에 근거한 단위로, 단위의 명칭은 같아도 척관법(尺貫法 : 1촌은 약 3cm)의 「촌」과는 전혀 다른 단위이다. 척관법이나 미터법 등의 기본 단위를 기준으로 한 계측법에서는 개개의 신장이나 체형에 따른 경혈의 위치를 나타낼 수 없다. 예를 들면 만약 상기의 「배꼽 아래 3촌」이라는 「관원」의 위치가 척관법으로 나타냈다면 관원은 신장이 150cm인 사람도 180cm인 사람도 일률적으로 배꼽 아래 약 9cm 되는 곳에 있게 된다. 그런데 실제로 척관법이나 미터법을 이용하여 배꼽부터 관원까지의 거리를 계측했을 경우에는 신장이나 체격의 격차에 따라 계측치는 다르기 때문에 취혈을 목적으로서 체표 위에서 거리 계측을 실시한 경우에는 신장이나 체형의 개인차에 의한 오차가 발생하지 않도록 고안된 독자적인 방법이 채용되고 있다. 그리고 그 독자적인 계측법에는 척관법과는 다른 「촌」이라는 단위가 이용된다.

취혈 방법 6

I. 골도법

「골도(骨度)」란 「뼈의 길이」라는 의미로, 「골도법(骨度法)」이란 뼈의 길이를 기준으로 하여 신체 각 부분의 길이를 규정하고 그 규정한 길이에 근거하여 경혈의 위치를 특정하는 방법이다. 골도의 기초를 규정한 것은 기원전에 저술된 「황제내경(黃帝內經) · 영추(靈樞)」라는 서적으로, 예를 들면 「흉골의 하단부터 배꼽까지는 8촌」, 「주관절부터 수관절까지는 12촌」, 「슬개골의 하연부터 외과(外果 : 종아리뼈)의 첨단까지는 16촌」 등 주로 관절이나 뼈의 말단의 정위치에서 다른 정위치까지의 길이가 「골도」로서 자세하게 규정되어 있다(아래 표).

또한 골도는 남녀노소, 체중을 불문하고 일률적인 길이로 규정되어 있다. 그렇기 때문에 상기와 같은 「흉골의 하단부터 배꼽까지는 8촌」이라는 거리의 길이는 상대를 불문하고 누구든지 일률적으로 8촌으로 길이가 정해져 있다. 한편 표지(標識)에서 경혈까지의 거리는 골도를 규정의 분촌(分寸)에 근거하여 등분(等分)하고, 그 1등분을 1촌으로 하는 「골도분촌(骨度分寸)」에 의해 나타나 있다. 예를 들면 「중완(中脘)」이라는 경혈의 위치는 「배꼽 위 4촌에 있다」고 설명되어 있으며, 「중완」은 배꼽을 표지로 하여 그 바로 위에 4촌의 거리가 되는 곳에 존재한다는 것이 밝혀지고 있다. 한편 상기와 같이 「흉골의 하단부터 배꼽까지는 8촌」이

부위	기시점	분, 촌	방법	설명
두부	전발제부터 후발제까지	12촌 (1척 2촌)	직촌	전발제와 후발제가 확실하지 않은 사람에게 미심부터 대추혈(大椎穴)까지의 길이를 18촌으로 하고, 미심부터 전발제까지의 길이를 3촌으로 하며, 대추혈에서 후발제까지의 길이를 3촌으로 한다.
두부	전발제의 액각 넓이	9촌	횡촌	
	좌우 귀 뒤 유양돌기의 최고점 간의 넓이			
흉복부	흉복부 흉골 검상돌기부터 배꼽까지	8촌	직촌	흉부를 정할 경우에는 늑간을 재도 좋고, 하나의 늑간의 넓이는 1.6촌에 해당한다.
	배꼽부터 치골 상제(上際)까지	5촌	직촌	
	양유간(兩乳間)	8촌	횡촌	여성은 쇄골 중선을 재도 좋다.
배부	견갑골의 척주연부터 배부의 정중선까지	3촌	횡촌	
상지부	액와(腋窩) 횡문(橫紋)의 전단부터 주와(肘窩) 횡문까지	9촌	직촌	상지의 내측과 외측은 같다.
	주와 횡문부터 완관절(腕關節) 횡문까지	12촌	직촌	
하지부	치골 상제부터 대퇴 내측과까지	18촌	직촌	
	경골 내측과의 하연부터 내과	13촌	직촌	
	대퇴골의 대전자부터 슬와(膝窩) 횡문까지	19촌	직촌	
	슬개골의 하연부터 외과까지	16촌	직촌	
	외과부터 발바닥까지	3촌	직촌	

라는 골도의 규정이 존재하기 때문에 골도분촌에 근거한 「중완」의 위치는 흉골의 하단부터 배꼽까지의 거리를 8등분 하여 배꼽(표지)에서 위 방향으로 그 1등분의 4배가 되는 곳이 특정되는 것이다.

따라서 이와 같은 규정과 계산법을 이용하여 취혈을 실시함으로써 「중완」의 위치는 상대를 불문하고 흉골의 하단과 배꼽을 연결한 선의 중점(中點)으로 산출하는 것이 가능해진다. 골도법이란 이와 같이 미리 규정된 일정 부위의 길이를 등분하여 그 1등분을 1촌으로 하여 경혈까지의 거리를 산출하는 취혈 방법이다. 골도법을 이용함으로써 개인차에 의한 영향을 받지 않고 경혈의 위치를 정확하게 특정할 수 있다. 또한 골도법에 의한 취혈은 골도의 규정에 의한 신체 각 부분의 길이(59쪽 참조)를 기억해 두어야 한다. 또한 골도법은 체간부나 사지 경혈의 취혈에는 이용되지만, 안면부의 경혈에는 그다지 이용되지 않는다.

2. 동신촌법

골도법으로는 남녀노소, 신장, 체중과 상관없이 매우 정확하게 취혈을 할 수 있다. 하지만 한편에서는 골도의 규정에 의한 신체 각 부분의 길이를 모두 기억하는 것은 쉽지 않다. 또한 일정 부위의 길이를 등분하여 경혈의 위치를 특정하는 계산법에는 일정한 시간과 노력이 요구된다.

그래서 골도법과 비교하면 정밀도가 약간 뒤떨어지지만, 비교적 용이하게 실행할 수 있는 취혈 방법으로 「동신촌법(同身寸法)」이라고 불리는 수법이 있다. 동신촌법에서는 예를 들면 「엄지손가락의 제1관절 부분의 너비를 1촌」, 「검지부터 새끼손가락까지의 제2관절의 너비를 합친 길이를 3촌」 등과 같이 손가락 너비를 기준으로 한 기본단위가 정해져 있어 경혈의 위치는 그 기준에 근거하여 특정된다.

예를 들면 「족삼리(足三里)」라는 경혈의 위치는 「슬개골(무릎뼈) 아래 외측의 함요부에서 아래 3촌」으로 되어 있다. 그리고 동신촌법에 근거한 3촌은 상기와 같이 「검지부터 새끼손가락까지의 제2관절의 너비를 합친 길이」로 정해져 있기 때문에 족삼리는 「슬개골 아래 외측의 함요부로부터, 아래쪽으로 검지부터 새끼손가락까지의 4개 손가락의 제2관절 너비를 합친 길이의 거리에 있다」는 것이 된다. 또한 안면부에 있는 「사백(四白)」의 위치는 「똑바로 앞을 보았을 때 동공 바로 아래 1촌」이라고 되어 있고 1촌은 「엄지손가락의 제1관절 부분의 너비」로 되어 있으므로 사백은 동공에서 정확히 엄지손가락의 제1관절 너비의 길이만큼 아래의 위치에 취혈할 수 있다.

동신촌법으로 취혈하는 경우에는 남자는 왼손, 여자는 오른손을 척도(尺度)로 하는 것이 정해져 있다. 또한 손가락 너비 등은 남녀의 차이나 체격 등에 따라 다르기 때문에 반드시 대상

골도법

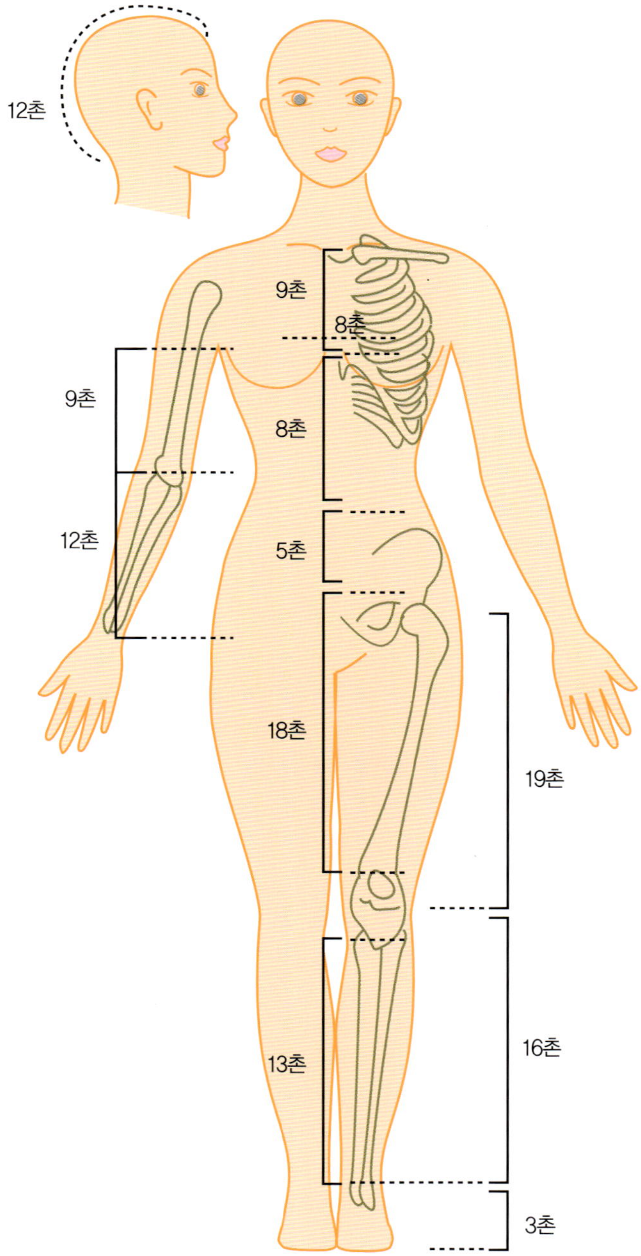

동신촌법

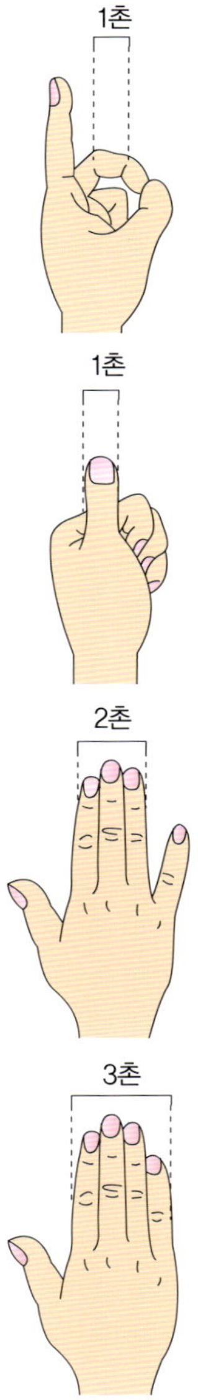

이 되는 본인의 손가락을 기준으로 하고 있다. 그렇기 때문에 동신촌법을 이용하여 타인을 취혈할 경우에는 대상이 되는 상대와 자신과의 신장이나 체격의 차이를 계산한 뒤에 취혈을 실시해야 한다.

3. 경혈의 반응

경혈은 장부(臟腑)의 부조화가 나타나기 쉬운 반응점이며, 동시에 치료점이기도 하다. 따라서 경혈이라고 불리는 곳은 다른 부위와는 다른 특유의 반응이 나타나는 곳이기도 하다.

그리고 골도분촌에 의해 나타나는 경혈의 위치는 어디까지나 취혈을 위한 기준이 되는 위치에 지나지 않는다. 즉 경혈은 완전히 고정된 위치에 존재하는 것이 아니라는 것이다. 그렇기 때문에 손가락 끝의 감각으로 급소를 알아내는 것이 중요하다.

경혈의 위치는 사람에 따라서 다를 수 있다. 물론 교재나 전문서가 나타내는 위치와 동떨어진 곳에 있지는 않지만, 미묘하게 다른 경우가 있다. 또한 같은 사람이더라도 신체의 컨디션에 따라 경혈의 위치가 약간 달라지는 경우가 있다. 그렇기 때문에 경혈을 실시할 때에는 골도법이나 동신촌법을 이용하여 대략 예상을 한 뒤 그 주변에서 검지나 중지의 끝에 감각을 집중시켜 주위와 다른「반응」을 찾는다.

피부 상태가 그 주위보다도 꺼칠꺼칠하거나, 까끌까끌하거나, 피부의 온도가 약간 차갑거나 뜨겁거나, 눈으로 보았을 때 피부색이 변하는 등의 변화를 느꼈을 경우에는 그곳이 경혈일 가능성이 높다고 판단해도 좋을 것이다. 또한 살짝만 눌러도 통증을 느끼고, 누르면 피하에 응어리가 있는 경우에는 그곳이「반응점」이라고 판단할 수 있다.「경혈」의「혈」은「움푹 들어간 곳」을 나타낸 것과 같이 경혈은 약간 움푹 들어가 있는 경우나 반대로 조금 올라온 경우도 있다. 단, 단순히 피부에 닿는 것만으로 경혈이 보이는 것은 아니다. 정확하게 취혈을 실시하기 위해서는 손가락 끝의 감각을 키워「신체의 소리를 듣는」자세가 중요하다. 또한 경험을 쌓음으로써 상기와 같은 경혈 특유의 반응을 조금씩 알 수 있게 된다. 그렇기 때문에 우선은 항상 자신이나 타인의 신체에 접촉하여 의식하면서 반응을 확인해 나가는 것이 중요하다.

경혈의 반응

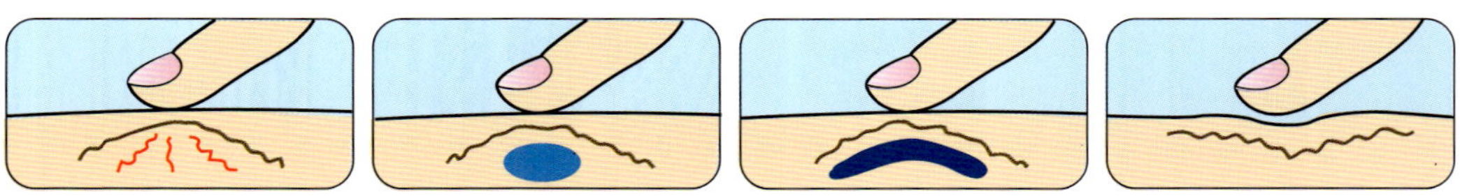

① 압통(壓痛) 눌렀을 때 통증을 느낀다.
② 경결(硬結) 피부 아래에 둥글둥글한 응어리가 있다.
③ 긴장(緊張) 피부가 넓게 부었다.
④ 함하(陷下) 들어간 것 같이 느껴진다.

7
안면부에 놓는 자침

Introduction

안전하고, 효율적, 효과적인 자침의 조건

일반적인 침구 치료의 임상 현장에서는 안면신경마비, 악관절증, 화분증 등의 일부 질환이나 증상 치료를 제외하면 안면부가 자침의 대상이 되는 경우는 적다. 한편 안면부는 가장 눈에 띄기 쉬운 부위이므로 자침에 의해 피하 출혈이 일어났을 경우에는 다른 부위보다도 큰 문제로 발전할 가능성이 높아진다. 미용 침구의 본질은 「침구의 특성을 살려 건미(健美)를 추구하는 것」으로, 안면부에 자침을 실시하는 것이 미용 침구는 아니다.

하지만 한편에서는 가장 눈에 띄기 쉬운 부위이므로 안면부는 미관상 특히 중요한 부위로서 자리매김 되고 있어 미용을 목적으로 한 침구를 실행하려고 하는 경우에는 안면부에 대한 자침을 피할 수 없다. 이상적인 안면부 자침을 실시하기 위해서는 「침의 선택」, 「자침법의 선택」, 「자입 부위와 자입 심도의 선택」의 세 가지 선택과 기술력이 불가결한 요소가 된다.

1. 침의 선택
2. 자침법의 선택
3. 자입 부위와 자입 심도의 선택

이 장에서는 안면부에 안전하고, 효율적이며, 효과적인 자침을 실현하기 위한 「침의 선택」, 「자침법」에 관하여 설명한다. 자침의 방법에는 다양한 수기법이 존재하여 「이 방법이 아니면 안 된다」라는 표준적인 수기법이라는 것이 존재하지 않는다. 이 책에서 소개하는 수기법은 안면부에 대한 자침에 있어서 필자가 채용하고 있는 기법으로, 표준적 수기법이 아니라는 것을 미리 납득해 주길 바란다.

또한 「자입 부위와 자입 심도의 선택」에 관해서는 제10장을 참고하길 바란다.

안면부에 놓는 자침 7

I. 침의 선택

침의 굵기

안면부는 전신 중에서도 피부가 얇고 수많은 모세혈관이 분포하고 있기 때문에 굵은 침은 사용에 적합하지 않다. 필자의 경험에 근거하여 말하면 안면부에는 자침하는 부위와 목적에 따라 0.12mm(02번)~0.20mm(3번) 정도 굵기의 침을 사용하는 것이 바람직하다.

침의 길이

미용을 목적으로 한 안면부의 자침에서 깊은 자입이 필요하게 되는 경우는 매우 드물다고 할 수 있다. 또한 필요 이상으로 침체가 긴 침을 이용하여 안면부에 자침했을 경우에는 침병의 하중에 의해 자침 부위에 통증이나 불쾌감을 느끼게 하는 경우가 있다. 그렇기 때문에 안면부에 놓는 자침은 필요 이상으로 침체가 긴 침을 이용하는 것은 적절하지 못하다.

침관(鍼管)의 유무

안면부는 형태적으로 요철이 현저하고, 또한 횡자(橫刺)나 사자(斜刺)로 자침하는 경우도 많으므로 침관을 이용한 「관침법(管鍼法)」이 반드시 이상적인 방법이라고는 할 수 없다. 그렇기 때문에 필자는 안면부에 놓는 자침은 침체가 짧은 것이 특징인 「단침(短針)」을 침관을 이용하지 않고 사용하고 있다.

일본의 침 제조회사는 최첨단 제조기술을 자랑한다(사진 제공 : 세이린 사).

최근까지 단침은 일본에서는 거의 사용되지 않았지만, 미용을 목적으로 한 침구 수요의 확대로 일본의 제조회사가 일회용 단침을 발매함으로써 급속하게 보급하기 시작했다. 침구침의 제조기술의 발전으로 현재 판매되고 있는 침구침은 관침법이 고안된 에도(江戸) 시대의 침구침에 비하면 침체의 굵기도 가늘고, 침첨의 「예리함」도 크게 개선되었을 것이라고 추측된다〔에도(江戶) 시대의 침구침을 실제로 사용한 경험은 없지만〕.

현재 일본의 제조회사가 제조하고 있는 단침은 모두 일정한 기술을 습득함으로써 침관을 사용하지 않아도 원활하게 자입할 수 있다. 또한 전술한 바와 같이 안면부에는 거의 깊은 자입을 하지 않기 때문에 침체가 긴 침이 필요하게 되는 경우도 드물다. 그렇기 때문에 일부의 경우를 제외하고 안면부의 시술에는 15mm 이하의 단침을 사용하는 것이 합리적인 선택이며, 침관은 반드시 필요하지 않다는 것이 필자의 견해이다.

침의 품질 : 시술을 좌우하는 또 하나의 조건

안전하고, 원활하며 효과적인 자침을 실현하기 위한 세 가지 사항에 관하여 필자의 견해를 서술했는데, 실은 또 하나 중요한 조건이 있다. 그 조건이란 「침의 품질」이다. 침은 고대부터 상처나 질병의 치료에 이용되어 왔다. 그리고 시대의 흐름에 따라 침의 재질이나 형태가 조금씩 변화하고, 품질도 조금씩 향상되고 있다.

또한 전술한 바와 같이 관침법이 고안된 에도(江戶) 시대의 침과 비교했을 경우에도 지금의 침은 침체의 굵기가 가늘고, 침첨의 「예리함」도 크게 개선되어 있다. 만약 침의 제조기술이 에도(江戶) 시대부터 발전하지 않았더라면 안면부에 놓은 자침인 「미용 침구」라는 분야는 성립하지 않았을지도 모른다. 뿐만 아니라 일회용 침구침이 개발되지 않았더라면 HIV 등의 감염이 염려되어 침이라는 시술 자체가 급격히 쇠퇴했을 가능성이 높다고 생각된다.

한편 침의 품질이 높으면 높을수록 자침을 원활하게 실시할 수 있어 자침에 의한 통증, 출혈, 피하 출혈의 가능성도 감소된다.

미용을 목적으로 한 침 시술에 있어서 만일 안면부에 피하 출혈이 일어났을 경우에는 큰 문제로 발전할 가능성이 있다. 그렇기 때문에 「미용 침구」라는 분야에서는 품질이 높은 침구침을 사용하는 것도 하나의 불가피한 조건이 된다. 침구전문가나 침구이용자 모두 침구침의 제조기술의 발전으로 큰 혜택을 받고 있다고 할 수 있다.

일본 침구침의 제조기술은 세계적으로 최고 수준이며, 그 제조기술에 의해 제조된 품질이 높은 침은 미용을 목적으로 한 시술의 질 향상에 크게 공헌하고 있다. 현재 일본의 제조회사가 제조하고 있는 「단침」의 「예리함」은 침관을 사용하지 않아도 원활하게 자입할 수 있는 수준이다. 그리고 이와 같은 품질과 기능성이 뛰어난 침이 개발됨으로써 필자 자신도 예전보다 매우 「안심」하고 「안전」한 시술을 실시할 수 있게 되었다. 침구사에 있어서의 「침」은 무사에 있어서는 「검」, 요리사에 있어서는 「칼」, 홍법대사(弘法大師 : 일본 헤이안 시대의 불교 승려)에 있어서는 「붓」과 같다. 「예리한 검」을 갖는 것은 무사의 본분이기 때문이다.

특히 안면부라는 섬세한 부위를 다루는 「미용 침구」라는 분야에서는 「서투른 목수가 연장 탓한다」라고는 할 수 없다. 아무리 솜씨가 좋아도 목적에 맞는 뛰어난 「도구」가 없으면 좋은 효과를 볼 수 없다. 그렇기 때문에 침구전문가는 항상 스스로의 기술력 향상에 노력하는 것이 필요함과 동시에 항상 예리한 「검」이나 목적에 적합한 「붓」을 사용하는 것이 좋은 효과를 얻을 수 있는 필수불가결한 조건이 된다. 그리고 시대의 흐름에 따라 발전하는 「도구」의 잠재력을 최대한으로 끌어낼 수 있는 「사용법」을 지속해서 향상시키는 것도 매우 중요한 일이라고 할 수 있다.

2. 자침법의 선택

세 종류의 자침법

단침은 안면부의 자침에 있어서 뛰어난 기능을 발휘한다. 그렇기 때문에 단침이 보급됨으로써 예전보다 훨씬 효율적이고 합리적인 미용 시술을 실현할 수 있게 되었다. 이 장에서는 필자가 임상의 현장에서 채용하고 있는 세 종류의 자침법에 관하여 해설하고자 한다.

(a) 삼지지침법(三指持針法)

「삼지지침법(三指持針法)」이란 엄지, 검지, 중지로 침을 잡고 자침을 하는 방법이다. 엄지와 검지로 침병을 잡고, 중지로 침체를 지탱하여 고정한 상태에서 자침한다. 「삼지지침법」은 직자(直刺)나 사자(斜刺)를 실시할 경우에 이용할 수 있어 안면부의 경혈에 대한 자침에서 가장 많이 사용되는 방법이다.

(b) 양지지침법(兩指持針法)

「양지(兩指)」란 「두 개의 손가락」이라는 의미로, 「양지지침법(兩指持針法)」이란 엄지와 검지의 지복(指腹)으로 침병을 잡고 자침하는 방법이다. 안면부에서는 「두유(頭維)」, 「양백(陽白)」 등의 경혈에 횡자(橫刺)로 자침하는 경우에 사용되는 방법이다.

(c) 제날자입법(提捏刺入法)

「제날자입법(提捏刺入法)」이란 엄지와 검지의 지복(指腹)으로 침병을 잡고 반대쪽 손의 엄지와 검지로 자침 부위의 피부를 가볍게 집어 올려서 자입하는 방법이다. 「인당(印堂)」, 「찬죽(攢竹)」 등의 경혈에 자침하는 경우에 사용되는 방법이다.

자침의 요령

단침에 의한 자침에서는 아래의 세 가지 절차를 올바르게 지키면 상기의 지침법을 원활하고 효율적으로 실시할 수 있다.

(1) 올바르게 침을 잡는다.

침을 잡는 방법은 자침법에 따라 다르기 때문에 각각의 자침법에 따라 올바르게 침을 잡는다.

(2) 적절히 서는 위치를 결정한다.

안면부에 자침을 실시하는 경우에는 여러 방향이나 각도에서 자입이 가능하기 때문에 원활한 자침을 실현하기 위해서는 자침 시의 「서는 위치」가 중요한 요소가 된다. 그렇기 때문에 자침을 실시할 부위와 방향에 따라 어느 위치에 서면 가장 합리적으로 자침할 수 있는지를 고려하여 최적의 「서는 위치」를 결정한다.

(3) 자입점을 정해 부드럽게 자입한다.

서는 위치를 결정했다면 자입점을 특정하여 자입 각도와 깊이를 결정하여 자침을 실시한다. 경혈에 대해서 자침을 실시하는 경우는 취혈을 정확하게 실시하는 것이 중요하다.

침을 꽉 잡고 「속도」나 「힘」에 의존하지 말고 천천히 부드럽게 자입한다.

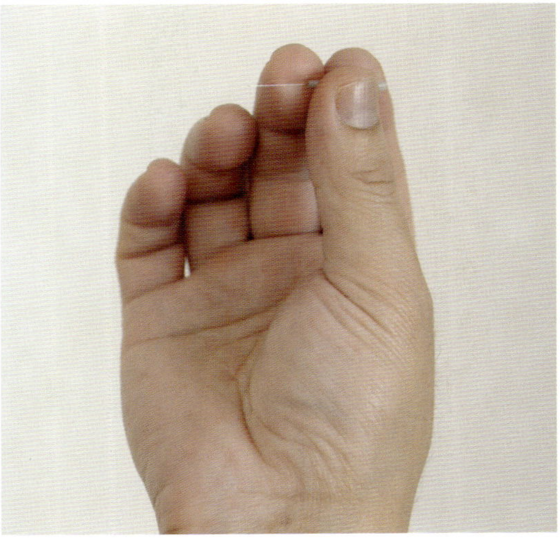

삼지지침법(三指持針法)

엄지와 검지로 단침의 침병의 중심부를 단단히 고정한다. 이때 손목을 시술자 쪽으로 향하게 하고 침을 눈높이로 들고 침의 각도가 엄지와 검지에 대해서 90도의 각도로 되어 있는지를 확인한다. 자입 시에 침체가 휘지 않도록 침근부에 중지를 대서 침체를 지탱한다.

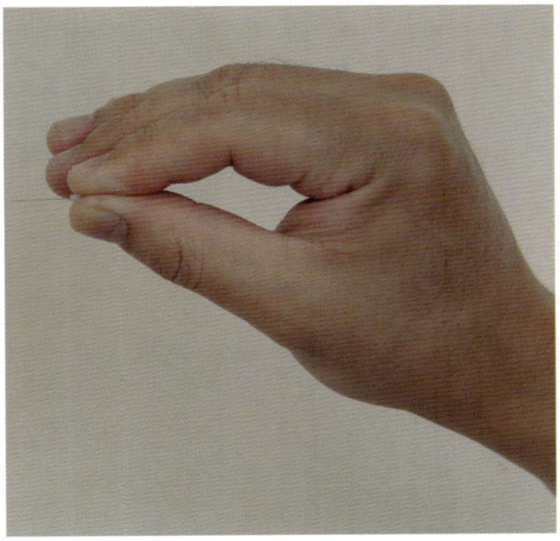

양지지침법(兩指持針法)

엄지와 검지를 침병에 밀착시켜 침병을 세로 방향으로 끼우듯이 잡는다. 침체와 침첨이 엄지와 검지의 연장선 상에 위치하여 전체가 쭉 뻗은 형태가 된다.

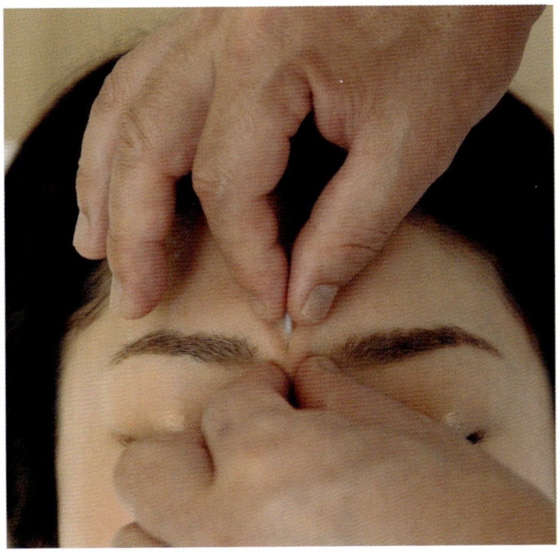

제날자입법(提捏刺入法)

「양지지침법」과 같이 엄지와 검지를 침병에 밀착시켜 침병을 세로 방향으로 끼우듯이 잡는다.

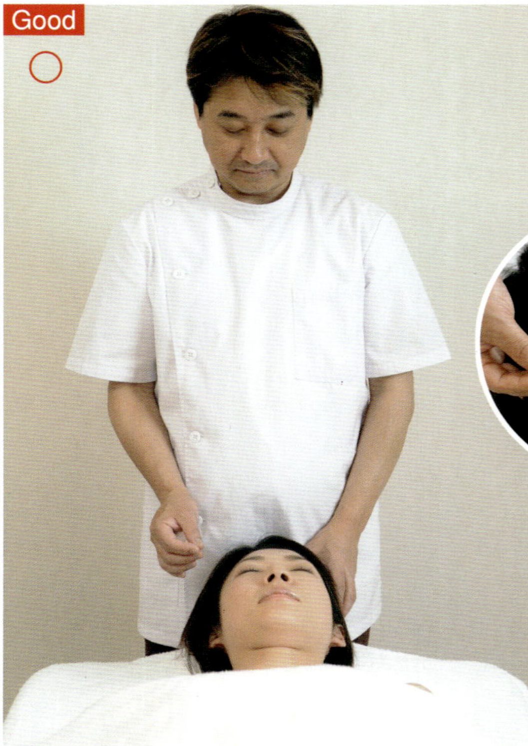

서는 방법〈좋은 예〉

한 예로서 「태양(太陽)혈」에 자침하는 경우 적절히 서는 위치와 자세를 나타낸다.
자침을 실시하는 부위와 방향에 따라 적절히 서는 위치를 결정한다. 오른손으로 오른쪽의 「태양혈」에 자침하는 경우는 두부의 뒤쪽에 서면 원활하게 자침할 수 있다. 배근을 핀 올바른 자세도 중요하다.

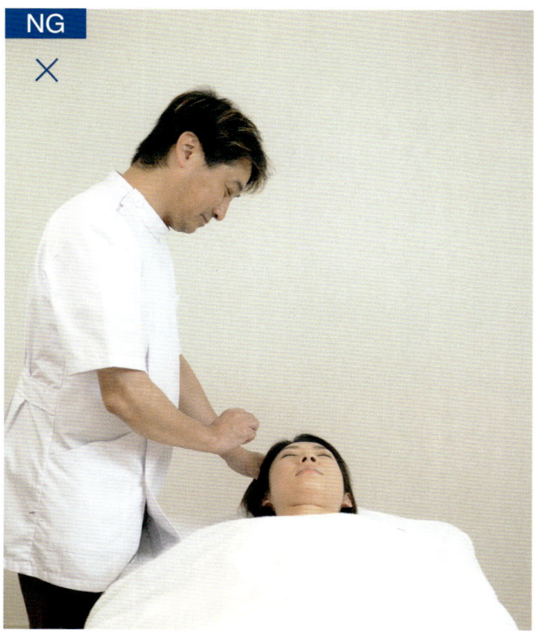

서는 방법〈나쁜 예〉

이 위치에서는 오른쪽의 「태양혈」에는 자침을 하기 어렵다.

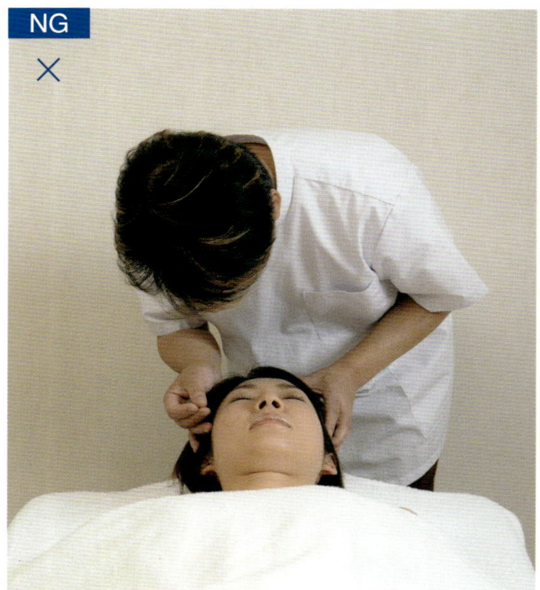

서는 방법〈나쁜 예〉

초심자에게는 자침에 집중할 때 침의 자입 부위에 얼굴을 가까이 하는 경향을 보이는데, 불필요한 힘이 들어가 있는 상태이며, 얼굴이 너무 가까우면 불쾌감을 줄 수 있다.

삼지지침법(三指持針法)

테크닉의 포인트

1. 단침의 자입은 적당한 속도로 부드럽게 실시하는 것이 원칙이다. 관침법(管鍼法)에 의한 「탄입(彈入)」에서는 힘이나 속도에 의존하여 자입하는 경향이 있는데, 단침은 침체가 짧고 현재 사용하고 있는 침의 침첨이 날카로워져 힘이나 속도에 의존하여 자입할 필요가 없다. 관침법에 의한 탄입이 「푹」하고 찌른다는 이미지라면 단침은 「쑥」하고 들어가는 이미지로 부드럽게 자입하는 것이 포인트가 된다.
2. 단침을 자입하는 경우에 손목의 스냅을 사용하여 자입하려고 하면 자입의 목적으로 하는 방향과 침에 힘이 들어가는 방향에 미묘한 차이가 발생하기 때문에 손목만이 아니라 손목~주관절~견관절까지의 상지 전체를 움직여 자입하는 것도 요점이 된다.
3. 자입 심도가 어느 정도 깊어졌을 경우에는 침체를 지탱하는 중지가 방해가 되는 경우가 있기 때문에 중지를 침체에서 떼면서 자침을 진행시켜 나간다(사진 3~4).

양지지침법(兩指持針法)

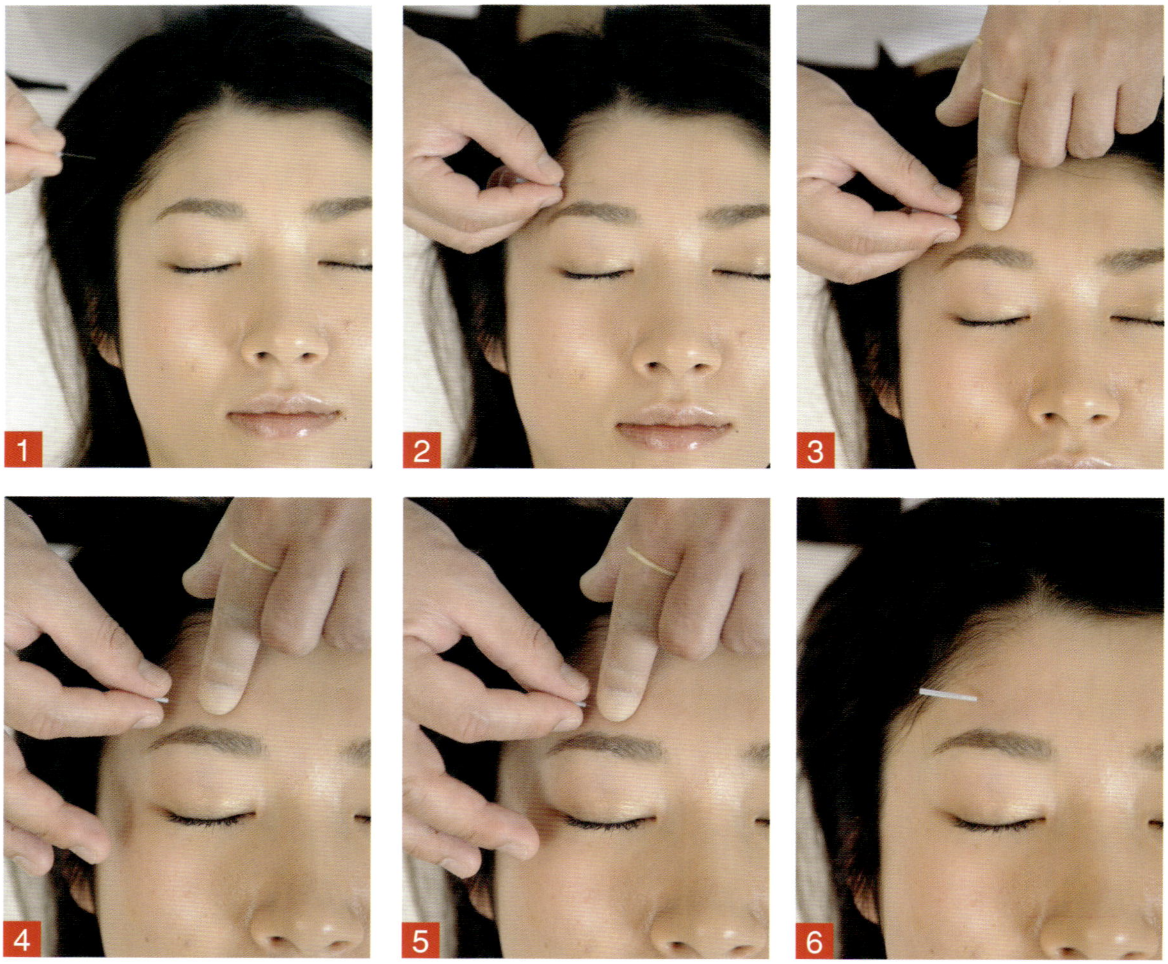

테크닉의 포인트

양지지침법에 있어서도 적당한 속도로 부드럽게 자입하는 것이 자침의 요령이 된다.

제날자입법(提捏刺入法)

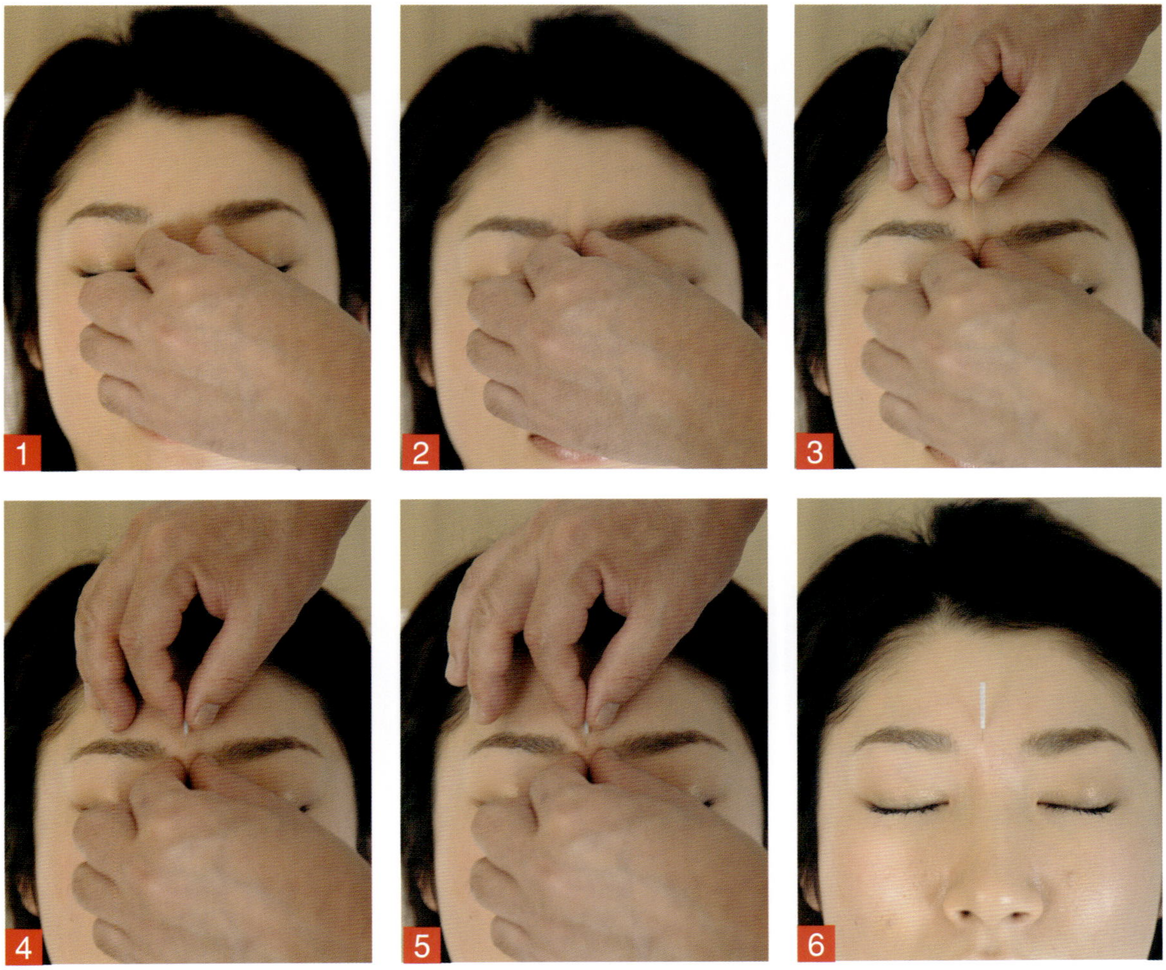

테크닉의 포인트

1. 제날자입법은 자입 부위의 피부를 너무 얇게 집으면 침이 피하의 매우 얇은 층에 자입되기 때문에 목표로 하는 깊이에 따라 피부를 집어 올리는 것이 중요하다.
2. 제날자입법은 자입의 각도가 매우 민감한 요소이기 때문에 자입의 각도에도 충분히 주의를 기울이면서 침을 놓는 것이 중요하다.

8
미용 침구의 적용과 실천

Introduction

효과적인 시술을 실현하기 위해서

필자는 이용자 및 전문가들로부터 「미용 침구는 어떠한 증상에 효과가 있을까?」, 「침구는 여드름에 효과가 있을까?」, 「대머리를 치료할 수 있을까?」, 「살을 뺄 수 있을까?」 등 미용 침구의 적응에 관한 질문을 자주 듣게 된다. 하지만 침의 미용적인 효과에 관해서는 현시점에서는 아직 충분한 연구가 이루어지지 않았기 때문에 작용 메커니즘에 관해서도 많은 부분 해명되지 않은 것이 현실이다. 그렇기 때문에 현시점에서는 이와 같은 질문 모두에 대해서 완벽한 답변을 제시할 수는 없다.

하지만 미용에 영향을 미치는 여러 증상이나 질환에 대한 침구의 적응, 부적응에 관한 지침이라면 지금까지 얻은 지식과 임상 경험에 근거하여 어느 정도는 나타낼 수 있다. 연령, 성별, 인종 등 조건에 따라 다를 수 있지만, 예를 들면 주름, 늘어짐에 관해서는 침 시술만으로도 효과를 나타낸 경우가 적지 않다는 것이 필자의 견해이기도 하지만 침구 시술만으로 주름을 없앤 경험이 필자에게는 없다. 여러 질환을 모두 침구만으로 치료할 수 없는 것처럼 미용에 영향을 미치는 상기와 같은 증상이나 질환에 관해서도 침구만을 이용하여 완벽하게 해결할 수는 없다.

미용에 영향을 미치는 증상이나 손용성 질환에는 주로 「거친 피부」, 「건성 피부」, 「지성 피부」, 「다크서클, 잡티」, 「주름, 늘어짐」, 「부종」, 「기미」, 「여드름, 부스럼」, 「탈모증」, 「비만」 등의 질환이 있는데, 이러한 증상이나 손용성 질환에는 침구가 효과적인 것과 그렇지 않은 것이 있다. 그렇기 때문에 필자의 10년 남짓한 짧은 경험으로 밖에 말할 수 없지만, 이 장에서는 미용에 영향을 미치는 증상이나 손용성 질환에 관하여 각각의 특징과 미용 침구의 적응 · 부적응에 대한 필자의 견해를 서술함과 동시에 미용을 목적으로 한 침구의 실체에 관하여 구체적으로 설명하고자 한다.

미용 침구의 적응과 실천 8

I. 보건 미용

거친 피부

거친 피부란 촉촉함, 윤기, 탄력이 없어져 피부의 감촉이 「까끌까끌」 또는 「꺼칠꺼칠」해진 상태를 말한다. 거친 피부는 피로, 수면부족, 스트레스, 부적절한 식생활, 여성의 월경에 관한 문제, 흡연 등에 기인하여 일어나는 경우도 많기 때문에 이와 같은 경우에는 그 근본적인 원인을 개선하지 않는다면 거친 피부를 개선할 수 없다. 동시에 침구 시술에 의해 몸 상태를 조절하여 안면부 국소에 시술을 실시함으로써 대부분의 경우에 양호한 효과를 올릴 수 있다.

임상에서는 미안침법(美顔鍼法)〔82쪽에서 설명〕을 받은 이용자의 대부분이 「피부 상태가 좋아졌다」, 「피부 감촉이 좋아졌다」, 「화장이 잘 먹는다」라는 말을 한다. 이와 같은 결과는 안면부 국소에 대한 침의 효과와, 침구의 전신적인 피로 회복 효과나 인체의 생리적 기능에 대한 조정 작용에 의한 것이라고 생각된다.

건성 피부(dry skin)

건성 피부는 피부 각층의 수분 유지 기능의 저하에 따라 피부가 건조한 상태가 되는 것이다. 각층의 수분 유지 기능의 저하는 선천적 유전자 변이나 아토피 피부염 등에 의해서도 일어나는데, 이와 같은 질환에 기인하는 건성 피부는 미용 분야에서는 다루어지지 않는다. 피부 각층은 약 30%의 수분을 포함하고 있으며, 피부의 보습에는 주로 「각질세포간 지질」, 「천연보습인자」, 「피지」가 중요한 기능을 하고 있다. 그리고 이 중 수분 유지에 가장 기여하고 있는 각질세포간 지질의 50% 정도를 「세라미드(ceramide)」가 차지하고 있다. 요즈음 세라미드를 배합한 보습화장품이 높은 평가를 얻고 있는 것은 세라미드가 각층의 수분 유지 기능에 깊게 관여하고 있다는 것을 알게 되었기 때문이다.

건성 피부의 국소 치료에는 이와 같은 세라미드 및 요소(尿素), 콜라겐, 하이알루로닉산(hyaluronic acid) 등의 보습 효과가 있는 물질을 도포하는 방법, 바셀린, 스쿠알렌 등의 유지를 지질 대용으로서 도포하는 방법 등이 이용된다.

중의학에서는 건성 피부는 주로 「혈허(血虛)」(혈 부족 · 기능 저하)나 「음허(陰虛)」(피를 포함 체액 전반의 부족 · 기능 저하)의 외재 표현이라고 인식되고 있기 때문에 보혈(補血, 피를 보충한다)이나 보음(補陰, 체액을 보충한다)의 작용을 가진 한약을 복용하는 것이나, 이와 같은 음식물을 적극적으로 섭취하는 것이 주된 치료방침이 된다. 이러한 것과 병행하여 보혈, 보음을 치료원칙으로 한 침구 시술과 안면부 국소에 미안침법을 실시함으로써 대부분의 경우에 건성 피부의 개선을 기대할 수 있다.

지성 피부(oily skin)

지성 피부란 건성 피부와는 반대로 피지선에서 분비되는 피지의 양과 각층의 수분량이 많아 피부가 기름진 상태이다. 또한 지성 피부의 특징으로서 안면부와 비근(鼻根)에 특히 피지량이 많아 여드름 · 부스럼이 생기기 쉽고, 모공이 비교적 넓은 특징이 있다.

피지 분비의 항진에 가장 깊이 관여하고 있는 인자는 「남성호르몬」이라는 것을 알 수 있는데, 어떠한 요인이 피지의 분비를 항진시켜 지성 피부가 되는지에 관해서도 자세히 알려진 것이 많지 않다는 것이 현실이다.

한편 중의학에서는 주로 「담습(痰濕)」(지나친 수분의 정체), 「습열(濕熱)」(습과 열의 울체), 「간울기체(肝鬱氣滯)」(간의 기능 저하에 의한 기의 정체) 등이 지성 피부의 원인이 된다고 인식되고 있다. 비위(脾胃)의 기능 저하, 장기간에 걸친 과식, 단 음식, 지방이 많이 포함된 음식, 알코올류의 과다섭취 등으로 신체 내에 담습이 쌓이고, 담습이 장기간에 걸쳐 정체하면 열화(熱化)하여 신체의 상부로 올라가 안면부에서 드러나게 된다고 생각된다. 동시에 단 음식, 지방이 많이 포함된 음식, 알코올류는 습(濕)을 많이 포함하고 있어 식품의 성질이 열성(熱性)이라는 점에서 신체 안에 습열을 모으기 쉬운 경향이 있다.

또한 오장육부 중에서도 특히 「간」은 스트레스의 영향을 받기 쉬운 특성이 있어 스트레스의 영향을 받아 간의 기능이 저하하면 전신을 순행하는 「기」가 막혀 호르몬 밸런스를 포함한 다양한 항상성 유지기구에 악영향을 미치게 된다. 그렇기 때문에 중의학의 입장에서 지성 피부를 개선하기 위해서는 비위(脾胃)의 기능을 조절하고, 식생활을 개선하고, 스트레스 관리를 실시하는 것이 필요하다. 그리고 이와 같은 경우에 침구 시술은 「비위의 기능 저하」, 「간울기체」의 치료에 주력하는 경우가 있다.

또한 임상에서는 안면부 국소에 놓는 미안침법으로 지성 피부가 개선된 사례도 적지 않으므로 침에 의한 안면부 국소의 자극은 피지선 분비의 밸런스를 조절하는 효과를 발휘하고 있다고 생각된다.

다크서클, 잡티

안면부의 잡티나 눈 주위의 다크서클이라고 불리는 증상은 피부의 투명감이 없어진 상태나 거무스름한 상태가 되는 것이다.

다크서클, 잡티는 주로 어떠한 요인에 의해 피부에 멜라닌색소가 침착하여 생기는 경우와 피하의 혈행 불량 상태가 피부의 색으로 반영된 것이 있다.

일본 화장품공업연합회는 잡티의 정의로서 다음과 같이 제창하고 있다.

1. 어느 특정한 시각 현상이다.
2. 혈류의 저하에 의해 피부의 붉은 빛이 감소하고 노란 빛이 늘어난다.
3. 피부의 윤기나 투명감이 감소하거나 피부의 요철 등에 의한 그림자 때문에 명도가 저하하여 어둡게 보이는 상태로, 그 경계는 불명료하다.
4. 멜라닌의 색소침착에 의한 얼룩이나 기미가 주위의 정상적인 피부색과의 사이에 차이가 생기기 때문에 명도가 떨어진다.

이 중 멜라닌색소가 침착하여 생긴 것을 침구 시술로 개선하는 것은 어렵다고 판단된다. 하지만 반대로 침구 치료는 국소와 전신의 혈행을 개선시키는 뛰어난 효과가 있으므로 국소에 놓는 침 시술은 피하의 혈행 불량이 원인이 되는 다크서클, 잡티에 대한 효과가 커서 안면부나 눈 주위의 피부색은 시술 전후에 크게 변화하는 경우도 적지 않다.

하지만 이런 변화는 국소에 대한 시술에 의한 「치표(治標)」에 의해 초래되는 것에 지나지 않는다. 안면부는 「오장의 거울」로 여겨지고 있으므로 다크서클, 잡티의 근본적인 개선을 위해서는 내장의 상태가 좋지 않다는 외재 표현이라는 것을 인식하고, 원인을 상세하게 파악하여 「치본(治本)」을 목적으로 한 시술을 실시하는 것이 필요하다. 그리고 「표(標)」와 「본(本)」에 동시에 접근할 수 있는 것이 미용 침구의 큰 장점이다.

중의학에서는 어떠한 원인에 의해 혈액이 울체(鬱滯)하고 있는 병리적인 상태를 「혈어(血瘀)」라고 하여 「혈어」를 일으키도록 점성이 늘어나 질척한 상태의 혈액을 「어혈(瘀血)」이라고 한다. 그리고 「혈어」를 치료하기 위해 「어혈」을 제거하여 피의 순행 촉진을 도모하는 것을 「활혈(活血)」이라고 한다. 그렇기 때문에 다크서클, 잡티의 「치본(治本)」을 실시하기 위해서는 「활혈」의 기능을 가진 경혈을 이용한 침구 시술을 실시함과 동시에 「혈어」의 근본적인 원인을 분석하여 각각의 원인에 따른 시술을 실시하는 것이 필요하다.

눈 주위의 다크서클에 대한 안면부 국소의 시술 방법에 관해서는 89쪽에서 사진을 보면서 상세하게 설명하도록 한다.

주름, 늘어짐

얼굴의 주름, 늘어짐은 피부 그 자체가 건성이나 노화에 의해 생긴 것과, 표정근의 움직임이 원인이 되어 생기는 이른바 「표정 주름」과 비슷한 것으로 대별할 수 있다.

주름, 늘어짐은 피부나 표정근이 이완하여 늘어지는 것이 원인이라고 생각되어 왔다. 그런데 「보톡스」(보툴리눔 톡신)를 사용하여 표정근을 이완시키면 대부분의 경우에 주름이 개선되므로 표정근의 긴장이나 수축에 의해 주름이 생기는 경우도 적지 않다는 것을 알 수 있게 되었다. 주름, 늘어짐은 노화에 따라 일어나는 현상이므로 노인의 주름, 늘어짐이나 깊게 패인 주름을 침구 치료로 개선하는 것은 불가능하다. 하지만 연령, 피부의 상태, 시술의 빈도 등에 따라서 주름, 늘어짐은 침구 시술에 의해 극적인 효과를 나타내는 경우도 적지 않다.

주름, 늘어짐에 대한 효과적인 시술 방법으로서 미국에서는 보톡스가 주목되었지만, 부작용을 염려하는 입장에서 보톡스를 대신하는 방법으로 침구에 주목하는 전문가나 이용자가 급격하게 늘어나는 것 같다. 보톡스는 표정근을 이완시키는 작용이 주름, 늘어짐의 개선에 응용되고 있다. 그리고 근육의 긴장이나 수축을 경감하는 것은 침이 가장 자랑으로 삼는 분야이므로 침은 보톡스와 같은 의미에 의해 주름, 늘어짐의 개선에 응용할 수 있을 뿐만 아니라 보톡스에 비해 훨씬 안전하고 자연적이며, 경제적이어서 안심하고 실시할 수 있으며 일정한 효과도 기대할 수 있다. 주름, 늘어짐에 대한 안면부 국소의 시술 방법에 관해서는 88쪽에서 사진을 보면서 상세하게 설명하도록 한다.

부종(부어오름)

부종(부어오름)이란 체내의 수분에 의해 안면부나 손발 등이 통증을 수반하지 않는 형태로 부어 있는 상태다. 부종은 심장병, 신장병, 악성 종양 등의 질환에 기인하여 일어나는 경우도 있지만, 미용 분야에서 취급되는 부종은 일반적으로 「부어오름」이라고 불리는 돌발성으로, 특정 질환에 기인하는 부종은 미용 분야에서는 취급하지 않는다.

국소에 대한 미안침법과 「이수(利水)」(체내의 지나친 수분을 배출하는 것)를 목적으로 한 침구 시술은 부어오름에 대해서 효과를 나타내는 경우가 적지 않다. 임상에서는 부어오름에 대한 시술이 종료하면 화장실을 가는 사람이 많아 「상쾌하다」, 「몸이 가벼워졌다」라고 말한다. 그리고 특히 안면부의 부어오름은 시술 전과 후가 현저하게 달라지는 경우가 많은 편이다.

하지만 한 번의 치료에 의한 이와 같은 극적인 변화는 주로 「치표(治標)」에 의해 초래되는 것에 지나지 않는다. 그렇기 때문에 부어오르기 쉬운 체질을 근본적으로 개선하기 위해서는 원인을 특정하여 「치본(治本)」을 목적으로 한 계속적인 시술을 실시하는 것이 불가결하다. 중의학에서는 체내에 정체되어 있는 지나친 수분을 「담습(痰濕)」이라고 부르고 「병리산물(病理産物)」로서 평가하고 있다. 담습은 주로 「비위기허(脾胃氣虛)」(소화 기능의 저하)나 「양허(陽虛)」(몸을 따뜻하게 하는 기능의 저하) 등이 원인이 되어 발생하는 것으로 인식되고 있으므로 이수(利水), 보중익기(補中益氣), 보양(補陽)의 작용을 가진 한약을 복용하거나 이와 같은 작용을 가진 음식물을 적극적으로 섭취하는 것이 중요하다.

그리고 이러한 것과 병행하여 이와 같은 치료방침에 근거한 침구 시술과 안면부 국소에 대한 미안침법을 실시함으로써 대부분의 경우에 부어오름의 개선을 기대할 수 있다. 한편 이와 같은 치칙(治則)에 근거하여 「치본」을 목적으로 한 시술에서는 침보다도 뜸이 효과가 나타나는 경우가 많다.

2. 손용성(損容性) 질환의 침구 치료

색소이상증(기미)

기미란 피부 표면에 발생하는 색소반 전반을 가리키는 말로, 일반적으로 「기미」라고 불리는 것에는 「간반(肝斑)」, 「일광성 흑자(노인성 색소반)」, 「지루성 각화증(노인성 우췌)」 등의 다양한 색소이상증이 포함되어 있다. 또한 색소이상증에는 악성 종양도 포함되는데, 이와 같은 심각한 질환에 기인하여 그 치료를 최우선으로 해야 하는 경우 및 선천성의 경우는 미용 분야에서는 취급하지 않는다.

색소이상증은 주로 「멜라닌」의 생성에 관여하는 「멜라닌세포(melanocyte)」나 「각질세포(keratinocyte)」의 이상에 의해 멜라닌의 생성이 항진하여 증가한 멜라닌이 피부에 침착함에 따라 일어난다. 여성의 기미 대부분은 이러한 색소이상증 중 「간반」이며, 중년기의 일본 여성의 80% 이상에서 나타난다. 그렇기 때문에 임상 현장에서 접하는 빈도가 가장 높은 것도 간반이라고 할 수 있을 것이다. 간반은 30세 전후부터 발생하고, 임신이나 여성호르몬의 사용으로 악화되고, 폐경 후에 서서히 사라지는 점에서 여성호르몬의 영향에 따라 멜라닌의 생성이 항진하기 때문에 발생하는 것이라고 여겨지고 있다.

필자의 경험으로 침구의 시술만으로 기미라고 불리는 색소이상증을 이용자가 만족하는 수준으로 개선하는 것은 곤란하다고 판단하고 있다. 특히 안면부의 국소 시술에서 필자는 만족할 만한 결과를 낸 경험이 없어 임상가들의 향후의 보고를 기대하는 바이다. 하지만 한편에서는 어깨 결림이나 생리불순 등의 치료에서 증상의 개선으로 간반이 어느 정도 개선된 사례도 있으므로 침구는 간반에 대한 「치본」에 어느 정도 기여할 수 있는 가능성이 있다고 생각한다.

심상성 좌창(여드름, 부스럼)

여드름은 「청춘의 상징」이라고 언급되고 있듯이 사춘기가 되면 안면부에 생기는 것이다. 일반적으로 청춘기에 생기는 것을 「여드름」, 성인기에 생기는 것을 「부스럼」이라고 부르는 경향이 있는데, 전문적으로는 모두 「심상성 좌창」이라고 하고 그 실태는 모낭지선계의 만성

염증성 질환이다.

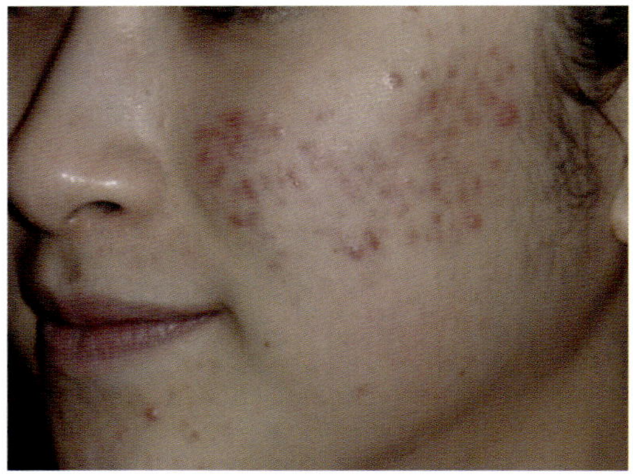
여드름

심상성 좌창(이하 좌창)은 각질 덩어리로 막힌 모공 내에 피지선에서 분비된 피지가 정체하여 그 중에서 「여드름균(propionibacterium acnes)」이라고 불리는 잡균이 번식하여 생긴 것으로, 성호르몬, 피지, 여드름균, 염증 등의 여러 요인이 서로 작용하여 발생한다. 또한 이와 같은 기전으로 피부의 각질화가 정상적으로 이루어지지 않아 덩어리가 되어 모공을 막는 것인지 상세히 알 수 없지만, 좌창이 청춘기에 나타나기 시작하는 것은 이 시기가 되면 남녀 모두 피지의 분비가 왕성해진다는 것이 큰 요인이다.

좌창은 경도였을 때 치유가 된다면 미용상의 문제가 되지 않지만, 여드름균의 번식이 진행하면 피부가 염증을 일으키거나 화농되는 경우도 있다. 그리고 피부가 화농되면 모공을 파괴하여 「함몰(crater)」이라고 불리는 반흔을 남기는 경우도 있다. 좌창을 감추기 위해 파운데이션을 두껍게 바르는 사람도 볼 수 있지만, 피부에 있어서 파운데이션은 일종의 이물질임과 동시에 모공을 막기 때문에 좌창을 악화시키는 원인이 된다. 또한 이것은 유성크림 등을 지나치게 도포했을 경우도 마찬가지이다. 이처럼 화장품으로 인하여 발생한 좌창을 특히 「화장품성 여드름(acne cosmetica)」이라고 불리고 있다.

또한 좌창에는 스트레스, 식생활(단 음식, 지방이 많이 포함된 음식), 생리불순, 변비, 화장품의 사용 등의 인자가 관여하고 있는 경우도 많아 이러한 발생의 원인이 되고 있는 경우에는 그 개선이나 치료가 중대한 요소가 된다.

안면부 국소에 놓는 시술은 좌창의 대상 요법으로는 그다지 효과적이라고는 할 수 없다. 하지만 어깨 결림, 피로, 두통, 생리불순 등의 치료에 있어서 증상의 개선에 따라 좌창이 개선되는 경우가 적지 않으므로 침구는 좌창에 대한 「치본」으로 일정한 효과가 보이는 것이라고 할 수 있다. 그렇기 때문에 좌창의 침구 치료에서는 안면부 국소에 대한 대증 요법보다도 국소의 지나친 피지를 제거하여 여드름균의 번식을 막기 위한 세안을 시행하여 생활습관의 개선을 도모함과 동시에 중의학의 이론에 근거한 「치본」을 목적으로 한 치료(「변증론치(辨證論治)」라고 한다)를 일정 기간 계속적으로 실시하는 것이 효과적이라고 판단된다. 심상성 좌창의 변증론치에 관해서는 91쪽에서 설명하도록 한다.

탈모증

하루에 50~100개 정도의 탈모는 생리적으로 정상적인 범위에서 자연히 일어나는 현상으로 「생리적 탈모」라고 불리고 있는데, 어떠한 요인에 의해 그 이상 탈모하면 「탈모증」이라고 불리게 된다. 탈모증에는 특정 질환, 약물투여, 외상 등에 기인하는 탈모증, 선천성 탈모증, 남성형 탈모증(젊은 대머리), 원형탈모증 등이 있다.

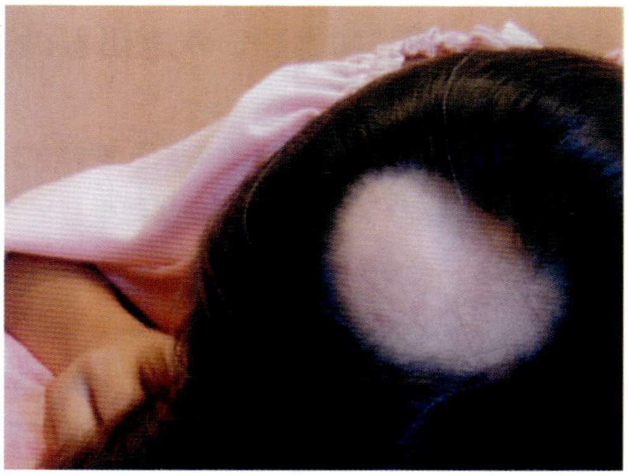
원형탈모증

그리고 이 중 원형탈모증에 관해서는 침구시술에서 현저한 개선이 보이는 경우가 많으므로 침구는 원형탈모증의 치료에 대해서 매우 효과적이라고 할 수 있다. 원형탈모증의 원인에 관해서는 상세한 것을 알 수 없지만, 스트레스가 원인이 되고 있다는 것이 지적되고 있다. 임상에서는 탈모 증상이 용자를 손상시키므로 탈모가 더욱 스트레스가 되어 증상을 악화시키는 「악순환」에 빠지는 경우도 관찰된다.

중의학의 관점에서 원형탈모증은 「간울기체」의 외재 표현인 경우가 많아 국소에 대한 「치표」와 원형탈모증의 근본에 대한 「치본」을 병행하여 실시하는 것이 요점이 된다. 필자는 원형탈모증에 대한 침구 치료를 비교적 우수한 분야로 보며 일정한 치료 경험도 쌓고 있다. 그래서 원형탈모증 치료의 「요령」에 관하여 98쪽에 증례를 제시하면서 설명하도록 한다.

비만증

침구를 비만증 치료에 이용함으로써 양호한 효과를 올릴 수 있는 경우는 적지 않다. 그렇지만 비만의 원인은 다양하고, 또한 적응이 되는 경우와 되지 않는 경우도 있으므로 비만에 대한 침구 치료는 상당히 복잡하여 이 책의 한정된 지면 내에서 일정한 내용을 설명하는 것은 불가능하다. 그렇기 때문에 비만의 침구 치료에 관해서는 기회가 된다면 다음 기회에 설명하도록 하겠다.

이 책에서는 참고적으로 비만 치료의 보조 요법으로서 「이혈압박법(耳穴壓迫法)」에 의한 「이혈 요법(耳穴療法)」에 관하여 설명하고자 한다(99쪽 참조). 이혈압박법이란 증상이나 질환에 따라 이개(耳介 : 귓바퀴)에 있는 「이혈(耳穴)」을 선택하여 「입침(粒針)」이라고 불리는 알갱이 모양의 침을 전용 반창고로 피부에 붙여 이혈에 지속적인 압박 자극을 주는 방법이다.

입침이란 금, 은, 스테인리스 등의 알갱이 모양의 침으로, 자입하지 않는 침이므로 침구 공인자격을 취득하지 않아도 취급할 수 있어 입침을 사용한 이혈압박법은 가정에서 자가 치료로서도 손쉽게 실행할 수 있다.

다만 이 책에서 소개하는 이혈 요법에 의한 비만 치료는 어디까지나 표준 체중을 웃도는

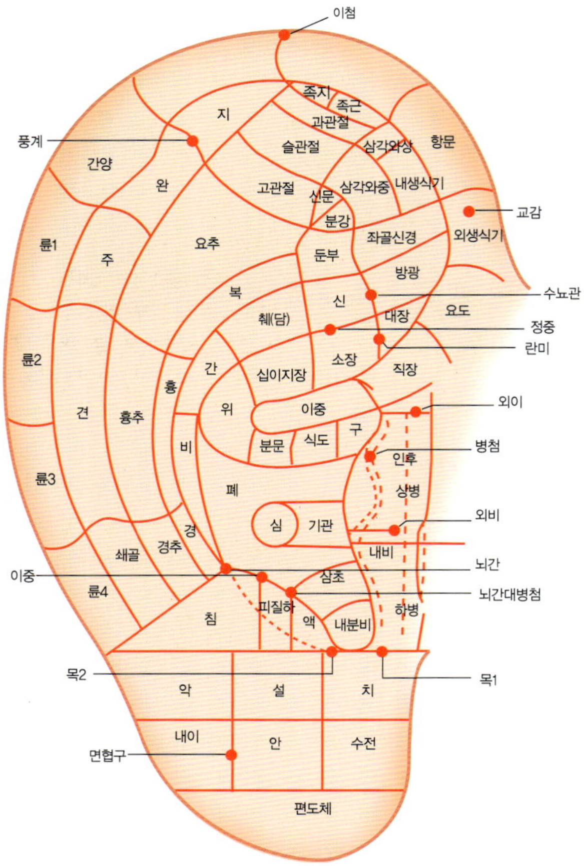

이혈

이혈 요법은 비만의 보조 요법으로서 유효

비만의 개선이나 비만의 원인이 되는 식욕의 항진 상태의 억제를 목적으로 한 보조 요법으로 대상자가 비만이 아닌 경우나 식욕이 정상인 경우에는 효과를 기대할 수 없다.

3. 미안침법(美顔鍼法)〔북천식(北川式)〕

미안침법(북천식)의 특징

먼저 필자가 「보건 미용」의 방법으로서 시행하고 있는 「미안침법」에 관하여 소개하겠다. 이 미안침법은 보건 미용을 목적으로 한 기법이므로 안면부 국소의 피부와 신체 전체의 건강 유지 · 증진을 도모함에 따라 피부 트러블이나 노화를 방지하여 안면부의 용모를 유지 ·

개선하는 것을 목적으로 하여 실천되는 것이다. 또한 미안침법은 필자가 일상의 임상에서 실천하고 있는 방법이며, 표준적 또는 전통적인 방법이 아니라는 것을 미리 납득해 주길 바란다. 필자가 시행하는 미안침법에는 아래와 같은 특징이 있다.

◎ 미안침법(북천식)의 특징

1. 국소와 전신에 접근
2. 안면부에 집중적으로 자침
3. 안면부에 단침 사용

(1) 국소와 전신에 접근한다.

건강과 미용은 표리일체의 관계이며 인간의 미는 건강을 기초로 하여 이루어지므로 이 미안침법에서는 안면부 국소의 상태뿐만 아니라 심신의 건강 상태를 중시하여 각각의 상태에 따라 신체의 밸런스를 조절하기 위한 시술도 실시한다.

이와 같은 방침에 근거한 시술을 실시함으로써 이용자의 주된 목적이 미용이었던 경우에도 시술을 통해 심신의 건강 상태를 유지하여 다양한 질병을 예방하는 것이 가능하다. 또한 개개의 체질이나 연령에 따라 실천함으로써 미안침법은 노쇠를 완화하기 위한 효과적인 기법으로 미용법뿐만 아니라 양생법으로서도 뛰어난 효과를 발휘한다.

요즈음에는 스트레스의 증가와 PC의 보급으로「긴장성 두통」,「경부(頸部)의 심한 결림과 통증」,「안구피로」,「악관절증」,「초조함」,「불면증」등의 질환이나 증상으로 고민하는 사람이 증가하고 있는데, 이와 같은 질환이나 증상에 대해서 침구 치료는 효과를 나타내는 경우가 적지 않다. 그리고 이러한 증상이나 질환의 개선으로 안면부의 피부 상태나 표정이 빛을 되찾는 경우도 적지 않다.

그렇기 때문에 이용자에게 문진을 치밀하게 실시하여「긴장성 두통」,「경부의 심한 결림과 통증」,「안구피로」,「악관절증」,「초조함」,「불면증」을 비롯한 침구의 적응 증상이나 적응 질환에 고민하고 있다는 것이 판단된 경우에는 반드시 이용자의 동의를 얻은 후 그러한 질환이나 증상에 대한 치료도 실시한다. 그럼으로써 미안침법의 미용 효과가 높아질 뿐만 아니라 미용을 계기로 이용자가 침의「치료 효과」를 인지하고, 그 결과 침구 요법은 이용자에 대한「주 치료법」라는 입장이 될 수 있다.

그리고 지식, 기술, 법률 등의 여러 관점에서 판단한 경우에도 건강과 미용의 수요에 종합적으로 대응하는「주 치료법」에는 침구 요법이 매우 적합하다. 그리고 미안침법은 종전의 미용법을 훨씬 넘는 매우 호응도가 높은 미용법이라고 할 수 있다.

(2) 안면부에 집중적으로 자침

안면부의 미용을 목적으로 한 시술에서는 보통은 사용하는 침의 수를 어느 정도 많게 하는 것이 효과를 높인다는 것이 지금까지의 경험에 의한 필자의 견해이다.

한편 사용하는 침의 수가 많아지면 많아질수록 그것에 비례하여 피하 출혈이 발생할 위험성은 높아진다. 또한 수많은 침을 사용하는 것은 그다지 좋은 방법은 아니지만, 특히 주름의 개선이나 리프트업(lift up)을 목적으로 한 미안침법은 국소에 집중적인 자침을 실시함으로써 보다 높은 효과를 얻을 수 있다는 것을 임상에 있어서 필자는 실감하고 있다. 한편 자침하는 침의 수가 늘어난 경우에는 시술하는데 많은 시간을 요하게 되어 피하 출혈이 발생할 위험성도 높아지므로 일정한 「자침 기술」을 익히는 것이 필요불가결한 과제가 된다. 동시에 「침의 선택」, 「자침법의 선택」, 「자입 심도의 선택」도 안전하고 원활한 시술을 실현하기 위한 전제 조건이다.

(3) 안면부에 단침 사용

안면부에 자침을 실시하는 경우, 주로 「단침」을 사용하는 것이 필자가 시행하는 미안침법의 가장 큰 특징이다.

상기와 같이 미안침법에 있어서 필자는 안면부 국소에 상당수(40개~50개 정도)의 자침을 실시하고 있다. 이 경우에 침관을 이용하는 「관침법」에서는 탄입(또는 삽관)부터 넣을 때까지 일정한 시간을 요하기 때문에 40개~50개나 되는 침을 자입하기 위해서는 상당한 시간을 요하게 된다. 또한 주름이나 법령선의 개선을 목적으로 한 시술에서는 필자는 주름이나 법령선 위에 매우 짧은 간격으로 횡자(橫刺)에 의한 자침을 실시하기 때문에 침관은 오히려 거추장스러운 존재가 되어 원활한 조작을 방해하게 된다.

한편 침관을 이용하지 않고 단침을 사용했을 경우에는 단시간에 원활한 자침을 실시할 수 있다. 또한 종래 일본에서 판매되고 있었던 단침은 모두 고가였기 때문에 비용면의 문제도 있었지만, 2006년에 「세이린 사」가 15mm(0.5촌)의 일회용 단침을 비교적 낮은 가격으로 발매함으로써 적은 비용으로 단침을 사용할 수 있게 되었다. 또한 2008년에는 「닛신 사」가 10mm(0.3촌)의 00번(직경 0.12mm)이라는 더욱 가늘고 짧은 단침을 발매함으로써 보다 안전하고 효과적인 자침이 실현되었다.

그렇기 때문에 안전성, 합리적 자침, 시술시간의 단축이라는 여러 관점을 고려하여 안면부 국소의 자침에는 단침을 이용하는(관침법은 이용하지 않는다) 것이 필자의 미안침법의 큰 특징이다.

전신에 대한 접근

1

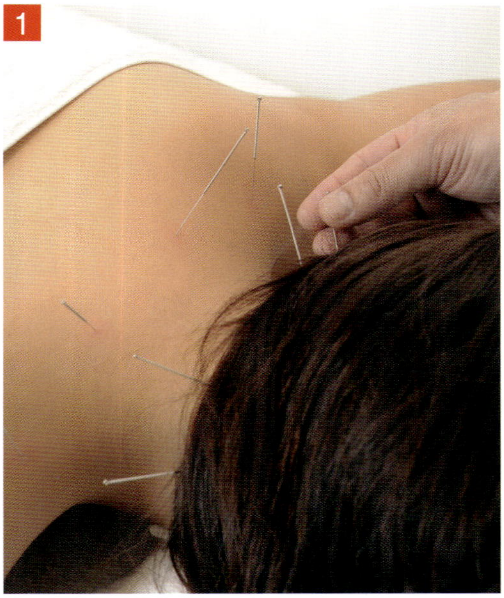

1. 복와위(伏臥位 : 엎드린 자세)에서의 시술

항경부(項頸部)의 결림과 혈행을 개선하는 것은 안면부 미용에 있어서 중요하다. 또한 많은 이용자가 경부(頸部), 견부(肩部)의 결림에 고민하고 있으므로 처음에 복와위로 경견부(頸肩部)에 시술을 실시한다. 개개인의 증상과 체질에 따라 사지와 체간부(몸통)의 경혈에 자침한다.
15~20분 유침(留針)하고 필요에 따라 수기를 더한다.

2

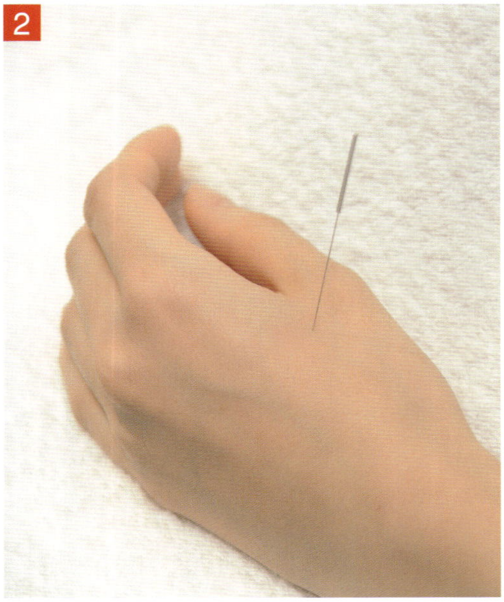

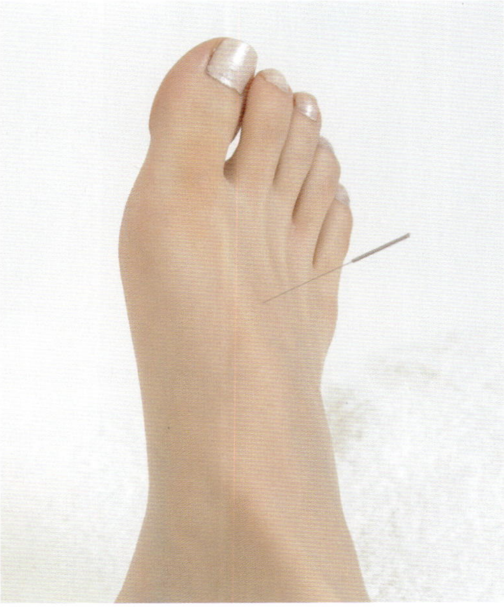

2. 앙와위(仰臥位 : 똑바로 누운 자세)에서의 시술

복와위에서의 시술이 종료되면 체위를 앙와위로 바꾸어 처음에 사지의 경혈에 자침한다. 안면부를 대상으로 한 자침에서는 자침에 의해 기혈이 두 · 안면부로 올라가기 때문에 머리로 피가 올라가는 것 같은 증상을 나타내는 경우가 있는데, 사전에 「합곡(合谷)」이나 「태충(太衝)」 등의 경혈에 자침해 둠으로써 대부분 방지할 수 있다. 또한 개개인의 증상이나 체질에 따라 사지와 체간부(몸통)의 경혈에 자침한다.

ACUPUNCTURE FOR HEALTH & BEAUTY

국소에 대한 접근

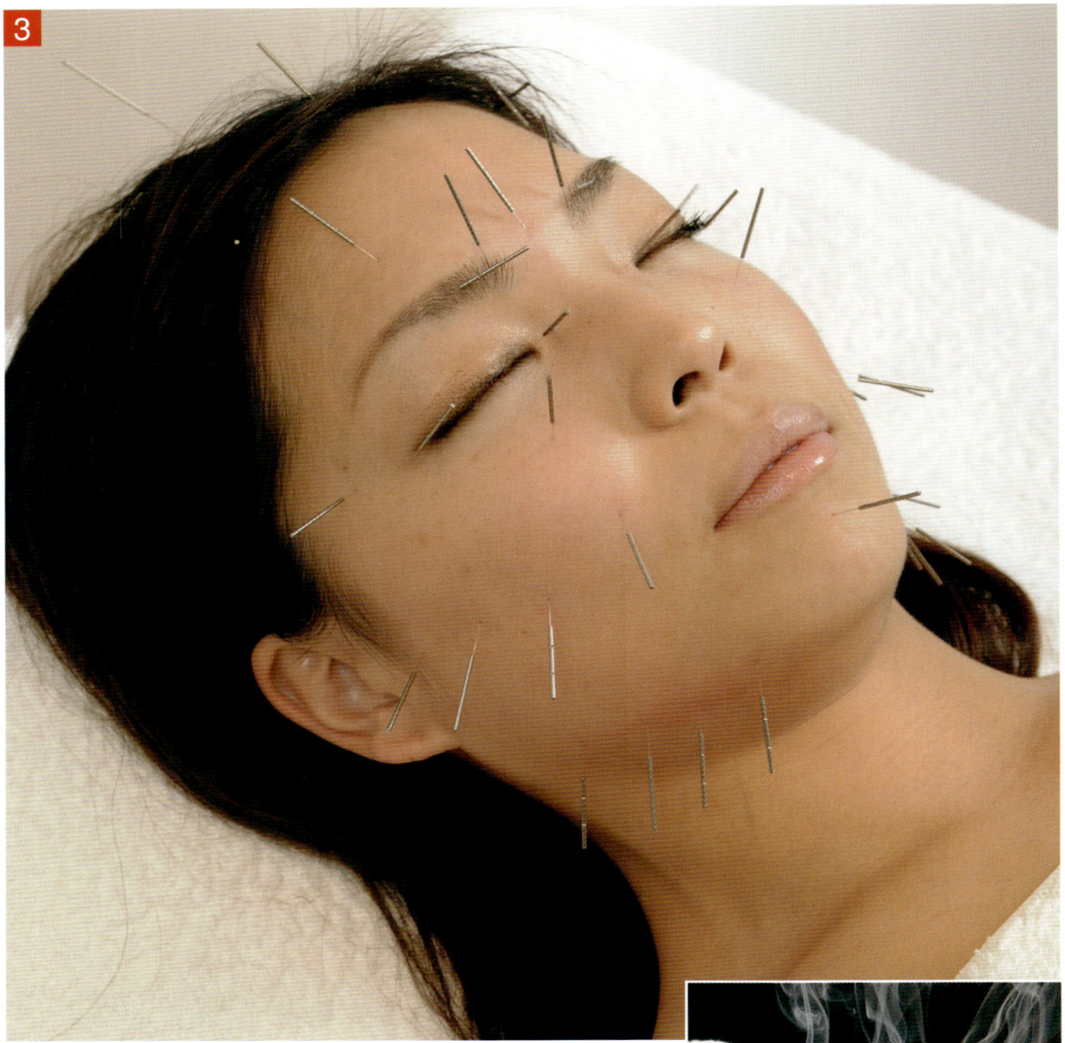

3. 안면부에 대한 자침

단침을 사용해서 안면부의 주요 경혈에 자침을 실시한다. 눈, 협부(頰部 : 볼부위), 얼굴윤곽의 변화는 얼굴의 인상에 변화를 주는 큰 요인이 된다. 그렇기 때문에 눈 주변의 경혈〔양백(陽白), 인당(印堂), 정명(睛明), 찬죽(攢竹), 어요(魚腰), 동자료(瞳子髎), 태양(太陽), 사백(四白) 등〕, 협골 하연에 존재하는 경혈〔거료(巨髎), 관료(顴髎), 하관(下關)〕은 얼굴의 인상에 변화를 주는데 요점이 되는 경혈로 얼굴윤곽을 따라 자침을 실시하는 것도 포인트가 된다. 전발제(前髮際)와 측두부(側頭部)에 존재하는 경혈〔신정(神庭), 미충(眉衝), 곡차(曲差), 두임읍(頭臨泣), 본신(本神), 두유(頭維), 곡빈(曲鬢), 현로(懸顱), 현리(懸釐), 각손(角孫), 솔곡(率谷) 등〕은 표정근에 작용하여 안면부의 리프트업(lift up)에 효과적인 경혈이므로 이러한 경혈에 대해서 굵은 호침(毫針)을 사용하여 횡자(橫刺)로 자침을 실시한다. 15~20분 유침(留針)한다.

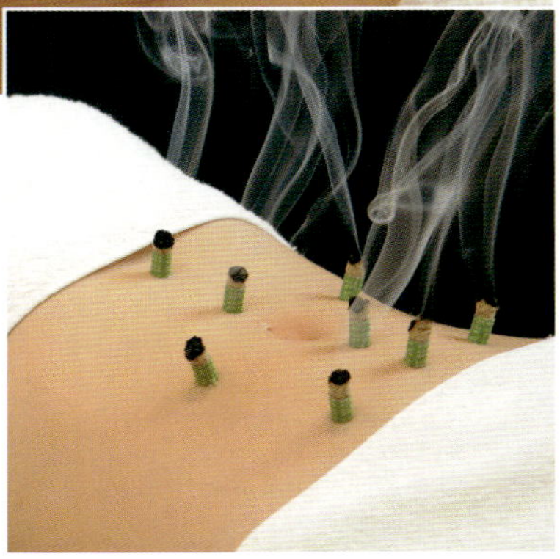

필요에 따라 체간부나 사지의 경혈에 뜸을 놓는다.

미안침법(美顔鍼法)[북천식(北川式)]
주름, 늘어짐에 대한 접근

◎ 교원섬유(膠原纖維)와 탄력섬유

피부의 장력(張力)과 탄력은 진피 결합조직의 섬유계에 의해 유지되고 있다. 피부의 진피망상층(眞皮網狀層)에서는 단단한 「연실」과 같이 강인(强靭)하고 신축성이 없는 「교원(콜라겐)섬유」와 신축성이 있는 「고무」와 같은 「탄력섬유」가 규칙적인 다층 구조를 이루고 있다. 그리고 교원섬유의 장력과 탄력섬유에 의한 수축력이 균일하게 기능함으로써 피부는 일정한 매끈함, 팽팽함, 탄력 및 살결이 균등성을 유지할 수 있어 이와 같은 상태가 주름이나 늘어짐이 없는 상태이다. 또한 섬유계의 틈은 젤리 모양의 「세포외기질(細胞外基質)」로 채워져 있어 세포외기질이 윤활제로서 기능하는 것도 섬유계가 장력과 수축력을 발휘하기 위해 중요한 역할을 하고 있다.

◎ 주름, 늘어짐의 원인

한편 노화와 함께 교원섬유의 생산량이나 탄력섬유의 기능이 손상되면 장력과 탄력이 저하하여 피부가 늘어진다. 또한 피부의 건조나 노화, 표정근의 운동 등에 따라 섬유계의 가동성이나 균등성을 잃으면 중력이나 반복되는 표정근의 운동의 부하에 따라 생기는 피부의 변형을 확산할 수 없게 되므로 피부는 좁은 범위에서 부분적으로 비틀어져 주름이 생기게 된다. 노화 등에 기인하여 세포간기질이 변질되어 윤활제로서의 기능이 저하하는 것에 의해서도 섬유계의 가동성이 손상되어 주름이 생기는 요인이 된다.

주름, 늘어짐은 이와 같은 원인과 기전에 의해 발생하므로 침구 시술에서는 피부의 노화에 의한 섬유계 및 세포간기질의 열화(劣化)에 따라 생기는 주름, 늘어짐이나 이미 깊게 패인 주름을 개선하는 것에는 한계가 있다. 하지만 연령, 피부의 상태, 시술 빈도 등에 따라서는 침구 시술에 의해 주름, 늘어짐이 극적으로 개선할 수 있는 경우도 적지 않다.

◎ 주름, 늘어짐의 종류

안면부에 생기는 주름, 늘어짐에는 피부의 건조나 노화에 의한 피부 그 자체, 피하조직, 근육 등의 변성이나 위축 등의 조직적인 요인에 기인하여 생기는 것과, 표정근의 운동(수축 · 신전)의 반복에 기인하여 생기는 이른바 「표정 주름」과 비슷한 것으로 대별할 수 있다. 또한 「깊이」의 정도에 따라 얕은 주름(잔주름)과 깊은 주름으로 분류할 수 있다.

◎ 얕은 주름(잔주름)

잔주름은 유두하층(乳頭下層)까지의 얕은 함요이며, 진피망상층까지는 달하지 않은 것이다. 진피유두층의 교원섬유가 감소하여 유두층이 얇아지면 표정근이나 골격근의 운동에 의해 생기는 진피망상층의 변형을 유두층에서는 완충할 수 없게 된다. 그리고 진피유두층에 생긴 변형이 영향을 미쳐 불규칙한 선 모양으로 나타나는 것이 이른바 잔주름과 비슷한 것이다. 보통의 표피 아래층에는 교원섬유층이 존재하고 있는데, 잔주름은 바로 아래의 교원섬유층이 결손함에 따라 표피가 교원섬유층의 결손 부분으로 함몰한 상태이다. 진피유두층은 표피의 지배하에 있는 결합조직이므로 표피의 상태를 개선함으로써 진피유두층까지의 잔주름은 개선될 가능성이 있다고 여기지고 있다. 그렇기 때문에 필자의 가설이지만, 침구 시술에 의해 잔주름을 개선할 수 있는 것은 표피나 진피에 미세한 상처를 냄으로써 피부의 복구 작용을 부활시켜 교원섬유층을 회복시키는 것으로 생각된다.

◎ 깊은 주름

표정근이나 골격근의 운동에 의한 부하가 반복됨에 따라 진피망상층 교원섬유의 배열의 균일성이 서서히 손상되어 변형이 생기고 이 변형에 의해 생긴 진피망상층의 함요가 영향을 미쳐 표피까지의 조직 전체가 함몰함으로써 표피에는 깊고 큰 주름이 나타난다. 필자의 경험으로는 깊은 주름에 관해서도 지속적인 침 시술을 실시함으로써 만족할 수 있는 효과를 올릴 수 있었다. 하지만 피부를 종이에 비유하면 둥글게 말은 종이는 펼치면 원래 상태로 돌아가지만, 확실하게 접은 종이는 펼쳐도 접힌 선이 남듯이 깊게 패여 긴 시간이 경과한 주름을 개선하는 데에는 한계가 있다.

주름, 늘어짐은 모두 진피결합조직의 섬유계 및 세포외기질이 깊게 관여하고 있으므로 국소에 대한 침 시술에서는 사자(斜刺)나 횡자(橫刺)에 의해 진피층을 자극시켜 피부의 복구 작용을 활성화시키는 것이 하나의 요점이 된다고 생각된다. 그렇기 때문에 주름 시술에 있어서 필자는 주름의 「무늬」와 그 주위에 집중적인 자침을 실천하고 있다. 또한 안면부의 주름이 발생하는 메커니즘에는 표정근의 긴장이나 수축에 기인하는 피부에 대한 부하가 깊게 관여하고 있으므로 안면부 주름의 예방과 개선(특히 예방)에는 안면부 주름의 호발 부위에 주름의 발생에 관련된 표정근을 대상으로 한 시술도 중요한 요령이 된다.

[액부(額部 : 이마) 주름에 대한 접근]

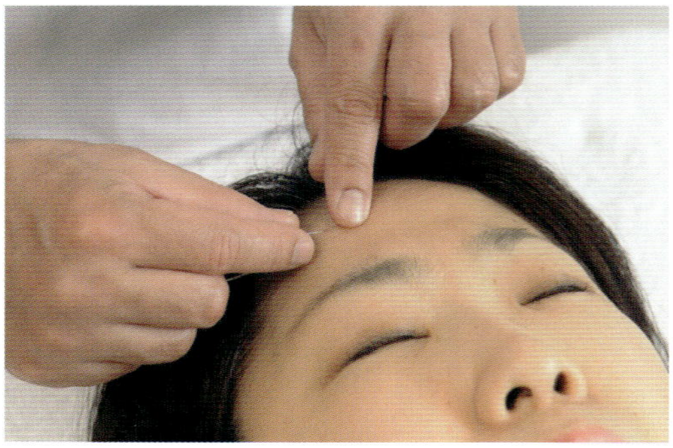

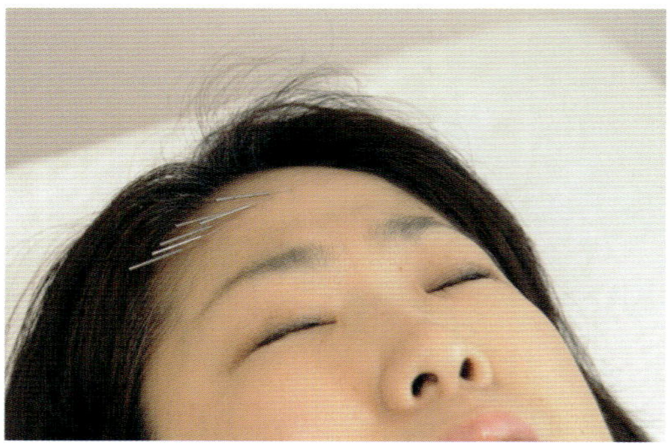

주름에 대해서는 주름의 무늬를 따라 매우 짧은 간격으로 횡자(橫刺) 자침을 실시한다.

표정근과 주름의 관계

[법령선에 대한 접근]

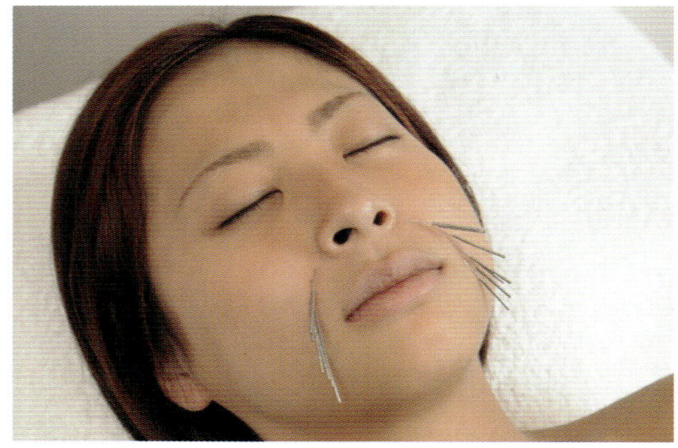

법령선도 주름과 같은 방법으로 법령선을 따라 횡자(橫刺) 자침을 실시한다.

[늘어짐에 대한 접근]

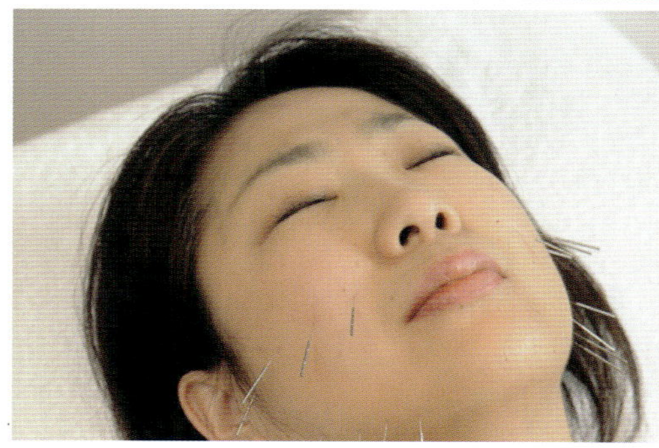

늘어짐은 협부(頰部)와 얼굴윤곽에 생기기 쉬운 경향이 있기 때문에 협골 하연에 존재하는 경혈〔거료(巨髎), 관료(顴髎), 하관(下關)〕이나 얼굴윤곽을 따라 자침을 실시한다.

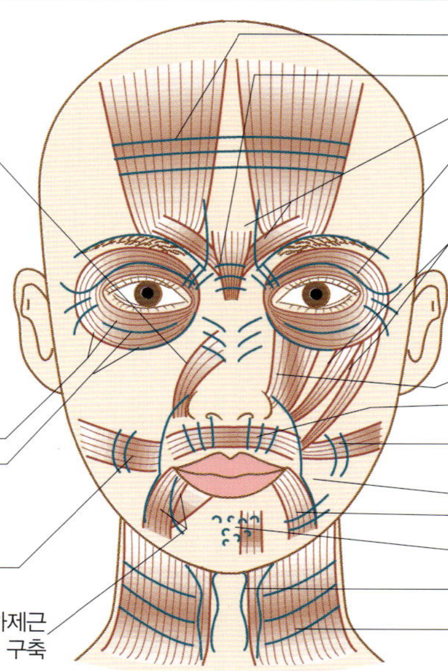

『미용피부과학』(南山堂 발간, 宇津木龍一 · 분담 집필)에 전재(轉載)

미안침법(美顔鍼法)[북천식(北川式)]

눈 주위의 다크서클에 대한 접근

다크서클이란 눈 아래나 주위가 거무스름하게 보이는 상태로, 20대~40대 여성 중에는 눈 주위의 다크서클로 고민하는 사람이 적지 않다.

주로 그 부분의 피부에 선천적으로 색소가 침착한 것과, 피하의 혈행 불량 상태가 눈 주위의 피부에 반영된 것이다. 선천적인 색소침착에 의한 것은 침구로 개선을 기대할 수 없다. 그렇기 때문에 다크서클에 대한 시술을 실시할 경우에는 우선 다크서클의 원인을 감별하는 것이 요점이 된다. 상기와 같이 다크서클에는 선천적으로 피부에 색소가 침착한 경우와 피하의 혈행 불량 상태가 눈 주위의 피부에 반영된 경우가 있는데, 이 두 가지는 문진에 의해 용이하게 감별할 수 있다. 즉 어린 시절이나 젊은 시절부터 다크서클이 있어 몸 상태의 변화 등과 관계없이 항상 존재하고 있는 경우는 피부에 색소가 침착한 것으로 생각되고, 반면 피로나 수면부족 등에 의해 발생하거나 악화하는 경우에는 혈행 불량이 원인일 가능성이 높다. 그리고 이 경우에는 침이 즉효성과 효과를 나타낼 가능성이 상당히 높다고 할 수 있다.

혈행 불량에 의한 눈의 다크서클은 국소와 전신의 혈행을 개선함으로써 좋은 결과를 얻을 수 있고, 또한 피로, 어깨 결림, 안구피로(眼球疲勞), 두통 등의 수반 증상이 있는 경우가 압도적으로 많기 때문에 처음에 복와위에서 경견부(頸肩部)의 경혈이나 압통점(壓痛点)에 자침하여 안면부와 연결된 경부(頸部)의 결림과 혈행을 개선한다. 이 때 대추(大椎)혈 부근에 세락(細絡)이 있는 경우에는 자락(刺絡)을 실시하면 매우 효과적이다.

◎ 실기

복와위에서 자침을 실시하고, 약 20분 유침(수기를 실시할 경우에는 5분마다 1분 간의 염전사법(捻轉瀉法)을 더한다. 굵은 호침을 사용하여 5분마다 1분 간 염전사법을 더한다.)

◎ 상용혈(배면 · 복와위)

천주(天柱), 풍지(風池), 완골(完骨), 대추(大椎), 견중유(肩中俞), 견외유(肩外俞), 경부의 압통점, 곡지(曲池)〔견부에 결림이 있는 경우에는 견정(肩井) 등에 경혈을 더한다.〕

계속해서 환자의 체위를 앙와위로 변환하여 두 · 안면부와 사지의 경혈에 자침을 실시한다. 약 20분 유침, 전신의 어혈 증상이 눈에 띄는 경우에는 삼음교(三陰交)와 간사(間使)에 염전사법을 더한다(5분마다 1분 간 염전사법을 더한다).

◎ 상용혈(앙와위)

- 두 · 안면부 : 백회(百會), 신회(顖會), 신정(神庭), 인당(印堂), 태양(太陽), 양백(陽白), 정명(睛明), 찬죽(攢竹), 미충(眉衝), 사백(四白), 동자료(瞳子髎), 상관(上關)〔객주인(客主人)〕
- 사지 : 합곡(合谷), 간사(間使), 삼음교(三陰交), 족삼리(足三里), 태충(太衝)

다크서클이 혈행 불량인 경우에는 대부분의 경우에 이 방법으로 두드러진 효과를 볼 수 있다. 동시에 안면부에 있어서는 부종, 잡티, 늘어짐 등이 개선되는 경우도 많아 화장이 잘 먹는다는 반응도 적지 않다. 또한 경견부(頸肩部)와 사지의 경혈에 대한 시술은 다크서클의 개선에 효과적일 뿐만 아니라 다크서클이 있는 사람에게 많이 있는 피로, 어깨 결림, 안구피로(眼球疲勞), 두통 등의 수반 증상에도 효과적이기 때문에 결과적으로 다크서클에 대한 속효성과 그 밖의 수반 증상이 개선한다는 「일석이조」가 되어 이용자에 대한 호응도는 높아진다.

중의학에서는 다크서클이라는 안면부의 국소에 나타난 증상은 「혈어(血瘀)」의 외재 표현이라고 인식되고 있다. 그렇기 때문에 침구 시술로 일시적으로 다크서클이 개선된 경우라도 바쁜 생활환경이나 수면부족 등 「혈어」가 되는 원인을 개선하는 것이 불가결한 것과 동시에 「치본(治本)」을 목적으로 한 계속적인 시술을 실시하는 것이 필요하게 된다.

또한 다크서클은 화장품의 사용이나 마사지 등의 방법으로는 좀처럼 개선되기 어려운 한편 침구는 「치표(治標)」로서의 속효성이 있으므로 이용자가 침구에 의한 「치표」을 효과를 실감할 수 있는 전형적인 증상이며 침구의 힘을 많이 얻게 된다. 그런데 실제로는 「표(標)」와 「본(本)」을 동시에 치료할 수 있다는 것이야말로 미용 침구의 큰 장점이라고 할 수 있다.

정명(睛明)은 「다크서클」에 대한 시술의 상용혈인데, 일정한 자침 시술이 요구된다. 자입하는 사람의 약지와 새끼손가락을 협골의 위에 얹고 손을 안정시킴으로써 정확한 자침이 가능해진다.

국소적인 시술에서는 인당(印堂), 양백(陽白), 태양(太陽), 찬죽(攢竹), 어요(魚腰), 정명(睛明), 사백(四白) 등 눈 주위의 경혈을 선택하여 자침을 실시한다.

4. 좌창의 변증론치(辨證論治)

좌창(여드름, 부스럼)의 특징

중의미용학에 있어서 여드름, 부스럼은 「좌창」또는 「분자(粉刺)」라고 불리어 대표적인 「손용성 질환」의 하나로서 자리매김 하고 있다.

「주후비급방(肘後備急方)」이라는 고의학서에는 젊은 사람은 기가 충만하기 때문에 얼굴에 좌창이 생기기 쉽다고 기재되어 있다. 소년기, 청년기의 신체에는 중년기, 숙년기보다도 에너지(양기)가 충만하여 모든 생리 기능이 활발하게 항진 경향을 보이기 때문에 좌창의 원인이 되는 열을 발생시키기 쉽다.

한편 요즈음에는 청춘기 이후 좌창으로 고민하는 사람들이 최근에 현저하게 증가하고 있는데 식생활, 생활환경, 사회환경의 급격한 변화를 그 주요 원인으로 본다.

식생활의 변화

「포식 시대」라고 일컬어지는 현대의 식생활을 에워싸고 있는 환경에서 일상적으로 「과식」을 하기 쉬운 환경에 놓여 있다. 또한 두드러지게 서구화된 식생활에 의해 종래보다도 단 음식, 지방이 많이 포함된 음식, 맛이 강한 음식 등 좌창을 유발시키는 원인이 되는 식품을 보다 많이 섭취하게 되었다. 그리고 성인이 되면 외식할 기회가 많아 현대인의 식생활은 종래와 비교하여 신체 안에 열이나 담습을 만들어내기 쉬운 스타일이 되고 있다.

그리고 이와 같은 식생활의 변화가 청춘기 이후의 좌창을 증가시키는 직접적인 원인의 하나로 되고 있다는 것이 지적되고 있다.

생활 리듬의 혼란과 스트레스

인간의 신체에는 내부의 환경을 안정적으로 유지하기 위해 항상 호메오스타시스(homeostasis: 항상성 유지기구)라는 기능이 작용하고 있다. 그리고 호메오스타시스가 정상적으로 기능하기 위해서는 식생활이나 생활습관의 「리듬」이 매우 중요한 요소가 된다.

현대의 사회환경에서는 업무상의 사정 등에 따라 바쁜 생활을 강요당해 불규칙한 식사나 수면부족을 피할 수 없게 되는 경우도 적지 않다. 그리고 이와 같은 식생활이나 생활습관 리듬의 혼란은 호메오스타시스를 저하시켜 건강 장애나 좌창 등 다양한 손용성 질환을 발생시키는 요인이 된다. 중의학 관점으로 봐도 식생활이나 생활습관의 리듬이 혼란스러워지면 기의 흐름이 흐트러져 신체 안의 다양한 음양의 균형을 잃게 되는 요인이 된다고 생각된다.

또한 현대 사회에서는 일이나 대인관계로 스트레스를 받기 쉬운데, 오장육부 중에서도 특히 「간」은 스트레스의 영향을 받기 쉽고 그로 인해 간의 기능이 저하하면 전신을 순행하는 기가 막힌다. 그리고 이와 같은 기의 울체도 좌창이 생기는 원인이 되기도 한다.

이처럼 현대인의 「식생활의 변화」, 사회환경의 변화에 의한 「생활 리듬의 혼란」이나 「스트레스」는 모두 좌창을 증가시키는 주요 요인이기 때문에 좌창의 근본적인 개선을 위해서는 스트레스가 쌓이지 않도록 하고 식생활 개선이나 생활습관을 개선하는 것이 필요하다.

침구 치료에서는 국소에 대한 「치표」를 목적으로 한 치료보다도 적절한 「변증론치」를 실시하는 것이 좋은 결과를 기대할 수 있다. 「변증론치」란 「증(證)을 변별하여 치료를 논한다」는 뜻으로, 「증(證)」이란 「병태의 특성」을 가리킨 개념, 「변별한다」는 「판별한다」, 「논한다」는 「방침 · 방법을 검토한다」라는 의미이므로 「변증론치」란 독자적인 진단 이론과 진단법에 따라 병리의 특성을 적절하게 파악하고 그것에 근거하여 방침 · 방법을 결정하여 치료를 실시하는 중의학의 치료 체계를 나타낸 말이다.

중의학 관점에서 그 원인이나 발생의 요인 등에 의해 좌창을 판별하면 임상상에서 주로 아래와 같은 네 가지 타입으로 분류할 수 있다.

1. 폐위온열증(肺胃蘊熱證)
2. 담습응결증(痰濕凝結證)
3. 비위습열증(脾胃濕熱證)
4. 기혈어체증(氣血瘀滯證)

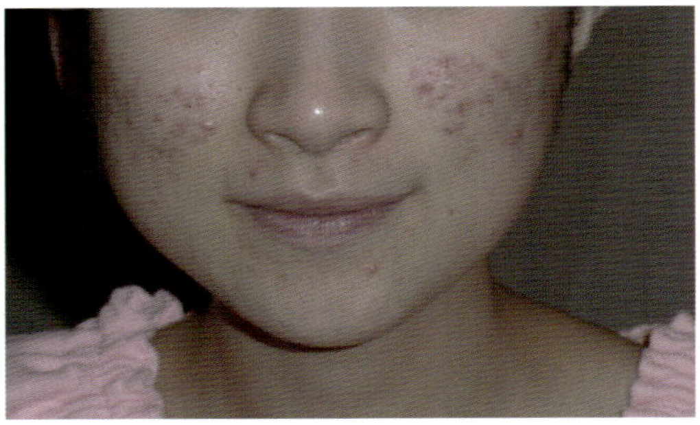

여드름

중의미용학에서는 좌창의 주요 원인은 「열(熱)」, 「담습(痰濕)」, 「습열(濕熱)」이라고 인식되고 있다. 「습열」이란 체내에 정체된 지나친 수분이 병리산물이 된 것이고, 「습열」이란 담습에 열이 가해진 상태를 가리키고, 좌창은 체내에 울체한 열이나 담습이 외재 표현으로서 체표에 나타난 것이라고 인식되고 있다. 또한 생활 리듬의 혼란이나 정신적인 스트레스가 원인이 되어 기혈의 흐름이 울체하면 체내에 「열」이 생겨 그 열이 피부에 울적(鬱積)함으로써 좌창이 발생하는 경우도 있다.

일반적으로 열에 의한 좌창은 붓거나 충혈 등의 열증(熱證) 증상을 수반하고 담습에 의한 좌창에서는 기름 덩어리(담습)가 배출된다. 또한 습열에 의한 좌창에서는 「담습」과 「열」의 증상이 모두 나타난다.

1. 폐위온열증(肺胃蘊熱證)

폐위온열증은 신체 내외의 여러 요인에 의해 체내의 한열(寒熱) 균형이 「열(熱)」로 치우쳐 그 열이 피부에 울적(鬱積)하여 부어오르나 충혈 등의 증상을 일으켜 발생하는 것으로, 젊은 층에서 많이 보인다. 좌창이 청춘기에 발생하기 쉬운 것은 젊은 사람에게는 에너지(양기)가 넘치기 때문에 신체의 한열 균형이 「열」로 치우치기 쉽기 때문이라고 생각되고 있는데, 그 밖에도 생활습관이나 식사의 불섭생(不攝生), 스트레스, 외사침습(外邪侵襲: 잡균 등의 감염) 등, 신체가 「열」로 치우치는 것에는 여러 요인이 있다. 「외과정종(外科正宗)」이라는 고의학서에는 「분자(粉刺)는 위장 안 소화물의 열이 폐로 상승함에 따라 발생한다」라고 기재되어 있어 매운 음식, 기름진 음식, 맛이 강한 음식, 알코올류 등은 위에 열을 울적시키고, 또한 열은 위쪽으로 상승하기 쉽기 때문에 이러한 것을 지나치게 계속 섭취하면 위의 열이 상승하여 피부와 관계가 깊은 폐에 영향을 미쳐 좌창을 발생시킨다고 인식되고 있다. 중의학의 이와 같은 인식은 현대인의 식생활 변화와 좌창 증가와의 관련성을 시사하고 있다.

■특징	
• 코 주위나 액부(額部 : 이마) 등 얼굴의 상반부에 호발한다. • 크기, 형태가 거의 균일하고 담홍색이다. • 지성 피부가 아니어도 발생하여 충혈, 부어오름, 피지의 응고를 수반한다. • 좌창에 가벼운 통증 또는 가려움증을 수반한다. • 구취, 변비, 복부의 팽만감, 입이나 코의 건조를 수반하는 경우도 있다.	
■배혈(配穴) 예	
• 머리 : 백회(百會), 상성(上星) • 손 : 척택(尺澤), 곡지(曲池), 합곡(合谷) • 발 : 혈해(血海), 족삼리(足三里), 위중(委中) • 등 : 대추(大椎), 폐수(肺俞), 격수(膈俞), 대장수(大腸俞), 비수(脾俞), 위수(胃俞) • 변비를 수반하는 경우 : 천추(天樞), 지구(支溝) 추가	
■추천 식품	■피해야 할 식품
율무, 고과(苦瓜 : 여주), 동과(冬瓜 : 동아), 연근, 백합근(百合根 : 나리 뿌리), 국화, 시금치, 셀러리, 토마토, 오이, 청경채, 금침채(金針菜), 공심채(空心菜), 녹두, 콩나물, 두부, 굴, 매실, 복숭아, 배, 감귤류, 수박, 포도, 산사자(山査子), 구기(枸杞), 녹차	자극적인 음식, 단 음식, 지방이 많이 함유된 음식, 소화시키기 어려운 음식
■추천 차	
비파엽(枇杷葉), 상엽(桑葉), 국화, 산치자(山梔子 : 치자나무), 판람근(板藍根), 의이인(薏苡仁 : 율무) ※배합 예 비파엽 10g, 상엽 10g, 국화 10g, 산치자 10g, 감초 5g 1ℓ의 물에 재료를 넣어 강한 불로 끓이다 끓기 시작하면 약한 불로 20~30분 간 우려내서 1일 3회로 나누어 마신다.	

2. 담습응결증(痰濕凝結證)

「담습(痰濕)」이란 신체 내부에 정체하여 병리산물로 변한 과잉 수분을 나타낸 개념이다. 중의학에서는 생리적으로 필요한 체액을 「진액(津液)」이라고 부르고, 인간이 생명활동을 유지하기 위해 필요 불가결한 기본적인 물질의 하나로 여겨지고 있다. 하지만 생리적인 필요량을 넘어 체내에 울체한 물은 「담습」이라고 불려 다양한 질환의 원인이 되는 「병리산물」로서 인식되게 된다. 습관적인 과식이나 날 음식, 차가운 음식, 지방이 많은 음식, 알코올 등의 과잉 섭취는 소화기에 부담을 주어 수분 대사를 저해하기 때문에 담습을 일으키는 요인이 된다. 현대의학에서 인식되고 있는 「피하지방」이나 「부종」도 중의학에서는 「담습」으로 인식되어 좌창을 발생시키는 주요 요인으로 보고 있다. 담습에 의한 좌창은 어떠한 원인에 의해 피부에 정체한 담습에 독사(毒邪, 잡균 등)가 들어가 습(濕)과 독(毒)이 서로 결합되어 응집함으로써 경락을 막아 기혈이 순조롭게 순행할 수 없게 됨으로써 발생한다고 인식되고 있다.

<table>
<tr><td colspan="2">■특징</td></tr>
<tr><td colspan="2">• 얼굴, 가슴, 등에 나는 쌀알 크기의 구진(丘疹)
• 콩알 크기의 결절(結節)이나 낭종(囊腫)을 수반한다.
• 피부 표면은 요철(凹凸)
• 2차 감염에 의해 농포(膿疱)를 형성하여 발적, 종창, 통증을 수반하는 경우가 있다.
• 지성 피부에 호발하여 반흔을 남긴다.</td></tr>
<tr><td colspan="2">■배혈(配穴) 예</td></tr>
<tr><td colspan="2">• 머리 : 백회(百會), 상성(上星)
• 손 : 곡지(曲池), 합곡(合谷)
• 발 : 혈해(血海), 족삼리(足三里), 지기(地機), 삼음교(三陰交), 위중(委中), 풍륭(豐隆), 음릉천(陰陵泉), 태백(太白), 태충(太衝)
• 배 : 수분(水分), 건리(建里)
• 등 : 대추(大椎), 폐수(肺俞), 비수(脾俞), 격수(膈俞), 방광수(膀胱俞)

• 변비를 수반하는 경우 : 천추(天樞), 지구(支溝) 추가</td></tr>
<tr><td>■추천 식품</td><td>■피해야 할 식품</td></tr>
<tr><td>율무, 보리, 옥수수, 메밀, 팥, 누에콩, 녹두, 완두, 흰 강낭콩, 검은콩, 대두, 콩나물, 생강, 부추, 은행, 참마, 무, 동과(冬瓜 : 동아), 미나리, 셀러리, 토마토, 배추, 죽순, 국화, 오이, 가지, 마늘, 계피, 정향(丁香), 후추, 산초, 게, 대합, 김, 다시마, 사과, 감귤류, 수박, 멜론, 포도, 체리, 파파야</td><td>날 음식, 차가운 음식, 지방이 많이 함유된 음식, 짠 음식, 맥주 등 차가운 음료</td></tr>
<tr><td colspan="2">■추천 차</td></tr>
<tr><td colspan="2">의이인(薏苡仁 : 율무), 하엽(荷葉 : 연잎), 차전초(車前草 : 질경이), 판람근(板藍根), 합환피(合歡皮), 몰약(沒藥), 산사자(山査子), 울금 등

※배합 예
의이인 20g, 진피(황귤피) 10g, 산사자 12g, 울금 6g, 감초 6g

1ℓ의 물에 재료를 넣어 강한 불로 끓이다 끓기 시작하면 약한 불로 20~30분 간 우려내서 1일 3회로 나누어 마신다.</td></tr>
</table>

3. 비위습열증(脾胃濕熱證)

비위습열증은「습열(濕熱)」과「열(熱)」이 모두 울체함에 따라 발생하는 것이다. 담습은 신체 내부에 장기간 정체하면 열화(熱化)하는 경향이 있으므로 담습에 열이 가해져「습열」이 되는 경우가 있다. 또한 단 음식, 지방이 많은 음식, 맛이 강한 음식, 알코올류 등은 성질이 열성(熱性)이기 때문에 이러한 음식을 과잉 섭취해도 체내에「습열」을 울적시켜 좌창을 발생시키는 요인이 될 수 있다. 그렇기 때문에 습열 타입의 좌창을 발증하는 사람에게는 과식하는 사람이 많고 구취, 변비, 배가 당기듯이 아프고, 입이 건조해서 차가운 것을 마시고 싶어 하는 등「열증(熱證)」증상을 수반하는 경향이 있다. 또한 피부는 지성 피부로 모공이 열려 있는 경향이 있어「습(濕)」과「열(熱)」이 동시에 울체하기 때문에 습열에 의한 좌창은「열」에 의한 좌창과「담습」에 의한 좌창의 두 가지 특징을 함께 갖고 있다.

■특징

- 입 주위나 악부(顎部 : 턱 부분) 등 얼굴의 하반부에 호발한다.
- 등이나 가슴에 발증하는 경우도 있다
- 농포나 낭종(嚢腫)을 갖는다.
- 통증을 수반하는 경우가 있다.
- 지성 피부에 호발한다.

■배혈(配穴) 예

- 머리 : 백회(百會), 상성(上星)
- 손 : 곡지(曲池), 합곡(合谷)
- 발 : 족삼리(足三里), 풍륭(豊隆), 내정(內庭), 태백(太白), 삼음교(三陰交), 음릉천(陰陵泉), 혈해(血海), 위중(委中)
- 배 : 중완(中脘), 천추(天樞), 수분(水分), 건리(建里)
- 등 : 대추(大椎), 비수(脾俞), 방광수(膀胱俞)

- 변비를 수반하는 경우 : 천추(天樞), 지구(支溝) 추가

■추천 식품	■피해야 할 식품
율무, 옥수수, 메밀, 고과(苦瓜 : 여주), 동과(冬瓜 : 동아), 오이, 팥, 검은콩, 녹두, 강낭콩, 콩나물, 무, 자고(慈姑), 연근, 백합근(百合根 : 나리 뿌리), 시금치, 배추, 금침채(金針菜), 공심채(空心菜), 청경채, 목이버섯, 양파, 셀러리, 토마토, 냉이, 국화, 두부, 모시조개, 재첩, 게, 미꾸라지, 미역, 다시마, 김, 알로에, 매실, 사과, 배, 레몬, 수박, 산사자(山査子), 구기(枸杞), 녹차	단 음식, 지방이 많이 함유된 음식, 자극적인 음식, 육류, 알코올류

■추천 차

의이인(薏苡仁 : 율무), 백화사설초(白花蛇舌草), 죽엽, 산사자(山査子), 인진(茵蔯), 산치자(山梔子 : 치자나무), 대청엽(大青葉), 백선피(白鮮皮), 지부자(地膚子), 비파엽(枇杷葉)

※ 배합 예
인진 20g, 산치자, 대청엽, 백선피, 감초 각 10g

1ℓ의 물에 재료를 넣어 강한 불로 끓이다 끓기 시작하면 약한 불로 20~30분 간 우려내서 1일 3회로 나누어 마신다.

4. 기혈어체증(氣血瘀滯證)

기혈어체증은 기혈의 순행이 막혀 발생하는 것이다. 중의학에서는 「기울화화(氣鬱化火」, 「간울화화(肝鬱化火)」 등이라는 말이 있어 기(氣)의 흐름이 정체하면 「화(열)」이 발생한다고 인식되고 있다. 그리고 이 열이 체표의 피부에 울적하면 좌창이 발생하는 요인이 된다. 전신을 순행하고 있는 기(氣)는 다양한 원인에 의해 막히는 경우가 있는데, 특히 생활 리듬의 혼란이나 「스트레스」를 비롯한 정신적인 문제는 기의 흐름을 어지럽히는 주요 요인이 된다. 그렇기 때문에 「스트레스 사회」라고 불리는 현대에 계속해서 증가하고 있는 「좌창」의 대부분이 이와 같은 기혈의 울체에 기인하는 것이라고 생각된다. 또한 중의학에서는 기혈의 울체는 여성의 월경에도 큰 영향을 미친다고 생각되고 있어 여성의 월경 전에 증가하는 좌창도 기울(氣鬱)이나 간울(肝鬱)과 관련이 있는 경우가 많다.

■특징
• 스트레스가 쌓여 있다. 생활이 불규칙하다. • 안색은 생기가 없고 피부는 까칠까칠하다(상어 피부와 같이). • 만성적인 좌창 • 응집성으로 색소침착이나 반흔을 수반하는 경우가 있다. • 월경불순이나 월경곤란증을 수반하는 경우가 많다.
■배혈(配穴) 예
• 머리 : 풍지(風池), 백회(百會), 상성(上星) • 손 : 척택(尺澤), 곡지(曲池), 내관(內關), 합곡(合谷) • 발 : 혈해(血海), 족삼리(足三里), 음릉천(陰陵泉), 삼음교(三陰交), 태충(太衝) • 등 : 대추(大椎), 폐수(肺俞), 격수(膈俞), 간수(肝俞)
■추천 식품
마늘, 생강, 백합근(百合根 : 나리 뿌리), 양파, 파, 염교, 유채(油菜), 쑥갓, 갓, 부추, 시금치, 목이버섯, 양송이, 양배추, 강낭콩, 연, 자고(慈姑), 무, 가지, 토란, 작두콩, 검은콩, 팥, 땅콩, 모시조개, 전복, 게, 감귤류, 복숭아, 여지, 회향(茴香), 재스민, 정향, 겨자, 술
■추천 차
말리화(茉莉花 : 재스민), 매괴화(玫瑰花 : 해당화 꽃), 국화, 박하, 진피(황귤피), 회향(茴香), 강황(薑黃 : 울금) ※ 배합 예 재스민, 매괴화(장미를 대신 사용해도 됨) 적당량 재료를 보온병에 넣어 뜨거운 물을 부어 둔 다음 컵에 따라 마신다.

5. 원형탈모증의 침구 치료

탈모증의 인자

탈모증은 어떠한 요인에 의해 생리적으로 정상적인 범위를 넘는 탈모가 일어나는 것으로, 특정 질환, 약물투여, 외상 등에 기인하는 탈모증, 선천성 탈모증, 남성형 탈모증(젊은 대머리), 원형탈모증 등이 있다. 이 중에서 침구 치료의 적응이 되는 것은 원형탈모증이다. 원형탈모증의 원인에 관해서 상세한 것은 알 수 없지만, 스트레스가 가장 큰 원인으로 지적되고 있다. 임상에서는 스트레스가 요인이 되어 원형탈모증이 발생하여 탈모 증상이 용자를 손상시키므로 탈모가 더욱 스트레스를 증대시켜 증상을 악화시킨다는 「악순환」에 빠지는 경우가 적지 않다. 이와 같은 경우에는 탈모 자체가 스트레스를 한층 더 악화시키는 원인이 될 뿐만 아니라 탈모의 악화에 의한 「불안」도 상당한 정신적 스트레스가 되어 탈모를 더욱 악화시키는 인자가 되고 있다.

초진 시의 요령

이와 같이 탈모 증상 및 증상의 악화에 의한 불안감이 큰 정신적 스트레스가 되는 경우가 많으므로 치료를 실시하는 경우에는 먼저 「반드시 치유된다」는 것을 강하게 인식시켜 주어 환자의 불안감과 정신적 스트레스를 경감시켜 주는 것이 필요하다. 그리고 임상에서 원형탈모증 환자를 만났을 경우에는 치료에 대한 자신이나 경험의 유무에 관계없이 「반드시 치유된다」라는 것을 강하게 전달하는 것이 가장 중요한 요점이 된다. 다시 말하면 환자가 「반드시 치유된다」는 마음가짐이면, 그 환자의 원형탈모증은 치유의 방향으로 향하기 시작했다고 생각해도 된다. 침구 치료가 성공하는 증상이나 질환에는 그 밖에도 원인불명의 「돌발성 난청」, 「이명」, 「두통」, 「불면증」, 「미각 장애」 등이 있다. 그리고 이러한 증상이나 질환이 돌발성이며 원인불명인 경우에는 돌발성인 경우 이외에도 스트레스가 관여하고 있을 가능성이 높고, 두 · 안면부에 발생하는 등의 공통된 특성이 있고 동시에 원형탈모증과 같이 침구 치료가 성공하는 경우가 적지 않다.

중의학에서 본 원형탈모증

중의학의 관점에서 본 경우에 원형탈모증은 「간울기체(肝鬱氣滯)」의 외재 표현인 경우가 많아 국소에 대한 「치표」와, 「소간이기(疏肝理氣)」(간의 기능을 개선시켜 기의 흐름을 원활히 한다)를 치칙(治則)을 기본으로 한 근본에 대한 「치본」을 병행하여 실시하는 것이 요점이 된다. 그리고 그 치료방침은 돌발성이며, 원인불명의 「돌발성 난청」, 「이명」, 「두통」, 「불면증」, 「미각 장애」 등에도 똑같이 적응한다.

원형탈모증 · 치료 요령

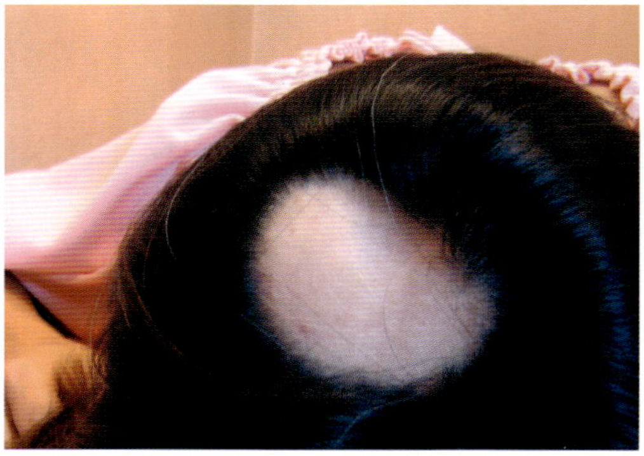

초진 시(2004.10.25 촬영)

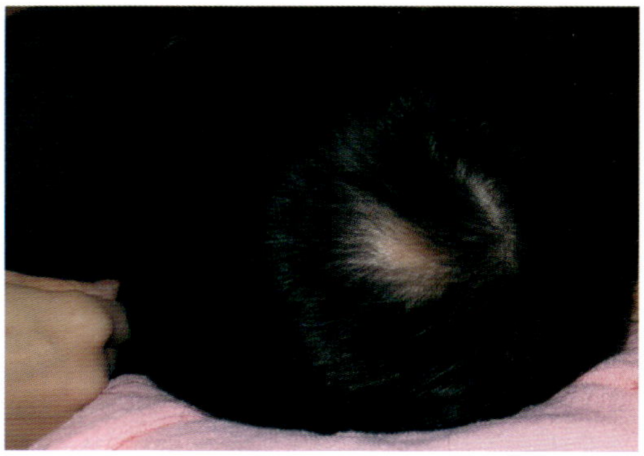

7개월 후(2005.5.11 촬영)

◎ 치료 요령 1(치료 빈도)

원형탈모증은 치료의 초기 단계에서는 격일 정도의 빈도로 집중적으로 실시함으로써 유효성을 높일 수 있다. 격일 정도의 빈도로 치료를 계속함으로써 두피에 대해서 집중적으로 자극을 줄 수 있을 뿐만 아니라 환자에게 「동기 부여」를 할 수 있어 치료와 회복에 대한 의식을 높일 수 있다.

또한 이러한 경우에는 치료 빈도에 따라 치료 횟수가 증가하게 되므로 환자의 비용 부담이 커진다. 그렇기 때문에 2주일 정도를 한 과정으로 한 보통과는 다른 요금 체계를 적용시키는 것도 계속적인 치료를 성립시키기 위한 한 방법이라고 할 수 있다.

그리고 개선의 조짐이 보이기 시작하면 1개월~2개월 후부터 서서히 치료의 빈도를 줄여나간다.

◎ 치료 요령 2(치료 내용)

원형탈모증은 국소와 전신의 기혈의 순행을 개선하는 것〔행기활혈(行氣活血)〕을 치칙(治則 : 치료원칙)으로 하면 좋은 결과를 얻을 수 있다. 또한 대부분의 경우에 스트레스에 기인하는 경견부(頸肩部)의 결림, 두통, 피로 등의 수반 증상이 있기 때문에 처음에 복와위(伏臥位)에서 배부(背部)와 사지의 행기활혈 작용이 있는 경혈에 자침을 실시하고, 다음에 목과 어깨의 경혈이나 압통점에 자침하여 안면부와 연결된 경부(頸部)의 결림과 혈행의 개선을 도모한다(약 20분 유침하고, 5분마다 1분 간의 염전사법을 더한다).

국소에 대한 치료는 30번 정도의 호침을 사용하여 탈모부위에 대해서 원의 크기에 따라 원주부에서 중심부를 향해 횡자(橫刺)에 의한 자침을 실시한다.

◎ 치료 요령 3(모발 관리)

원형탈모증은 탈모 부분에 보통과는 다른 매우 가는 백발이 산재하고 있는 경우가 있다. 이와 같은 경우에는 첫 치료를 실시할 때 가위를 이용하여 뿌리부터 잘라 내는 것이 치료상 하나의 요점이 된다.

또한 대부분의 경우 1차 과정 중에 탈모 부위에 매우 가는 산모(散毛)와 같은 모발이 자라고 있다. 이와 같은 가는 모발이 자라기 시작하는 것은 개선의 조짐이라고 간주할 수 있는데, 한편으로는 보통의 튼튼한 모발이 아니기 때문에 이러한 「산모」도 가위를 이용하여 뿌리부터 잘라 낸다. 이것은 미용사로부터 전수 받은 지식과 방법으로 이와 같이 가는 모발을 세심하게 처리함으로써 향후 보통의 모발이 자라게 된다.

※사진 증례에 관하여

치료를 시작하고 나서 약 9개월 후에 거의 완치되었다. 원형탈모증은 증상이 개선되어 모발이 나기 시작한 경우에도 모발이 자라기까지는 일정한 기간을 요하게 된다.

또한 재발하는 경우도 있으므로 일시적으로 양생을 겸해 주에 1회부터, 2주에 1회 정도의 시술을 계속하는 것이 권장된다.

◎ 실기

약 20분 유침(수기를 실시하는 경우에는 5분마다 1분 간의 염전사법을 더한다. 1촌 6분 30번의 호침을 사용하여 5분마다 1분 간의 염전사법을 더한다)한다.

◎ 상용혈

경견부(頸肩部) : 천주(天柱), 풍지(風池), 완골(完骨), 대추(大椎), 견중수(肩中俞), 견외수(肩外俞), 경부의 압통점

사지 : 합곡(合谷), 간사(間使), 삼음교(三陰交), 족삼리(足三里)〔보조적으로 뜸을 이용〕, 양릉천(陽陵泉), 태충(太衝), 곡지(曲池)〔견부에 결림이 있는 경우에는 견정 등에 경혈을 더한다〕

배부 : 대추(大椎), 격수(膈俞), 간수(肝俞), 신수(腎俞)〔보조적으로 뜸을 이용〕

6. 이혈압박법(耳穴壓迫法)에 의한 비만 치료

이혈압박법

귀를 비비거나 문지르거나 하는 건강법이나 양생법은 옛날부터 세계 각지에서 민간 요법으로 실시되어 왔다. 특히 중국에서는 2,000년 이상 전부터 귀를 대상으로 한 안마나 기공법이 실시되어 왔다. 그리고 최근 들어 프랑스의 폴 노지에(Paul Nogier) 박사가 귀에 인간의 신체 전체가 통째로 투영되어 있다는 설을 제창하여 「귀의 반사 요법」이 체계화되었다. 한편 귀의 반사 요법은 중국에서도 왕성하게 연구되어 현재는 중의학의 이론에 기초를 둔 치료법이나 양생법으로서의 「이혈 요법(耳穴療法)」이 시행되고 있다.

이혈 요법은 여러 질환이나 증상에 대한 보조 요법으로서 이용되고 있는데, 특히 스트레스나 습관적인 과식에 의해 항진한 식욕 억제, 여성의 부정수소(不定愁訴), 화분증 예방에 일정한 효과를 발휘한다. 또한 「입침(粒針)」(44쪽 참조)을 사용한 「이혈압박법」에 의한 이혈 요법은 치료점(이혈)을 특정할 수 있어 피부 소독 등 위생에 주의를 게을리하지 않으면 누구든지 간단하고 안전하게 실시할 수 있다. 또한 부작용을 걱정할 필요가 거의 없다는 것도 이혈압박법의 큰 특징이다.

이혈압박법에서는 증상이나 질환에 따라 이개(耳介)에 있는 이혈을 선택하여 「입침」을 전용 반창고로 피부에 붙여 시술한다. 「입침」이란 금, 은, 스테인리스 등 둥근 모양의 작은 알갱이 또는 돌기가 붙어 있는 원반 등의 침으로, 이혈에 지속적인 압박 자극을 주는 상태로 피부 표면에 일정 기간 유치하는 것이다. 또한 처음부터 전용 반창고에 붙어 있는 상태로 판매되고 있는 편리한 입침도 있다.

이와 같은 이혈압박법은 자침에 의한 침습(侵襲) 행위를 수반하지 않으므로 가정에서 자가 치료로서 비교적 안전하고 손쉽게 실시할 수 있다. 여기에서는 「이혈압박법」을 이용한 비만 치료의 이론과 방법 및 이혈 요법에 사용되는 「이혈」에 관하여 설명한다.

여기에서 소개하는 이혈압박법에 의한 비만 치료는 어디까지나 표준 체중을 웃도는 비만의 개선이나 비만의 원인이 되는 식욕 항진 상태의 억제하는 보조 요법으로, 비만이 아닌 사람이 실시했을 경우에는 효과를 기대할 수 없다. 즉 귀의 반사 요법을 실시함으로써 어떠한 상태의 사람도 「살이 빠진다」는 것은 아니다. 또한 항진한 식욕을 억제함에 따라 비만을 해소할 수 있는 경우가 있지만, 정상적인 식욕이 없어진다는 것은 아니라는 것도 미리 이해해 주길 바란다.

이혈압박법(耳穴壓迫法)의 실체

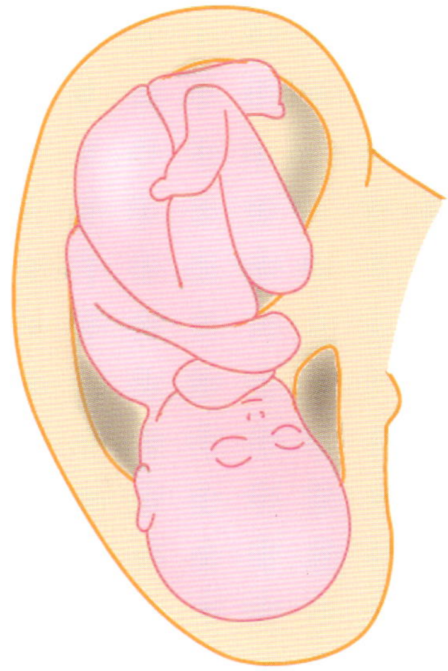

◎ 귀는 태아의 형태

귀〔이개(耳介)〕는 태아를 거꾸로 한 형태를 이루고 있어 태아의 각 부위와 이개의 반응점이 대응하고 있다.

◎ 귀의 경혈의 종류

이혈(耳穴)은 신체의 오장육부에 대응한 「장부 대응점」, 신체 각 부분과 각 기관에 대응한 「신체와 기관의 대응점」, 특정 질환이나 증상에 효과를 가진 「특효혈」의 세 종류로 대별된다.

◎ 이혈 선택의 원칙

1. 중의학의 이론에 근거하여 이혈을 선택한다. 예를 들면 중의학의 이론에서 비(脾)는 수습(水濕)을 운화(運化)하는 작용이 있기 때문에 부종이나 비만에는 「비(脾)」와 관련된 이혈을 선택한다.
2. 병변 부위(장기, 기관, 신체의 부분)에 대응하는 이혈을 선택한다. 예를 들면 식욕부진에는 「위(胃)」를 선택한다.
3. 특정 질환이나 증상에 대응하는 특효혈을 활용한다. 예를 들면 월경불순, 비만 등에는 「내분비」를 선택한다.

◎ 이혈압박법의 주의사항

1. 귀에 염증이나 외상 등이 있을 경우는 실시하지 않는다.
2. 시술 후 귀에 이상이 보였을(귀의 부어오름 등) 경우에는 중지한다.
3. 임신 시, 습관성 유산 환자 및 체질 허약자에게는 실시하지 않는다.
4. 알코올을 묻힌 솜을 사용하여 반드시 이개를 소독하여 청결을 유지한다.
5. 이개부의 피부는 얇기 때문에 붙인 입침(粒針)을 강하게 압박하면 피부를 손상시킬 수 있으므로 주의한다.

◎ 이혈압박법의 순서

1. 알코올을 묻힌 솜을 사용하여 이개를 구석구석 소독한다.
2. 핀셋을 사용하여 입침(粒針)을 전용 반창고로 붙인다.
3. 이혈을 6~8혈 선택하여 입침을 붙인 반창고를 핀셋으로 이혈에 붙인다(입침이 처음부터 전용 반창고에 붙어 있는 것은 핀셋으로 그대로 이혈에 붙인다).
4. 1회 붙이면 이틀 간 유치하여 이혈에 지속적인 압박 자극을 준다.
5. 이틀이 경과하면 반창고와 입침을 제거하고 다른 이혈을 선택하여 2주일을 한 과정으로 하여 같은 시술을 반복한다. 한 과정이 종료하면 1주일 쉰다.

◎ 해설

중의학에서는 비만의 병인은 담습(痰濕)이므로 수습(水濕)의 운화(運化)와 관계된 「폐(肺)」, 「비(脾)」, 「신(腎)」의 세 장부의 기능 저하가 비만의 원인이 되기 때문에 이혈 요법에서는 「폐」, 「비」, 「신」을 주시한다. 또한 스트레스나 습관적인 과식 등에 의해 식욕이 항진하고 있는 경우에는 특효혈로서 외비(外鼻)〔기점(飢点) · 비안정(鼻眼淨)〕, 신문(神門), 피질하, 내분비 등의 이혈을 선택한다.

이혈압박법은 안전하고 부작용도 거의 없지만, 이개부가 청결하지 않은 경우에는 염증이나 화농을 일으킬 가능성이 있다. 그렇기 때문에 입침을 붙일 때는 반드시 사전에 철저히 이개부를 소독하는 것이 중요하다.

또한 시간이 경과하면 함께 입침의 자극에 대한 시술부위의 역치(閾値)가 올라가므로(자극에 길든다) 각각의 이혈에 대한 입침은 이틀에 한 번씩 교체해 준다. 입침을 교체할 때는 바로 전 시술에서 사용하지 않은 이혈을 선택하여 매일 상기의 이혈 중 6~8혈 선택하여 차례대로 돌아가면서 사용한다. 또한 좌우 귀를 교대로 사용하는 것도 가능하다.

이개는 다른 부위에 비해 감수성이 높기 때문에 이혈을 대상으로 한 시술은 지속적인 압박 자극만으로도 충분한 효과를 기대할 수 있다. 또한 이혈압박법에서 1회의 시술에 사용하는 이혈은 이론상으로는 2~3혈만 써도 효과가 있지만 임상적으로 6~8혈 사용함으로써 보다 좋은 효과를 얻을 수 있다고 판단된다.

귀의 체표해부 표지

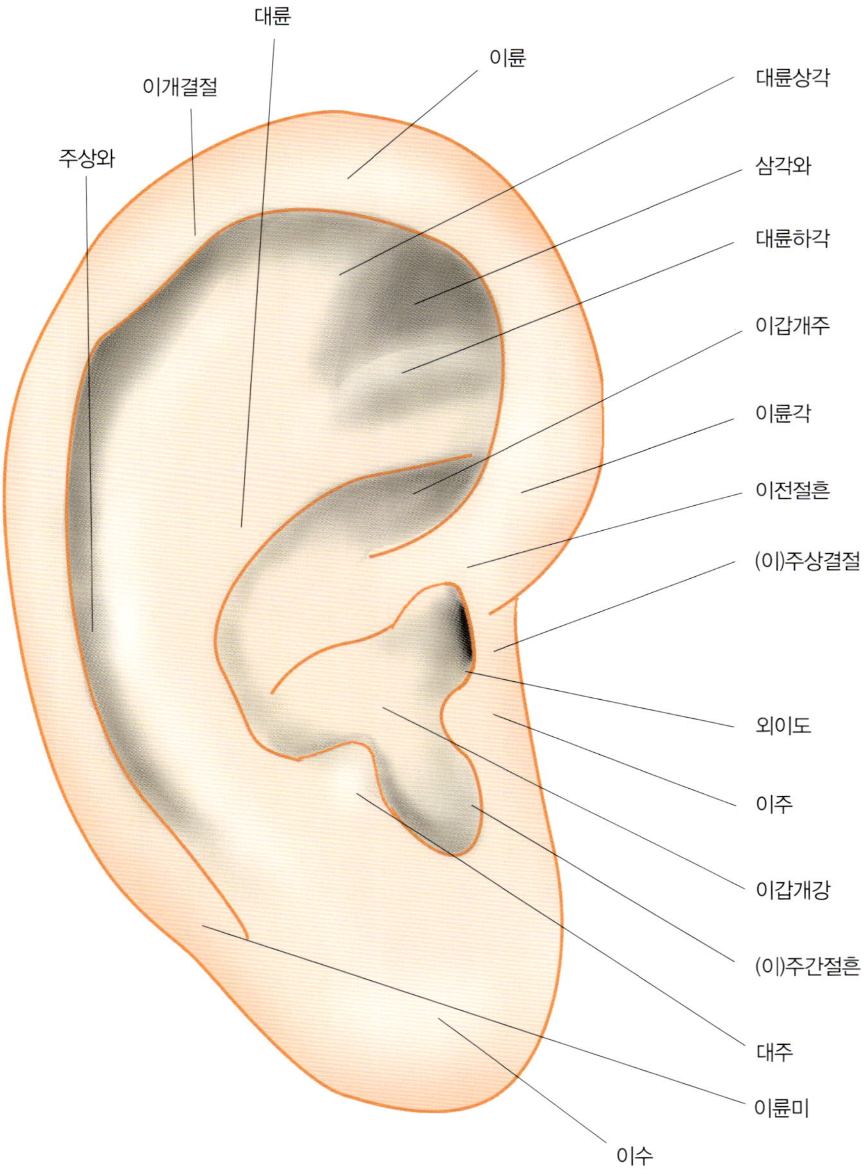
대륜
이륜
이개결절
대륜상각
주상와
삼각와
대륜하각
이갑개주
이륜각
이전절흔
(이)주상결절
외이도
이주
이갑개강
(이)주간절흔
대주
이륜미
이수

비만 치료에 상용되는 이혈

◎ 외비(外鼻) ※별명 : 기점(飢点) · 비안정(鼻眼淨)

위치 : 이주(耳珠) 앞

- 비만 치료에 상용된다.
- 이 이혈을 사용함에 따라 식욕 항진이 억제되므로 기점(飢点)이라고도 불린다.

◎ 구(口)

위치 : 이륜각(耳輪脚)을 3등분 한 앞의 1/3 부분

- 비만 치료에 사용된다.
- 「금연 경혈」로도 이용된다.

◎ 식도(食道)

위치 : 이륜각을 3등분 한 가운데 1/3의 아래

- 「입」과 조합하여 사용한다.

◎ 위(胃)

위치 : 이륜각이 없어지는 곳으로 이륜각 뒤

- 위의 기능을 조절하는 작용이 있다.
  적응 : 식욕 항진, 식욕부진, 소화불량

※ 「위」는 위의 반응점(압통 · 색이 변하는 등)이기도 하기 때문에 진단점으로서도 이용할 수 있다.

◎ 내분비(内分泌)

위치 : 이주(耳珠)와 대주(對珠) 사이의 함요부에 있다.

- 항진한 식욕을 억제하는 작용이 있다.
  적응 : 부인과나 피부과의 증상에도 응용된다.
  부인과질환 – 월경불순 · 생리통 · 갱년기 장애
  피부과질환 – 여드름〔피질하(皮質下) · 간(肝) · 신(腎)과 병용〕

◎ 피질하(皮質下)

위치 : 대주의 안쪽은 모두 피질하

- 비만 치료에 상용된다.
- 내분비와 피질하는 여러 증상이나 질환에 적응
  적응 : 진정 · 진통 · 신경조절 · 항염증 · 안과질환 · 소아근시

◎ 폐(肺)

위치 : 「심(心)」 주위는 모두 「폐」이고, 이 이혈은 점이 아닌 넓은 구역이다.

- 비만 치료에 상용된다.
- 「폐」는 범위가 넓기 때문에 가장 민감한 곳 또는 압통점에 취혈한다.
- 이혈 탐색기를 이용하면 좋다.
  적응 : 폐 · 호흡기질환 – 화분증, 기침, 천식, 피부질환(폐는 피모를 주관한다)

◎ 비(脾)

위치 : 「폐」의 뒤에 있다.

- 비만 치료에 상용된다.
  적응 : 설사 · 식욕부진, 여성의 월경과다, 부종, 비염

◎ 신(腎)

위치 : 대륜하각(對輪下脚)의 아래쪽

- 비만 치료에 상용된다.
  적응 : 이명, 돌발성 난청, 부종

◎ 신문(神門)

위치 : 삼각와(三角窩)로 하각의 분기점 부분

- 비만 치료에 상용된다.
  적응 : 불면증

이혈(耳穴)

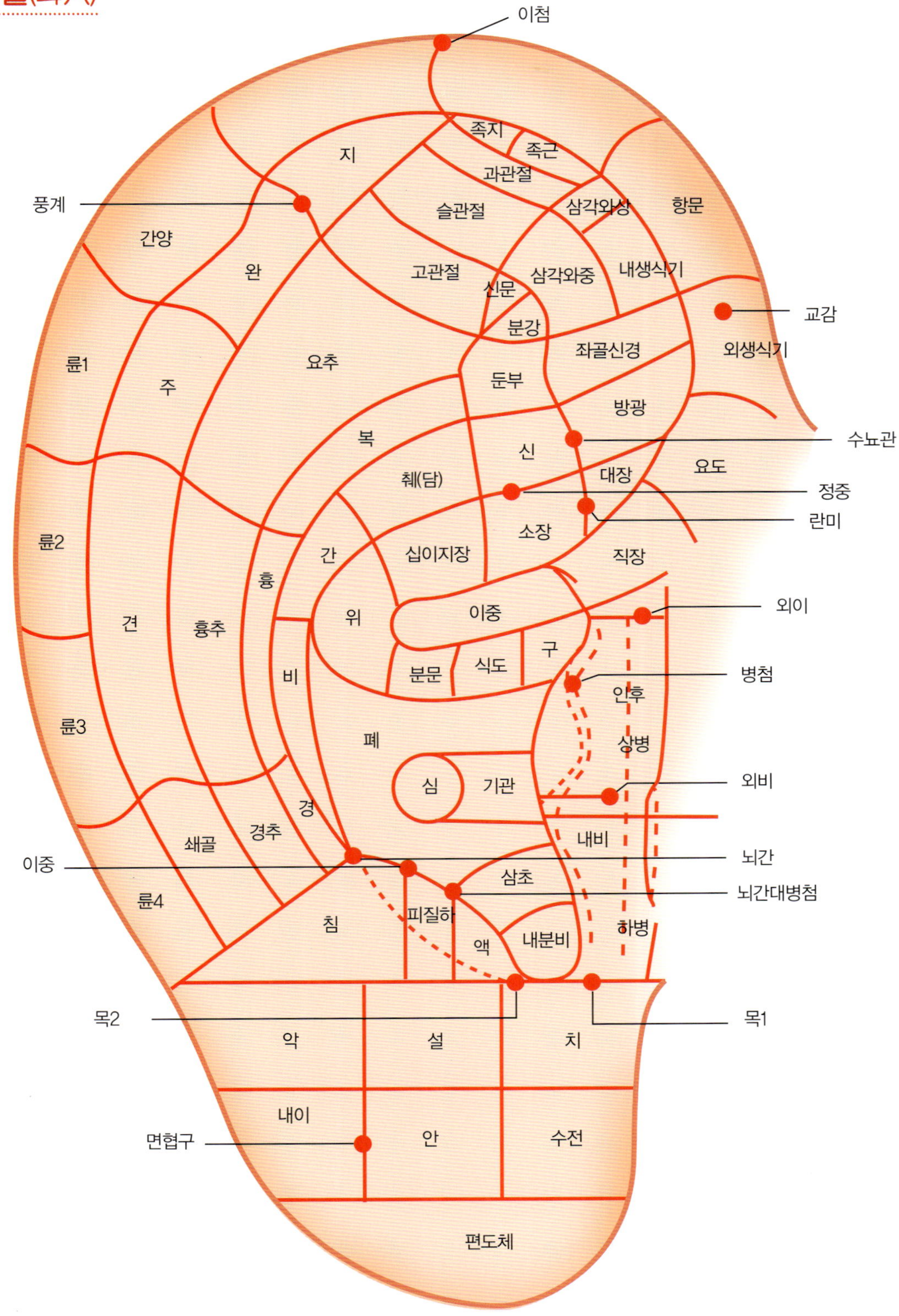
이첨
족지
족근
지
과관절
풍계
슬관절
삼각와상
항문
간양
완
고관절
삼각와중
내생식기
신문
교감
분강
륜1
요추
좌골신경
외생식기
주
둔부
방광
수뇨관
복
신
췌(담)
대장
요도
정중
란미
소장
륜2
간
십이지장
직장
흉
외이
위
이중
견
흉추
구
비
분문
식도
병첨
인후
륜3
폐
상병
심
기관
외비
경
내비
쇄골
경추
뇌간
이중
삼초
뇌간대병첨
륜4
침
피질하
하병
액
내분비
목2
목1
악
설
치
내이
면협구
안
수전
편도체

9
가정에서도 손쉽게 할 수 있는 자가 치료

Introduction

자가 치료로서의 침

「자가 치료」로서 자기 자신에게 실시하는 침구 시술이라면 면허를 취득하지 않아도 위법 행위에 해당하지 않는다. 단 이러한 경우에는 모든 것을 「자기 책임」 하에 실시하는 것이 전제가 된다.

특히 뜸은 예로부터 민간 사이에서 폭넓게 실시되어 온 것으로 대중의 「민간 요법」 또는 「양생법」으로서도 자리매김 되어 왔다. 그리고 현재 약국 · 상점 등에서 자가 치료를 목적으로 한 다양한 종류의 뜸이 판매되고 있어 뜸은 일반 사람에게도 비교적 용이하게 자가 치료로 시술할 수 있다.

한편 이와 같은 뜸에 비해 침은 일반 사람이 「스스로 실시한다」는 이미지는 없다. 그 이유로는 자침에는 일정한 기술을 요하는 것, 침을 구입하기 어려운 것, 아플 것 같다는 것 등이 생각되는데, 현재 뜸이 「잡화」로서 취급되고 있는 것에 반해 침은 의료 기구로서 자리잡고 있기 때문에 손쉽게 구입하여 사용할 수 없다. 하지만 의료기 상회 등에서 구입하여 침구전문가의 지도를 받는다면 자기 자신의 건강과 미용을 위한 「자가 치료」로서 침 시술을 실행할 수 있을 것이다.

최근에는 반창고를 붙이듯이 간단하게 사용할 수 있는 원피침도 개발되어 약사법의 개정에 의해 약국 등에서도 판매되게 되었다.

가정에서도 손쉽게 할 수 있는 자가 치료 9

1. 타인에 대한 시술은 면허가 필요

지금까지 서술한 대로 침의 종류, 자침 부위, 자침의 깊이, 자극량 등만 정확히 한다면 안면부에 있어서도 침은 자입하는 것만으로 대부분의 경우에 일정한 국소적인 미용 효과를 발휘한다. 실제로 미세한 침을 이용하여 안면부에 자침을 실시하여 일정한 시간, 침을 피하에 유치함으로써 대부분의 사람이 「안색이 좋아졌다」, 「눈 주위의 다크서클이 없어졌다」, 「피부에 탄력이 생겼다」, 「부종이 나아졌다」 등 미용적인 효과를 얻었다는 것을 실감하고 있다.

이와 같이 미용 침은 「청결」하고 「안전」만 확보된다면 매우 자연적이고 경제적이면서 상응하는 효과가 기대되는 미용법이며, 침이라는 시술의 특성에 의해서만 실현할 수 있는 특별한 미용법이라고 할 수 있다.

하지만 「안마사, 침사, 구사 등에 관한 법률」이라는 법률에 의해 「의사가 아닌 사람, 안마, 마사지(또는 지압), 침(또는 뜸)을 업(業)으로 하려고 하는 사람은 각각 안마사 면허, 침사 면허 또는 구사 면허를 따야 한다」고 정해져 있다. 「업(業)」이란 「대가를 받고 계속적으로 실시한다」는 것을 의미하고 있어 면허를 취득하지 않고 타인에게 침구 시술을 실시하는 것은 「위법 행위」로 간주된다. 또한 올바른 지식과 기술을 익히지 않고 제3자에게 침이나 뜸의 시술을 실시했을 경우에는 화상이나 부상 등의 위해를 가할 가능성도 있다. 그리고 그러한 경우에는 시술을 실시했던 사람이 모든 책임을 지게 되기 때문에 가령 대가를 받지 않는다고 해도 면허를 취득하지 않고 제3자에게 침이나 뜸을 실시하는 것은 엄중하게 금지시켜야 한다.

2. 원피침에 의한 자가 치료

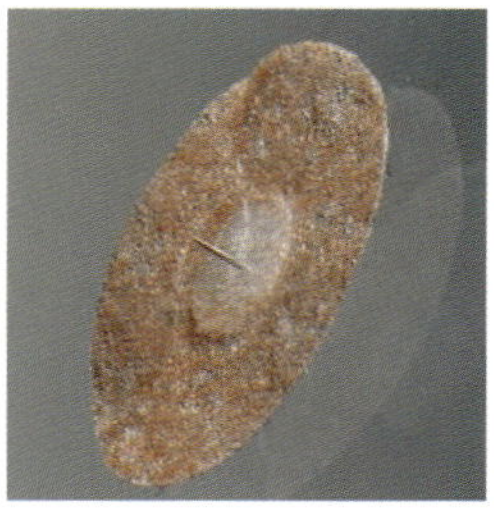

제4장에서 소개했던 대로 침에는 다양한 종류가 있어 원피침(圓皮針)과 같이 안전하고 손쉽게 취급할 수 있는 침도 있다. 원피침이란 전용 테이프나 반창고로 피부에 붙여 일정 기간 유치함에 따라 피부에 지속적인 자극을 주는 「유침(留鍼)」의 한 종류로, 목이나 어깨 결림, 근육통 등의 증상을 완화시킬 목적으로 사용되고 있

는 것이다.

원피침은 침구침과 구별되지만, 안면부 국소에 하는 미용 침에서는 굵은 침이나 깊은 자침을 필요로 하는 경우가 적기 때문에「원피침」을 이용했을 경우에도 상응하는 효과를 기대할 수 있다. 그렇기 때문에 일반인들도 일정한 지식을 습득하고 원피침을 입수하면 침의 효과를 이용한「자가 치료」를 행할 수 있다. 그리고 이 경우에는 가까이에 아는 의료기관을 확보해 두면 매우 편리하다. 반대로 침구전문가 입장에서는 원피침을 이용자에게 나누어 주고 그 사용법을 지도함으로써 현장에서의 임상을 보조하는 가정 요법으로서 원피침이 도움이 될 수 있다.

그래서 이 장에서는 일반인들도「자가 치료」로서의 미용 침을 실천할 수 있도록 원피침과 그 사용법을 사진으로 소개한다.

원피침은 매우 가늘고 짧은 침이므로 사용 시에는 거의 통증이 없다. 최근에는 처음부터 반창고가 붙어 있는 타입이나 손가락이 원피침에도 피부에도 닿지 않고 청결하게 자입할 수 있는 새로운 타입의 침도 발매되고 있고 약국이나 의료기 상가에서도 구매할 수 있게 되어 있다. 미용을 목적으로 하여 사용하는 경우에는 109쪽의 사진과 같이 안면부의 경혈이나 주름이나 늘어짐이 신경이 쓰이는 부분에 직접 붙여 사용한다. 원피침을 사용할 때에는 알코올을 묻힌 솜을 사용하여 피부를 충분히 소독해야 한다. 이 소독 작업은 절대 게을리하지 않도록 주의한다.

제10장에서는 미용에 대해서 효과적인 두 · 안면부의 경혈과 자침법에 관하여 설명되어 있으니 참고하여 침에 의한 자침을「원피침」으로 바꿈으로써「자가 치료」로서의 미용 침을 실천할 수 있다(「원피침」은 머리처럼 모발이 나 있는 부위에는 사용할 수 없다).

단, 일반인의 경우에는 제3자에게 절대로 실시하지 않을 것, 또한 자기 자신에게 실시할 경우에는 어디까지나 자기 책임 하에 실시하는 것이 전제됨을 이해해 주길 바라며, 어떠한 문제가 발생했을 경우에도 이 책의 출판사 및 필자는 일체 책임을 지지 않는다는 것을 미리 양해해 주길 바란다.

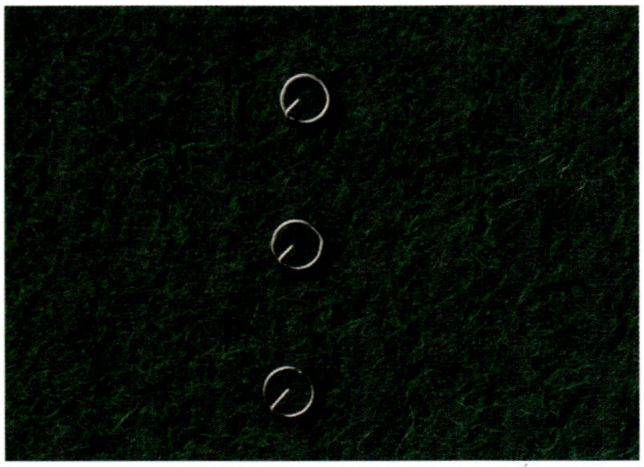
원피침(침의 본체 부분)

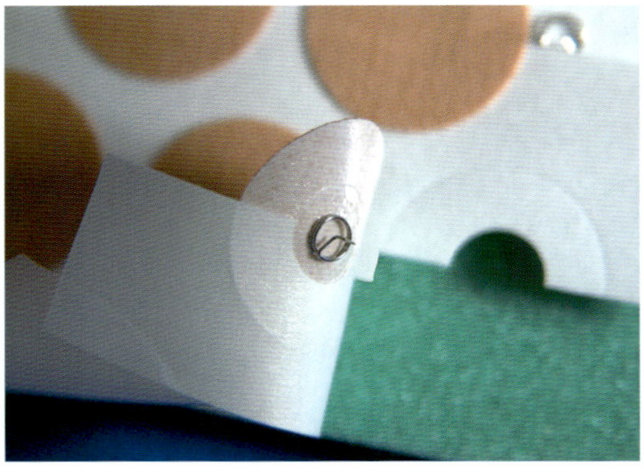
실(seal)로 붙일 수 있는 원피침

실(seal)을 떼어 간단하게 붙일 수 있는 원피침

10
두 · 안면부의 경혈과 미용

두 · 안면부의 경혈

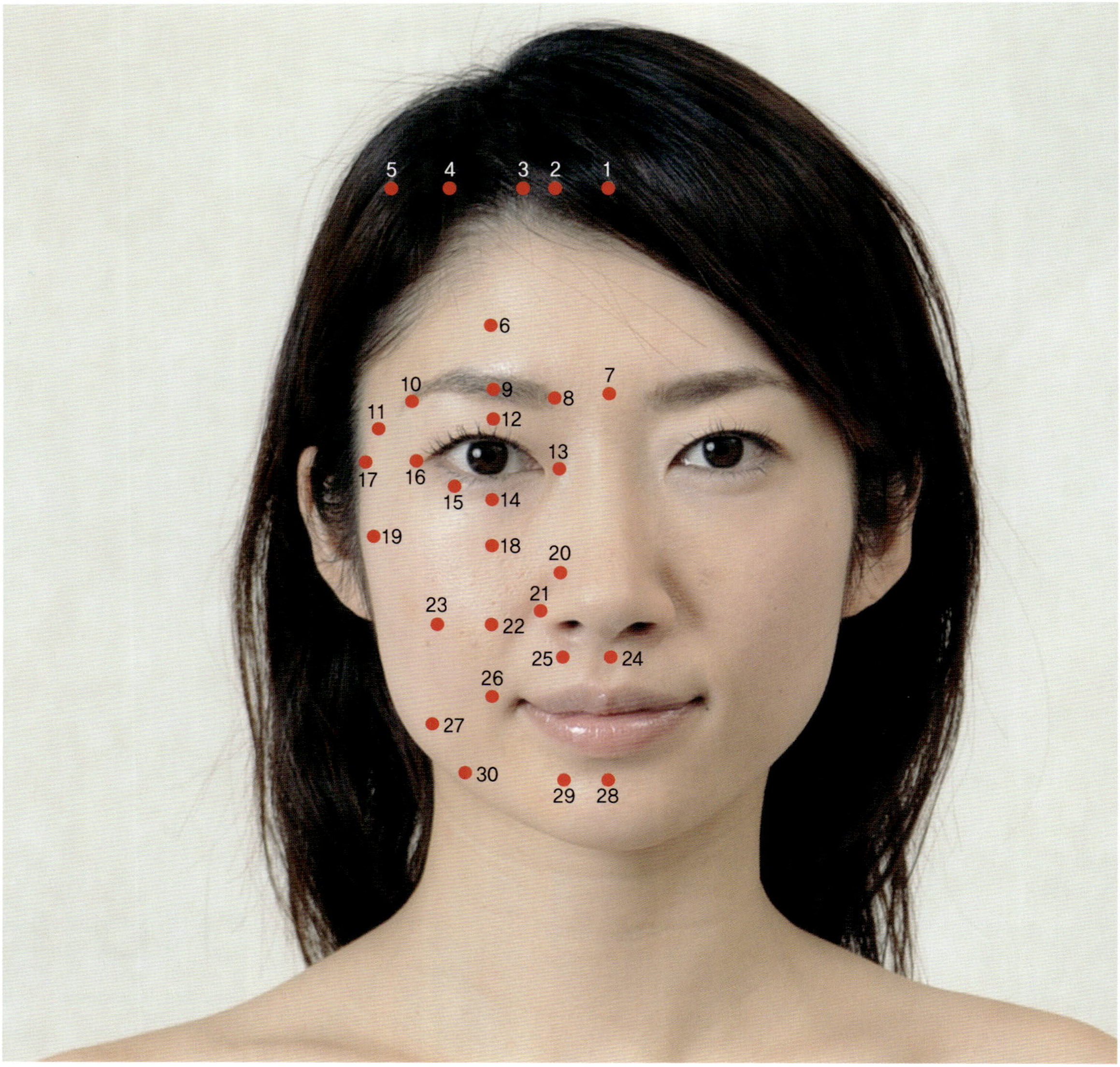

1. 신정(神庭)
2. 미충(眉衝)
3. 곡차(曲差)
4. 본신(本神)
5. 두유(頭維)
6. 양백(陽白)
7. 인당(印堂)
8. 찬죽(攢竹)
9. 어요(魚腰)
10. 사죽공(絲竹空)
11. 태양(太陽)
12. 상명(上明)
13. 정명(睛明)
14. 승읍(承泣)
15. 구후(球後)
16. 동자료(瞳子髎)
17. 상관(上關)
18. 사백(四白)
19. 하관(下關)
20. 상영향(上迎香)
21. 영향(迎香)
22. 거료(巨髎)
23. 관료(顴髎)
24. 수구(水溝)

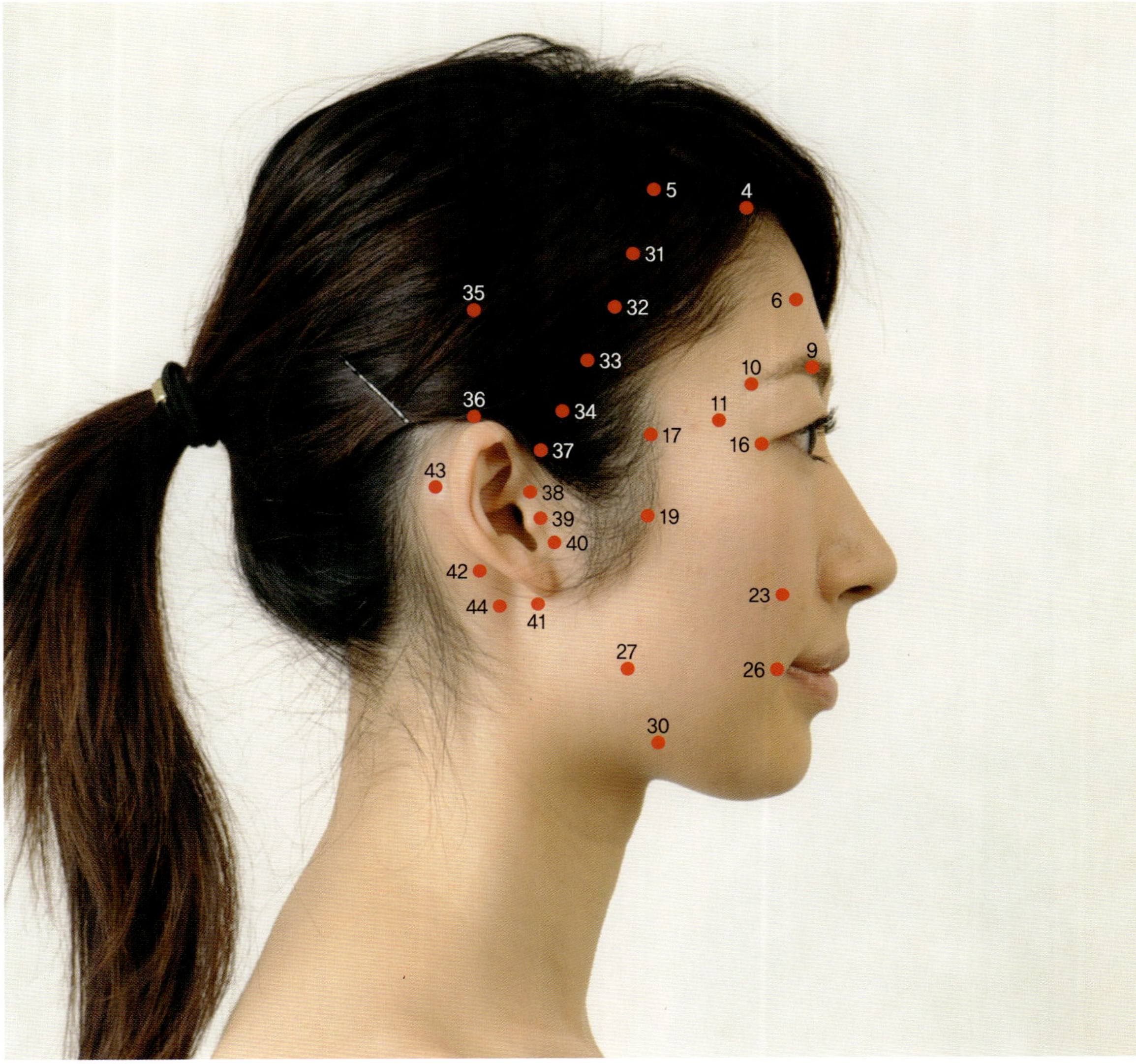

25. 화료(禾髎)
26. 지창(地倉)
27. 협거(頰車)
28. 승장(承漿)
29. 협승장(俠承漿)
30. 대영(大迎)
31. 함염(頷厭)
32. 현로(懸顱)
33. 현리(懸釐)
34. 곡빈(曲鬢)
35. 솔곡(率谷)
36. 각손(角孫)
37. 화료(和髎)
38. 이문(耳門)
39. 청궁(聽宮)
40. 청회(聽會)
41. 예풍(翳風)
42. 계맥(瘈脈)
43. 노식(顱息)
44. 예명(翳明)

※ 이 장의 경혈 해설에서는 일부 이 페이지에 없는 경혈도 수록하고 있다.
※ 이 장의 경혈 해설의 「해부」 항목의 알파벳은 아래와 같은 것을 의미한다.
M : 근육　MN : 운동신경　SN : 지각신경　BV : 혈관

수양명대장경(手陽明大腸經)

LI20 영향(迎香)

작 용

열을 없애 풍사(風邪)를 제거하고〔청열산풍(淸熱散風)〕, 코막힘을 개선한다〔선통비규(宣通鼻竅)〕.

>>미용의 효용<<

안면부종, 안면부의 가려움증, 구안와사, 여드름 · 부스럼, 피부를 윤택하게 하는 작용이 있어 안면부의 피부 건조, 주름의 개선에 이용된다.

효 능

비염, 비폐색(코막힘), 안면경련, 안면신경마비

위 치

비익(鼻翼) 외연 중앙의 바깥쪽이며, 비순구(鼻脣溝) 위에 있다.

취혈법

비공(鼻孔)의 바깥쪽에서 5분, 비순구 위에 취혈한다.

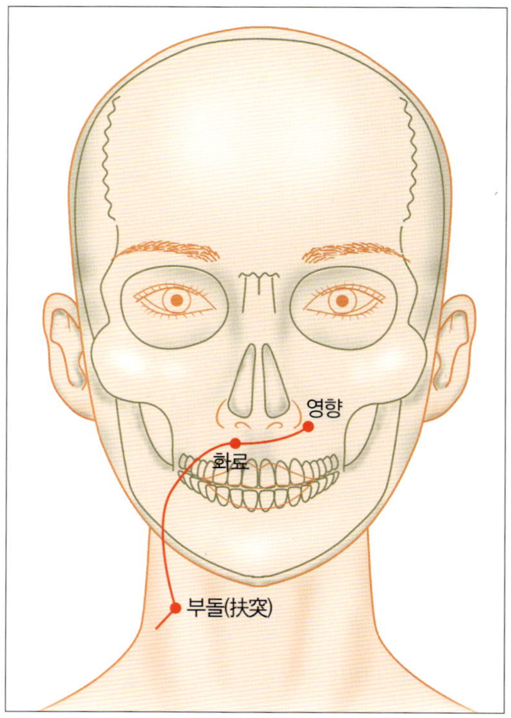

자침법

코를 향해 사자(斜刺)로 0.3촌

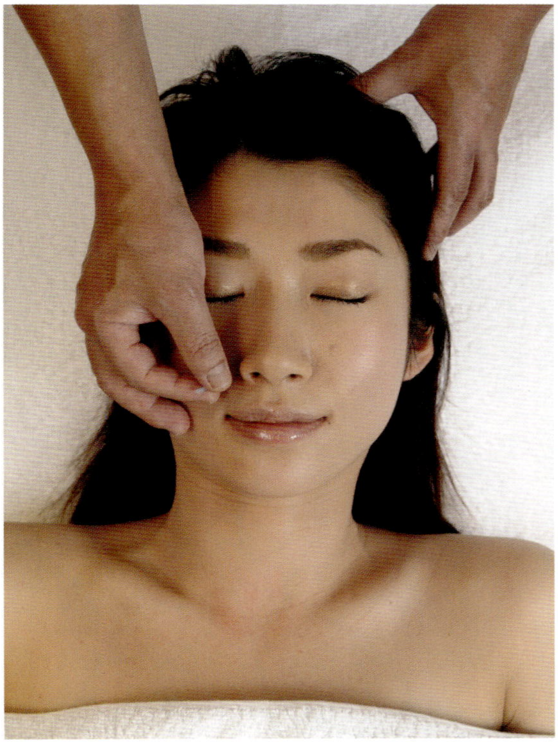

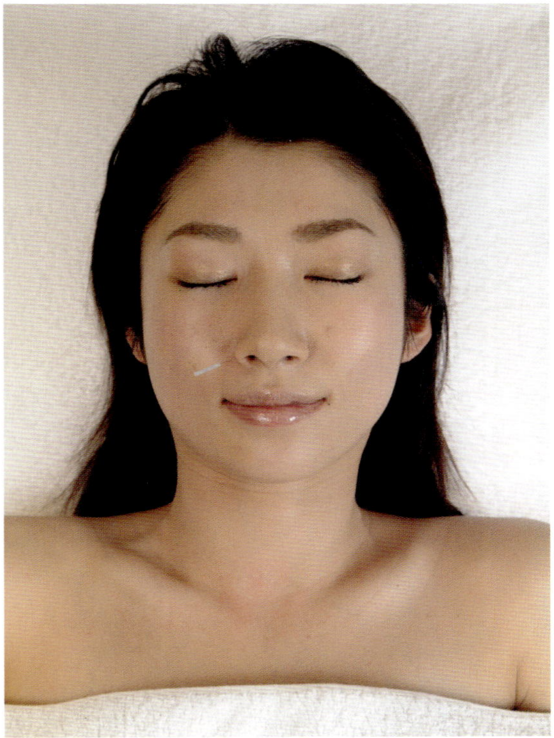

해 부

M : 상순비익거근(上脣鼻翼擧筋), 상순거근(上脣擧筋), 소협골근(小頰骨筋)

MN : 안면신경

SN : 상악신경(上顎神經)

BV : 안각동맥(眼角動脈), 안와하동맥(眼窩下動脈)의 분지(分枝)

비 고

수족양명(手足陽明)의 교회혈(交會穴)〔갑을(甲乙)〕

출 전

『갑을(甲乙)』

경혈명의 유래

「영향(迎香)」이란 문자 그대로 「향(香)을 맞이한다」라는 의미이다. 대장은 폐와 표리관계에 있고 폐는 코에 개규(開竅)하기 때문에 비공 옆에 위치하여 수양명대장경에 속하는 이 혈에는 선통비규 효능이 있다. 따라서 여기에 자침하면 코막힘을 치유하여 후각을 개선시키므로 이 혈은 「영향」이라고 명명되었다.

족양명위경(足陽明胃經)

ST1 승읍(承泣)

작 용

풍사(風邪)를 제거하고 열을 없앤다〔산풍설화(散風泄火)〕.
눈을 밝게 하고, 주름을 제거한다〔명목제추(明目除皺)〕.

>>미용의 효용<<

구안와사, 안검부종, 눈 주위의 다크서클 · 늘어짐 · 주름

효 능

시력 저하, 건조성 각막염(dry eye), 안검경련, 눈의 충혈 · 종창 · 통증 · 소양감(搔痒感), 영풍유루〔(迎風流淚)바람을 맞으면 눈물이 흐른다〕, 안면신경마비, 삼차신경통

위 치

똑바로 앞을 보았을 때 동공의 바로 아래이며, 안와 하연의 중앙

취혈법

똑바로 앞을 보았을 때 동공의 바로 아래이며, 안구와 안와 하연 사이에서 취혈한다.

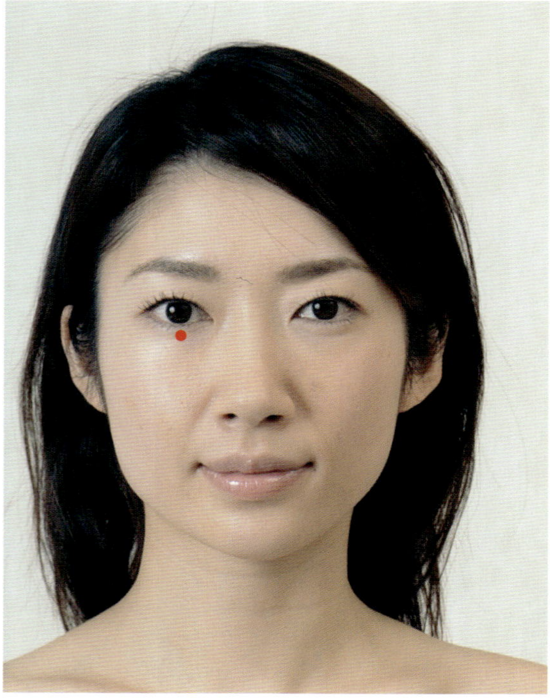

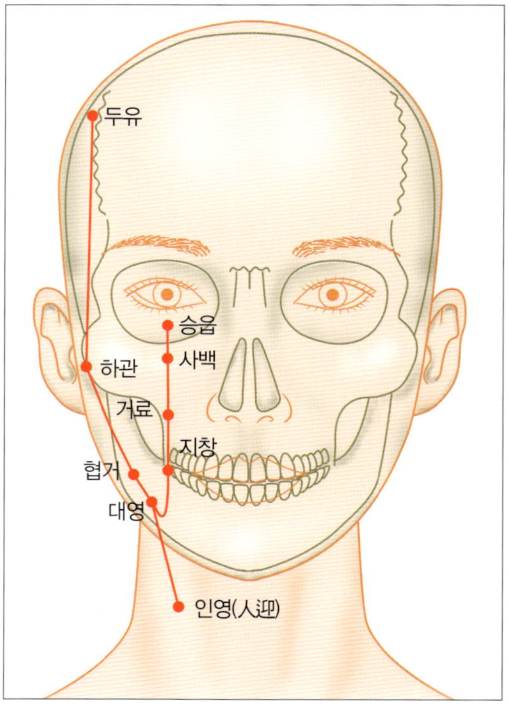

자침법

안와 하연을 따라 직자(直刺)로 0.3~0.7촌

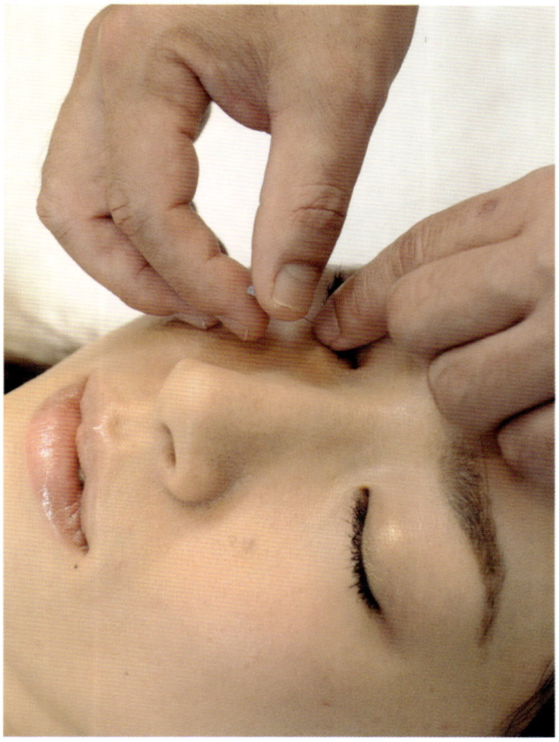

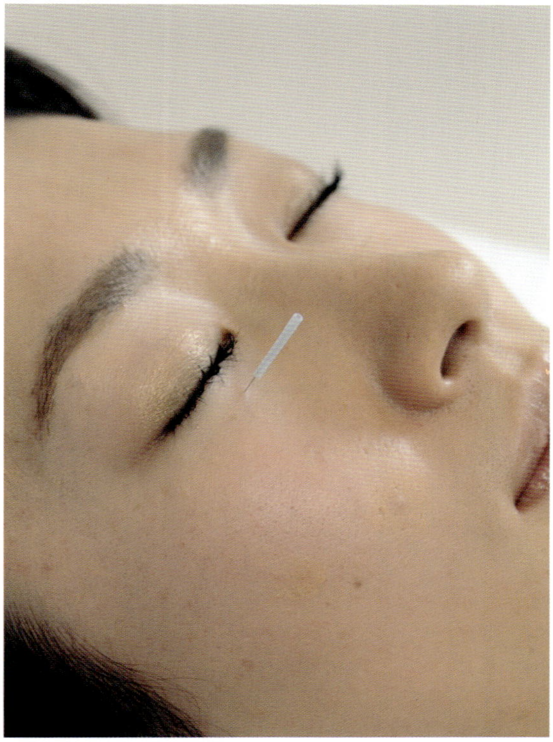

해 부

M : 안륜균(眼輪筋), 하직근(下直筋), 하사근(下斜筋)

MN : 안면신경

SN : 상악신경(上顎神經)〔안와하신경(眼窩下神經)의 분지〕

BV : 안와하동맥(眼窩下動脈)의 분지

비 고

양교(陽蹻), 임맥(任脈), 족양명(足陽明)의 교회혈

출 전

『갑을(甲乙)』

경혈명의 유래

「승(承)」은 「받는다」, 「읍(泣)」은 「울다」라는 의미이다. 이 혈은 사람이 울 때 흐르는 눈물을 받는 부위에 위치하므로 「승읍」이라고 명명되었다.

족양명위경(足陽明胃經)

ST2 사백(四白)

작 용

눈을 밝게 하고 풍사(風邪)를 제거한다〔명목거풍(明目去風)〕.

>>미용의 효용<<

눈 주위의 다크서클, 안면부종, 중·노년의 하검(下瞼 : 아래 눈꺼풀)의 부종, 여드름·부스럼, 피부를 윤택하게 하여 주름을 개선한다. 안검의 장력(張力)을 향상시킨다.

효 능

눈의 충혈·종창·통증·건조성 각막염(dry eye), 안검경련, 안면신경마비, 삼차신경통, 구안와사, 두통

위 치

똑바로 앞을 보았을 때 동공의 바로 아래 1촌 부분

취혈법

똑바로 앞을 보았을 때 동공의 바로 아래 1촌 부분에서, 안와 하연의 아래쪽에 있는 안와하공(眼窩下孔)의 함요부에 취혈한다. 동공의 바로 아래를 손가락 안쪽면으로 약간 눌러 촉진하면 안와하공의 함요를 느낄 수 있다. 이 함요부의 중심을 손가락 안쪽면으로 압박하면 무언가 울리는 것 같은 독특한 감각이 발생하므로 정확히 그 부위에서 취혈한다.

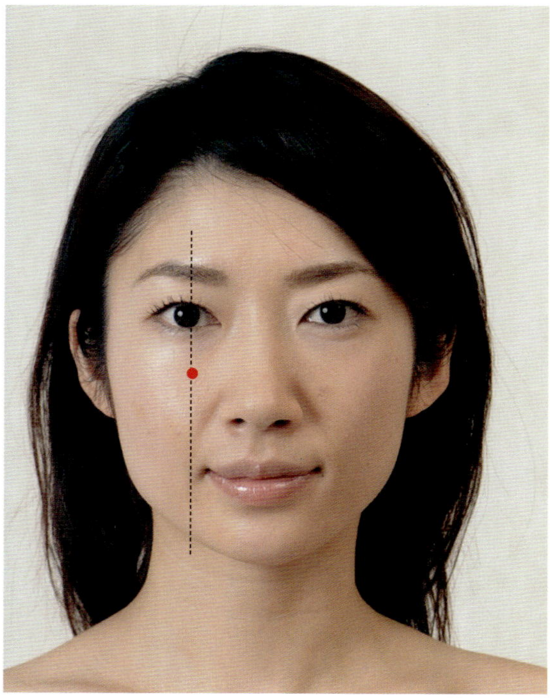

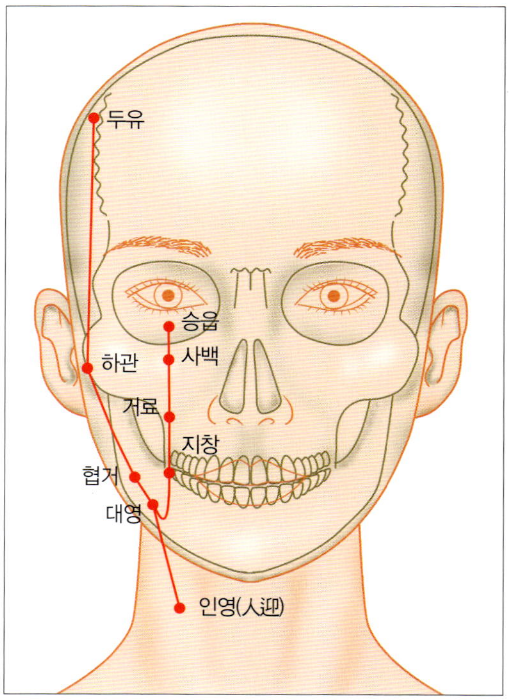

자침법

직자(直刺)로 0.2~0.3촌, 사자(斜刺)로 0.3~0.5촌

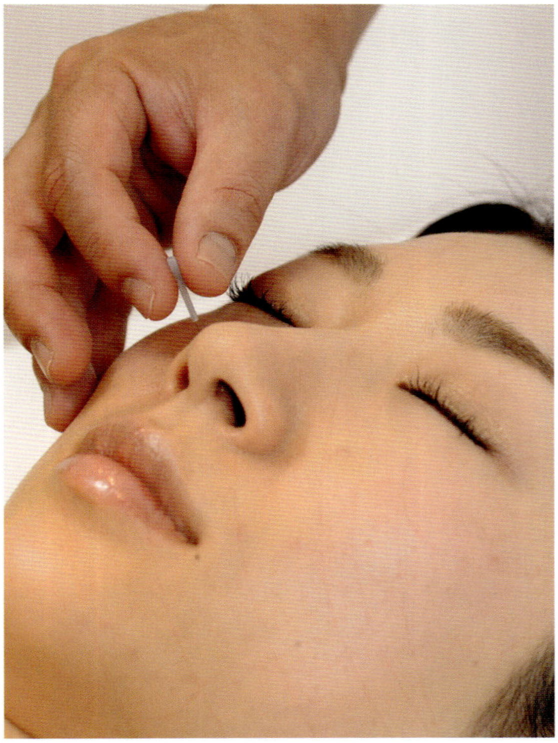

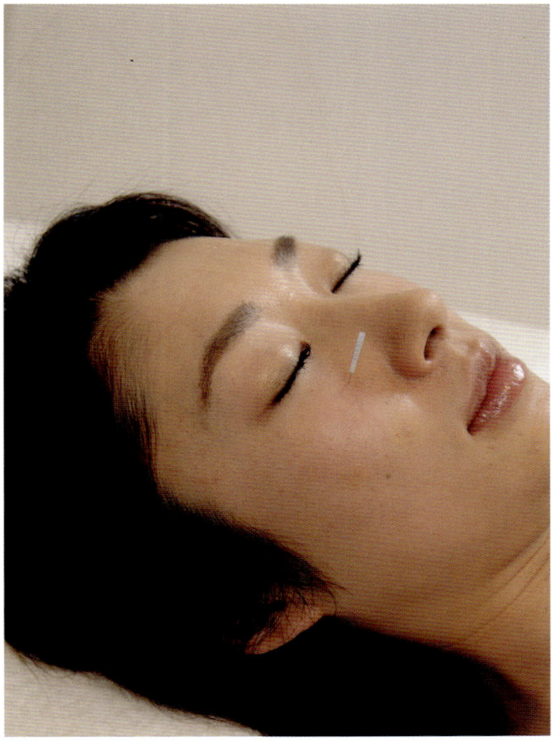

해 부

M : 안륜근(眼輪筋), 상순거근(上脣擧筋)

MN : 안면신경

SN : 상악신경의 분지(안와하신경)

BV: 안와하동맥

비 고

안면부가 야윈 경우에는 직자(直刺)를 해도 침이 쓰러지는 경우가 있다. 경도의 통증을 느끼는 경우가 많아 자입 시에는 주의로 확 방산하는 것 같은 독특한 울림을 느낀다. 발침 시에는 소량의 출혈을 수반하는 경우가 많아 피하 출혈을 일으킬 위험성이 높은 경혈의 하나이다.

출 전

『갑을(甲乙)』

경혈명의 유래

「사(四)」는 「사방(四方)」, 「백(白)」은 「밝다」라는 의미이다. 여기에 자침하면 시력이 회복되어 사방이 밝게 보이므로 이 혈은 「사백」이라고 명명되었다.

족양명위경(足陽明胃經)

ST3 거료(巨髎)

작 용

풍사(風邪)를 제거하여 경락의 흐름을 활발하게 한다〔산풍활락(散風活絡)〕.

>>미용의 효용<<

협부(頰部 : 뺨)의 부종 · 여드름 · 부스럼, 구안와사, 협부에 탄력을 주어 늘어짐을 개선한다.

효 능

안검경련, 비폐색, 비출혈, 악관절증, 치통

위 치

똑바로 앞을 보았을 때 동공의 바로 아래이며, 비익 하연과 수평인 곳

취혈법

똑바로 앞을 보았을 때 동공으로부터 수직으로 선을 내려, 이 선과 비익 하연의 수평선이 서로 만나는 점에 취혈한다.

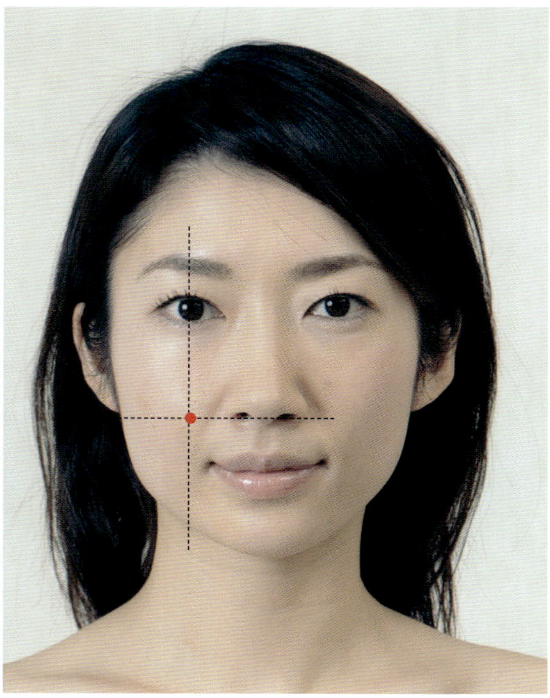

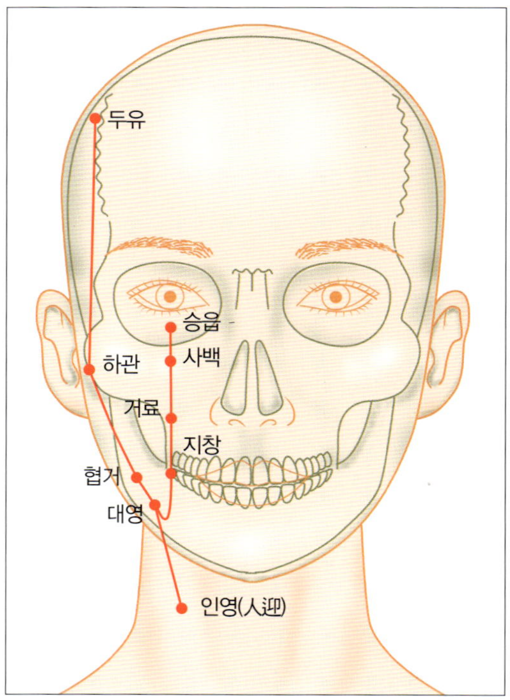

자침법

직자(直刺)로 0.3~0.4촌, 사자(斜刺)로 0.3~0.5촌

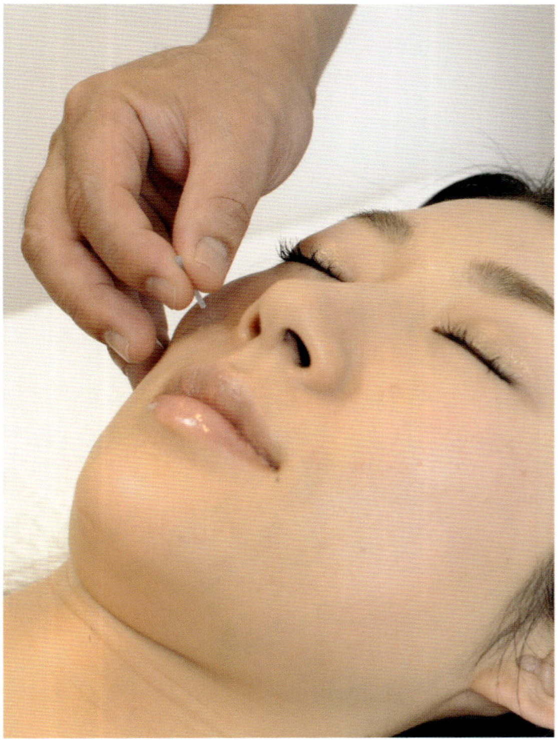

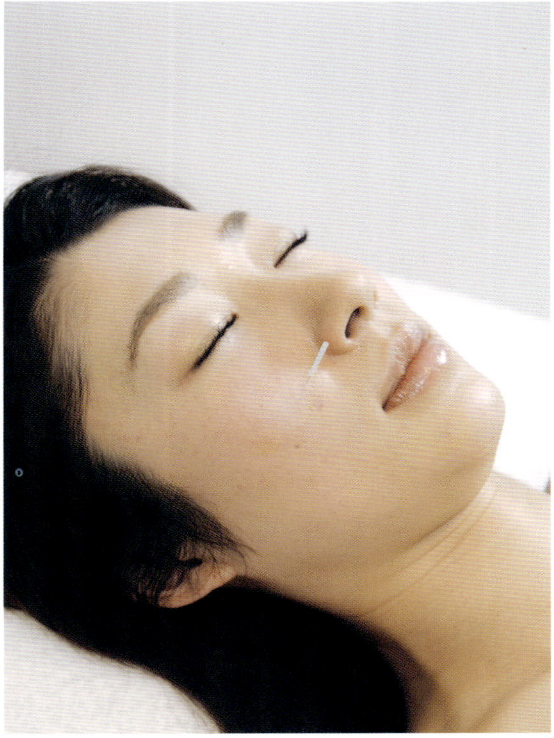

해 부

M : 소협골근(小頰骨筋), 상순거근(上脣擧筋), 구각거근(口角擧筋)

MN : 안면신경의 협골지(頰骨枝)

SN : 상악신경(안와하신경의 분지)

BV : 안와하동맥, 안면동맥의 가지

비 고

양교(陽蹻), 족양명(足陽明)의 교회혈(갑을)

출 전

『갑을(甲乙)』

경혈명의 유래

「거(巨)」는 「크다」, 「료(髎)」는 「뼈의 함요부」라는 의미이다. 이 혈은 협골(頰骨) 뼈끝의 함요가 큰 부위에 위치하므로 「거료」라고 명명되었다.

족양명위경(足陽明胃經)

ST4 지창(地倉)

>>미용의 효용<<

구각(口角 : 입아귀)의 늘어짐, 법령선과 구각의 주름 개선, 협부의 종창, 여드름 · 부스럼

작 용

풍사(風邪)를 제거하여 기를 잘 돌게 한다〔소풍행기(疏風行氣)〕.

효 능

구각와사(口角歪斜), 안검경련, 구창(口瘡)

위 치

구각의 바깥쪽이며, 비순구의 연장선 위에 있다.

취혈법

구각으로부터 수평으로 선을 늘려, 이 선과 비순구의 연장선 위의 서로 만나는 점에 취혈한다.

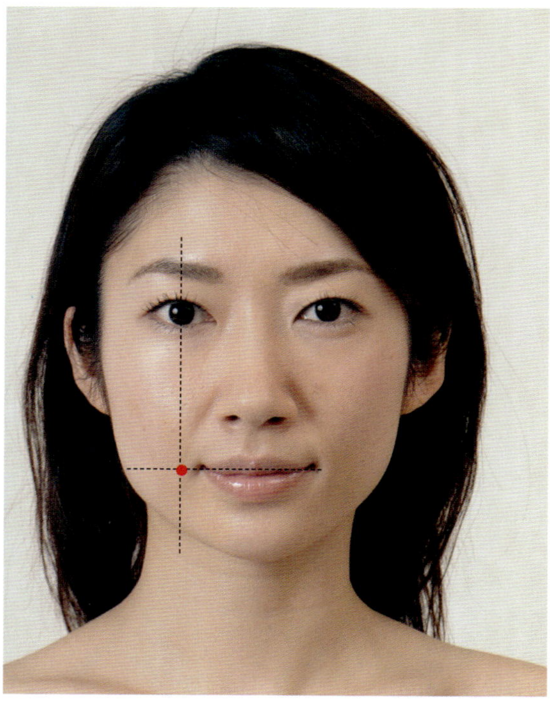

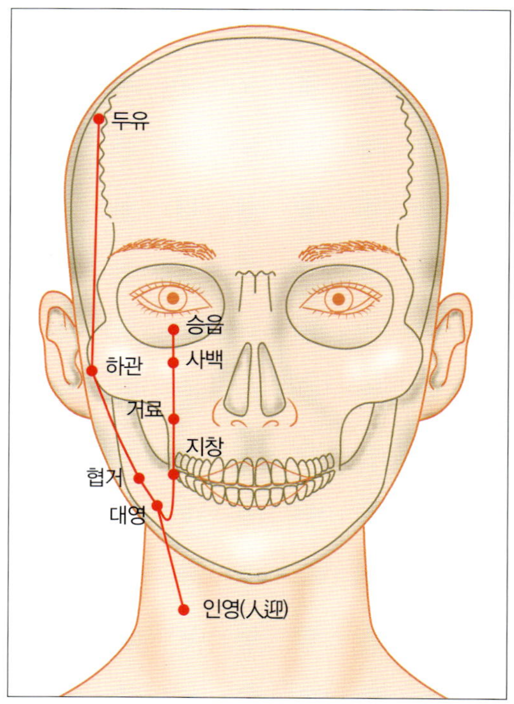

자침법

직자(直刺)로 0.2촌, 협거(頰車) 방향으로 횡자(橫刺)로 0.5~1촌

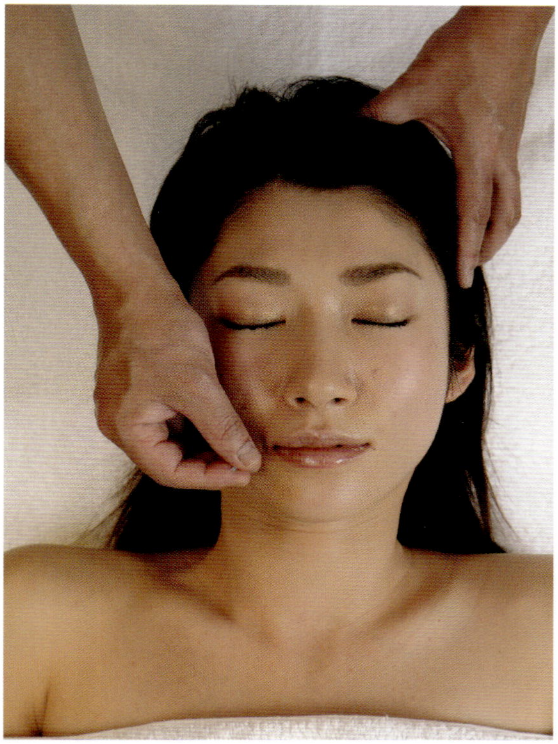

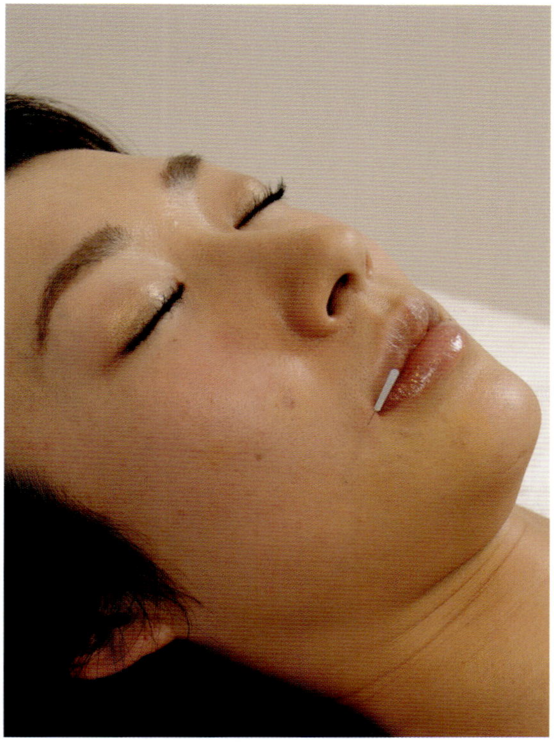

해 부

M : 구륜근(口輪筋), 협근(頰筋), 구각하제어근(口角下制御筋)

MN : 안면신경

SN : 상악신경(안와하신경의 분지), 하악신경〔협신경(頰神經)〕

BV : 안면동맥

비 고

교맥(蹻脈), 수족양명(手足陽明)의 교회혈(갑을) 수족양명, 임맥(任脈), 양교(陽蹻)의 교회혈〔기경팔맥(奇經八脈)〕을 참고하시오.

출 전

『갑을(甲乙)』

경혈명의 유래

「지(地)」는 「하부(下部)」, 「창(倉)」은 「저장하는 곳」이라는 의미이며, 「지창」은 「입」을 의미하고 있다. 이 혈은 입 옆에 위치하므로 「지창」이라고 명명되었다.

족양명위경(足陽明胃經)

ST5 대영(大迎)

작 용

풍(風) · 한(寒)을 제거한다〔소풍산한(疏風散寒)〕.
열을 없애 해독한다〔청열해독(清熱解毒)〕.

> **>>미용의 효용<<**
>
> 구각와사(口角歪斜), 협부의 부종, 얼굴윤곽의 늘어짐 · 입 주변의 주름 개선, 청열해독(清熱解毒)의 효과가 있어 여드름 · 부스럼에 이용된다.

효 능

악관절증

위 치

하악각(下顎角)의 앞쪽 1.3촌의 함요부로, 동맥 박동부에 있다.

취혈법

입을 다문 채 빰을 부풀게 했을 때 하악골(下顎骨) 변연에 생기는 패인 함요부에서, 동맥 박동부에 취혈한다.

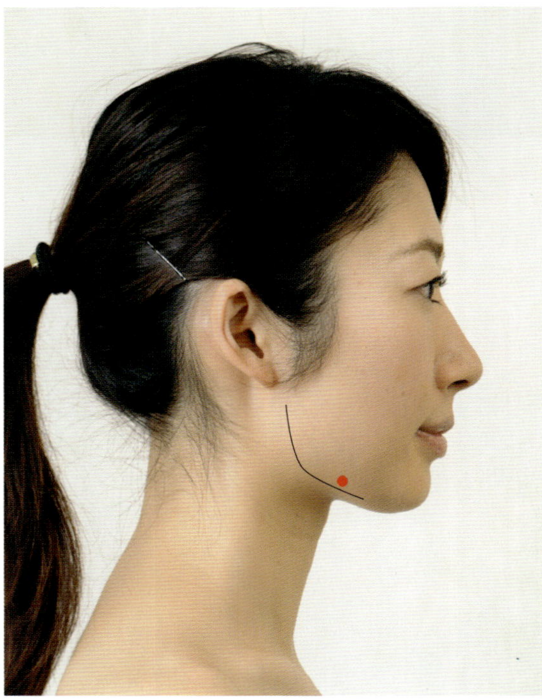

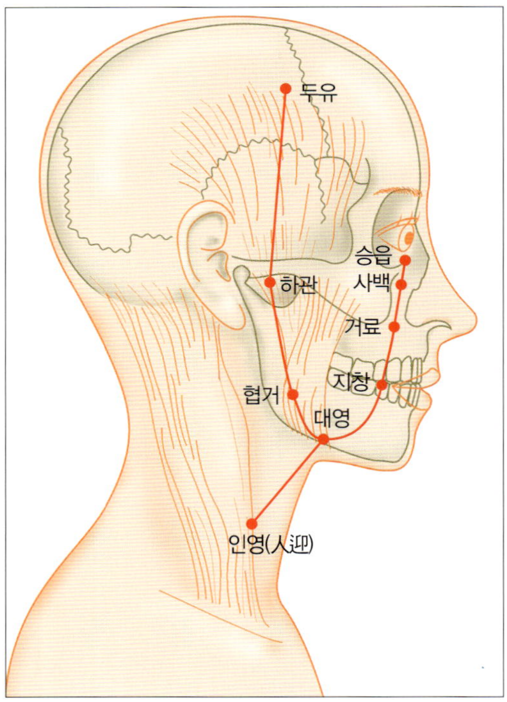

자침법

직자(直刺)로 0.3촌

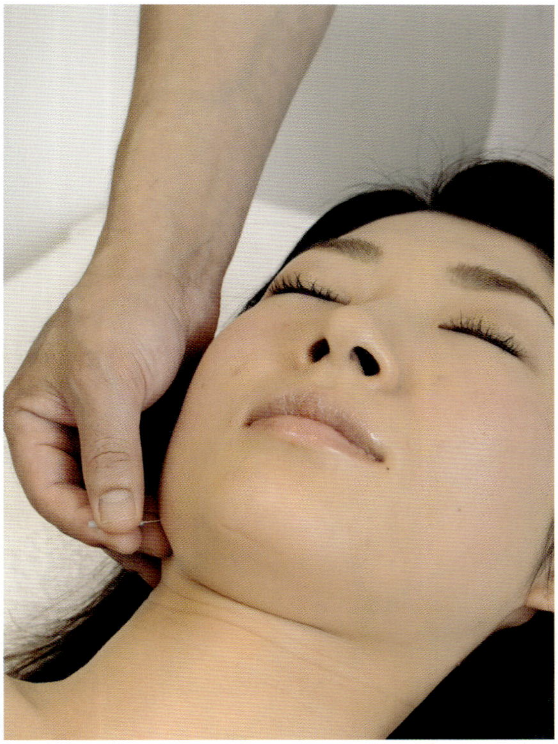

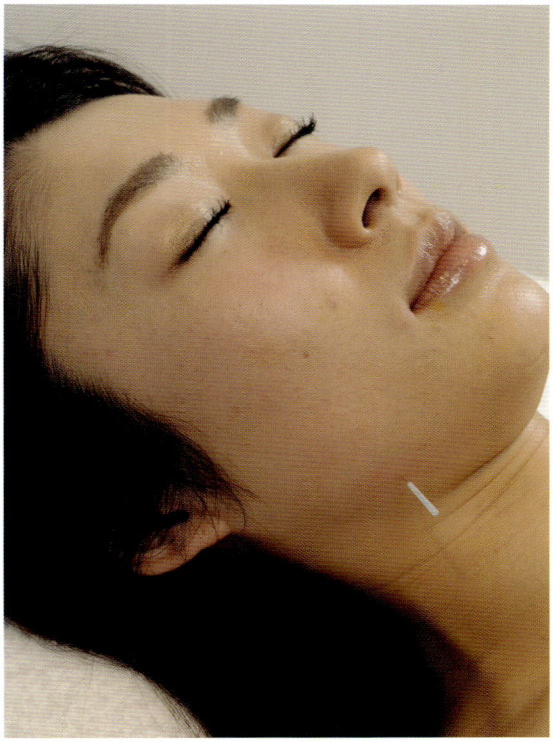

해 부

M : 광경근(廣頸筋), 구각하제근(口角下制筋), 교근(咬筋)(전연)

MN : 하악신경(교근신경)

SN : 하악신경(협신경)

BV : 안면동맥, 안면정맥

비 고

이 혈의 앞쪽에는 안면동맥이 있어 동맥을 손상시키면 피하 출혈을 일으킬 위험성이 있기 때문에 침의 자입 시에는 동맥을 손상시키지 않도록 주의할 필요가 있다.

출 전

『소문(素問)』 기부론(氣府論)

경혈명의 유래

「대영」은 「하악골」을 의미하고 있으며, 이 혈은 하악골 위에 위치하고 있으므로 「대영」이라고 명명되었다고 여겨진다. 또한 「영(迎)」에는 「기혈 왕성」이라는 의미가 있어 이 혈이 소속한 수양명경은 다기다혈(多氣多血)한 경락이며, 이 혈이 동맥(안면동맥)의 박동부에 위치하므로 「대영」이라고 명명되었다는 설도 있다.

족양명위경(足陽明胃經)

ST6 협거(頰車)

작 용

풍사(風邪)를 제거하여 열을 없앤다〔소풍청열(疏風淸熱)〕.

>>미용의 효용<<

구안와사, 얼굴라인의 늘어짐, 협부의 부종 · 여드름 · 부스럼, 협부의 피부를 유연하게 하여 탄력을 준다.

효 능

악관절증, 치통, 안면경련, 안면신경마비, 유행성 이하선염, 경항부(頸項部)의 경직과 통증

위 치

하악각의 상전방 1촌이며, 교근(咬筋)이 부착되어 있는 곳

취혈법

하악골의 상전방 1촌 부분에서, 힘을 주어 입을 다물면 근육이 올라오고, 입을 벌리면 패이는 곳에 취혈한다.

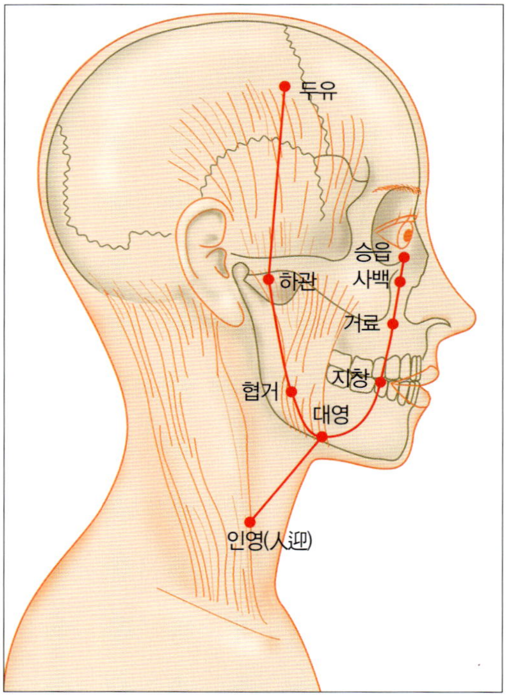

자침법

직자(直刺)로 0.3~0.4촌. 대영(大迎), 지창(地倉)을 향해 사자(斜刺)로 0.7~0.9촌

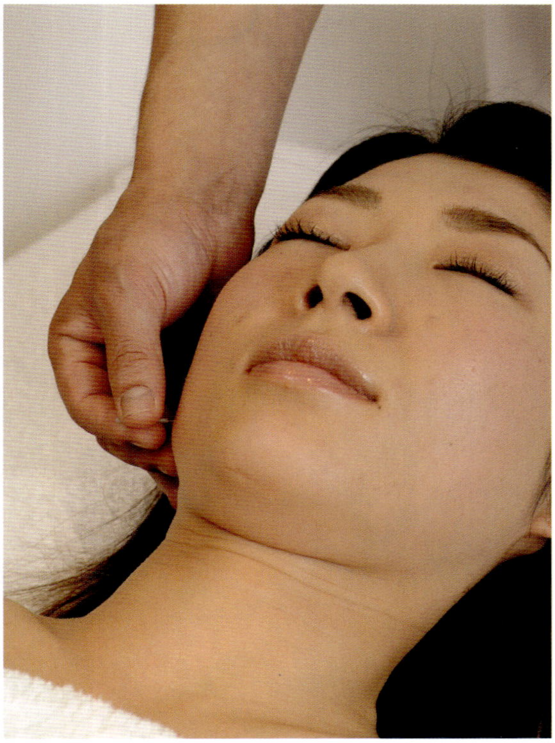

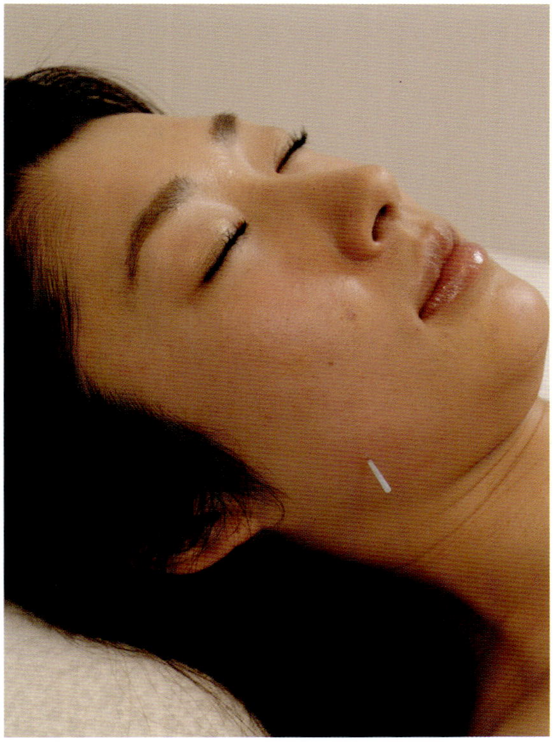

해 부

M : 교근(咬筋)

MN : 하악신경(교근신경)

SN : 하악신경(협신경), 대이개신경(大耳介神經)

BV : 천측두동맥(淺側頭動脈)

비 고

구안와사에는 지창(地倉)과 협거(頰車)로부터 쌍방향을 향한 사자(斜刺)를 이용한다.

출 전

『소문(素問)』 기부론(氣府論)

경혈명의 유래

「협(頰)」은 안면의 「협부(頰部 : 볼)」를 의미하고, 고대에는 협부에 있는 하악골은 「협부골(頰部骨)」이라고 불리었다. 이 혈은 하악골 위에 위치하기 때문에 「협거」라고 명명되었다.

족양명위경(足陽明胃經)

ST7 하관(下關)

작 용

풍사(風邪)를 제거하여 열을 없앤다〔소풍청열(疏風淸熱)〕.
입의 개폐를 정상적으로 하게 한다.

>>미용의 효용<<

구안와사, 여드름 · 부스럼, 협부(頰部 : 뺨)에 탄력을 주어 늘어짐과 주름을 개선한다.

효 능

악관절증, 안면신경마비, 치통, 이명

위 치

협골궁(頰骨弓) 중앙 하연, 하악골두(下顎骨頭) 앞쪽의 함요부

취혈법

이주(耳珠)의 앞쪽 약 1촌 부분에서, 협골궁과 협골절흔(頰骨切痕) 사이에 생기는 함요부에 있다. 검지나 중지의 지복(指腹)을 이용하여 협골궁의 하연을 관료(觀髎)의 혈 부위로부터 귀의 방향을 향해 비벼 협골궁이 가장 높아진 위치에 취혈한다. 입을 벌리면 함요가 없어지기 때문에 반드시 입을 다물고 취혈한다.

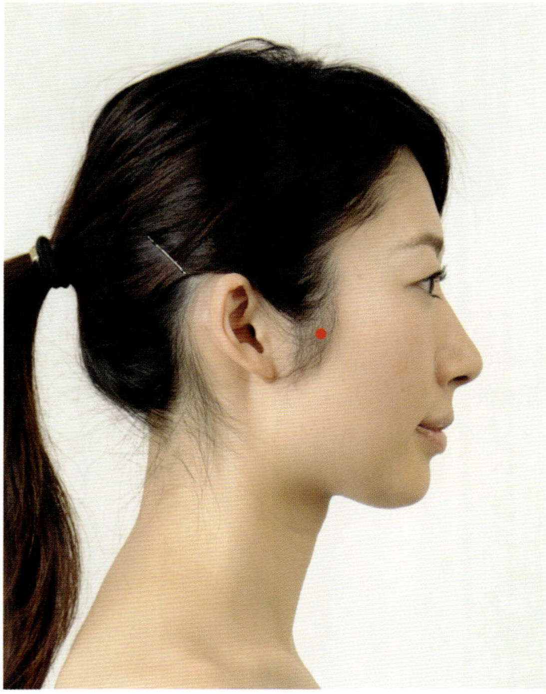

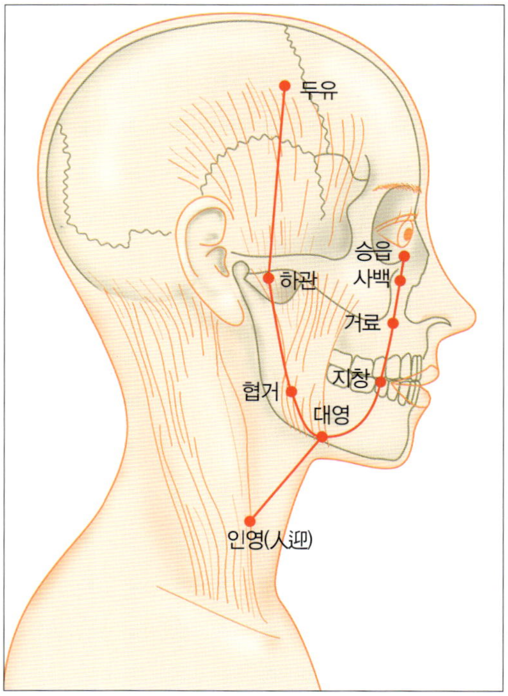

자침법

직자(直刺)로 0.2~0.4촌

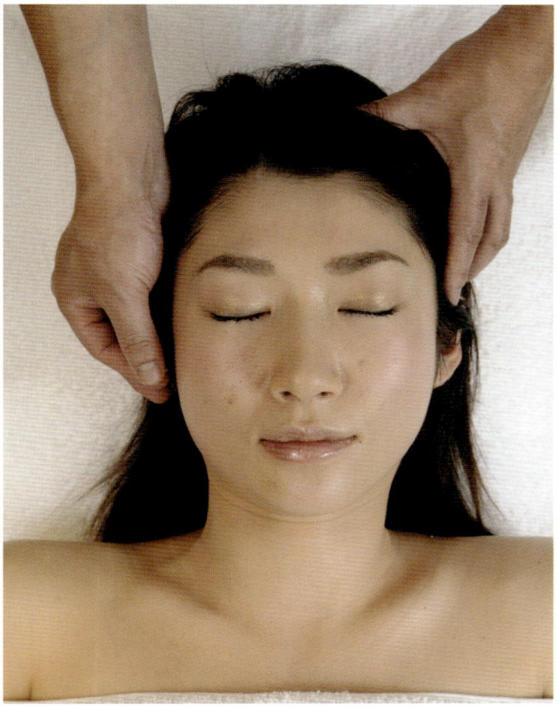

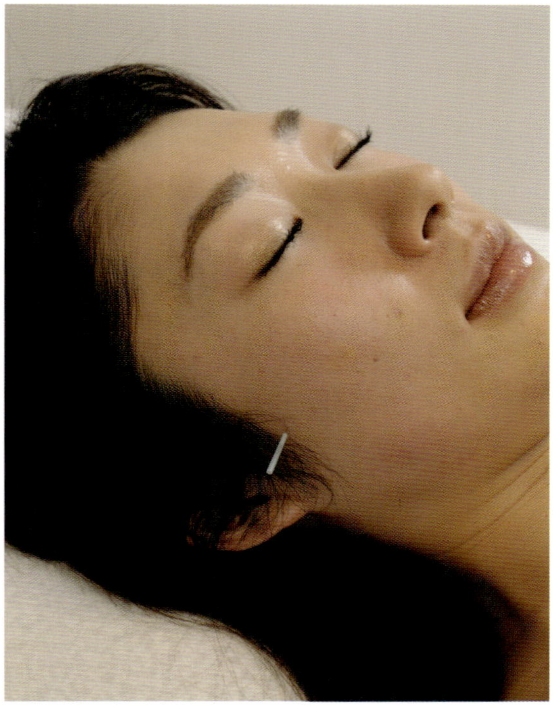

해 부

M : 교근(咬筋), 외측익돌근(外側翼突筋)

MN : 하악신경, 안면신경

SN : 하악신경

BV : 안면횡동맥(顔面橫動脈)

비 고

하관혈에 대한 자침에는 몇 가지의 방법이 있어 일반적으로는 직자(直刺)로 0.2~0.4촌으로 되어 있다. 또한 외안각(外眼角) 방향을 향해 사자(斜刺)로 0.5촌 자입하는 방법도 있어 이 경우에는 침이 협골궁에 닿는 것을 피하기 위해 약간 아래쪽에서 자입한다. 부은 것 같은 무거운 울림을 느낀다.

출 전

『영추(靈樞)』 본수(本輸)

경혈명의 유래

「하(下)」는 「아래쪽」, 「관(關)」은 「기관(機關)」(움직이는 구조)이라는 의미이다. 이 혈은 상악골과 하악골 관절의 아래쪽에 위치하므로 「하관」이라고 명명되었다.

족양명위경(足陽明胃經)

ST8 두유(頭維)

작 용

풍사(風邪)를 제거하여 열을 없앤다〔소풍청열(疏風淸熱)〕.
눈을 밝게 하고 통증을 멈추게 한다〔지통명목(止痛明目)〕.

>>미용의 효용<<

액부(額部 : 이마)의 주름 · 여드름 · 부스럼, 모발 촉진, 백발 예방

효 능

두통, 편두통, 현기증 · 눈의 통증, 안면신경마비, 안검경련

위 치

액각(額角)의 발제(髮際)에 있고, 신정(神庭)의 바깥쪽 4.5촌 부분

취혈법

처음에 정중선 상에서 전발제(前髮際 : 앞머리가 나기 시작한 곳)의 위 0.5촌에 신정을 잡는다. 계속해서 똑바로 앞을 보았을 때 동공의 바로 위에서 전발제의 위 0.5촌에 두임읍(頭臨泣)을 잡고, 두임읍의 바깥쪽에서 두임읍부터 신정까지의 거리와 같은 곳에 두유(頭維)를 취혈한다.

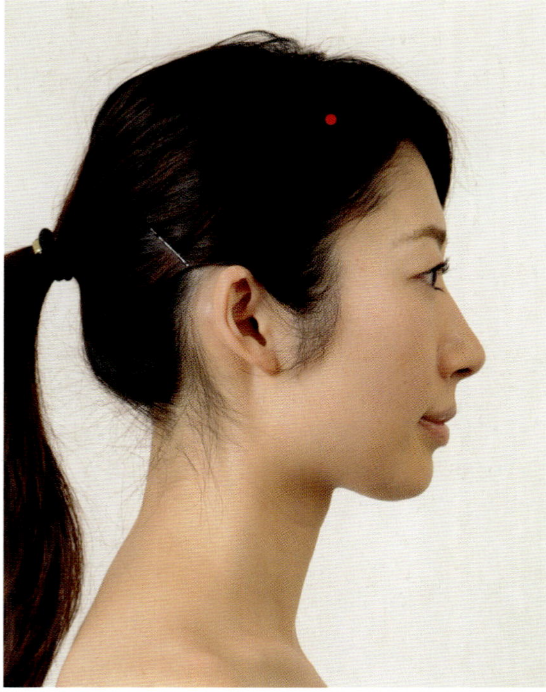

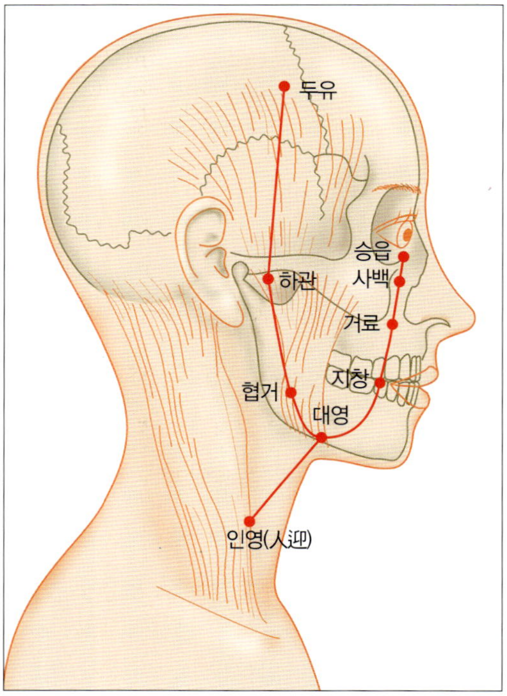

자침법

횡자(橫刺)로 0.5~1촌

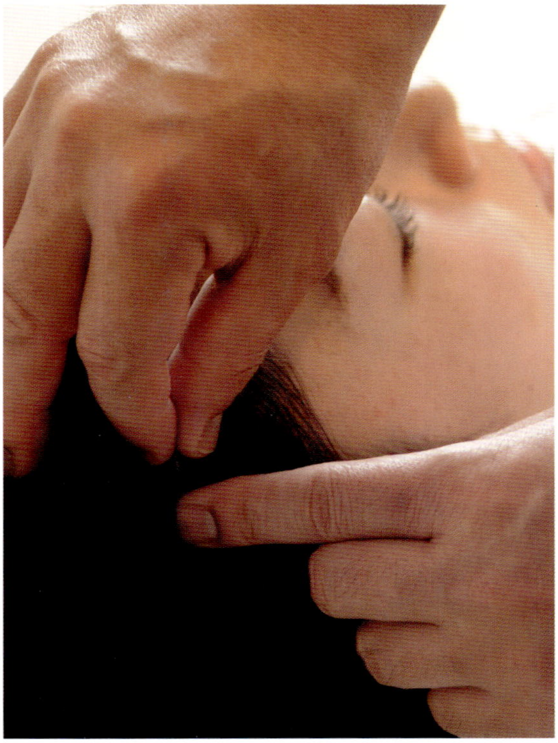

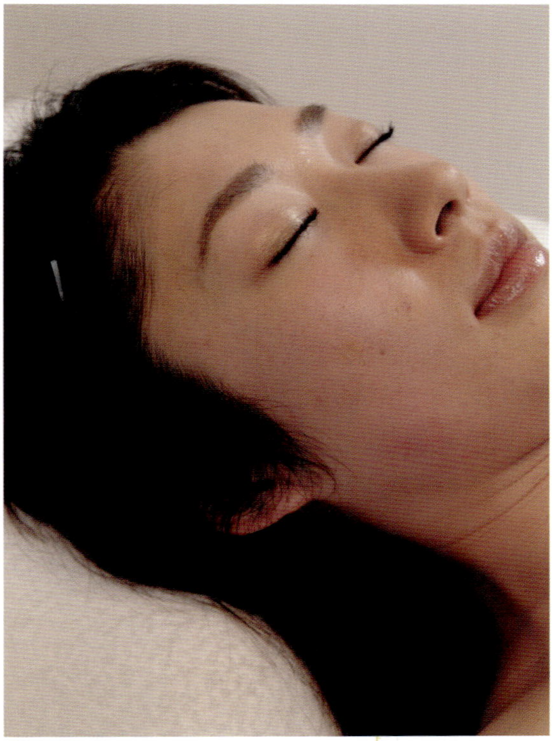

해 부

M : 전두근(前頭筋)

MN : 안면신경

SN : 안신경(眼神經)(안와상신경), 상악신경〔협골신경의 협골측두지(頰骨側頭枝)〕, 하악신경〔이개측두신경(耳介側頭神經)〕

BV : 천측두동맥(淺側頭動脈)

비 고

족소양(足少陽), 양유(陽維)의 교회혈(갑을)

출 전

『갑을(甲乙)』

경혈명의 유래

「유(維)」는 「각(角)」을 의미하고, 이 혈은 액각(額角)의 발제(髮際)에 위치하므로 「두유」라고 명명되었다.

수태양소장경(手太陽小腸經)

SI18 관료(顴髎)

작 용

풍사(風邪)를 제거하여 부종을 없앤다〔산풍소종(散風消腫)〕.

>>미용의 효용<<

협부(頰部 : 뺨)의 부종, 협부에 탄력을 주어 늘어짐과 주름을 개선한다.

효 능

안검경련, 구안와사, 안면신경마비, 치통

위 치

외안각(外眼角) 바로 아래이며, 협골 하연의 함요부

취혈법

외안각으로부터 수직으로 선을 내려 그 선과 협골 하연의 수평선이 서로 만나는 점에 취혈한다. 영향(迎香)과 거의 같은 높이에 있다.

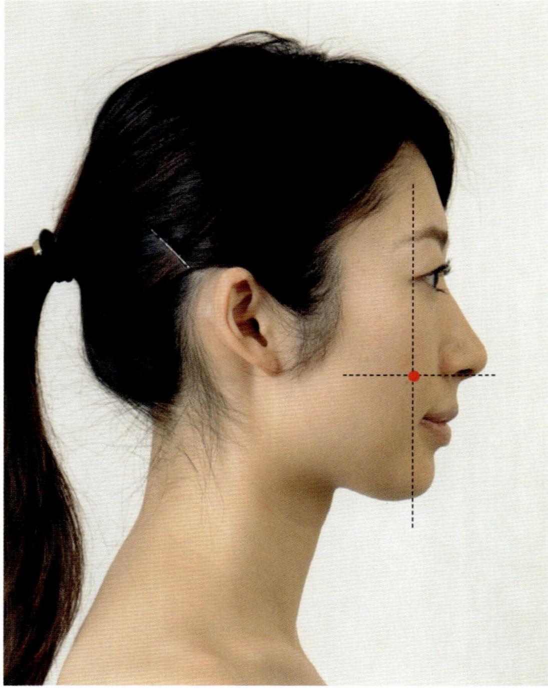

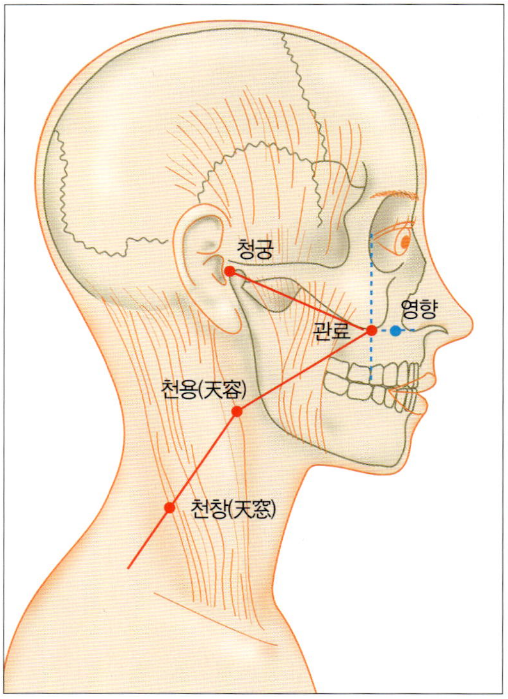

자침법

직자(直刺) 또는 약간 위쪽을 향해 사자(斜刺)로 0.3~0.5촌

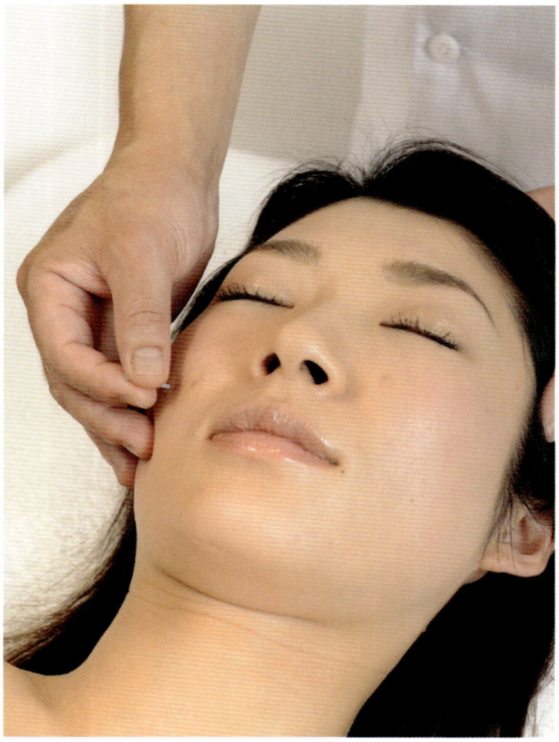

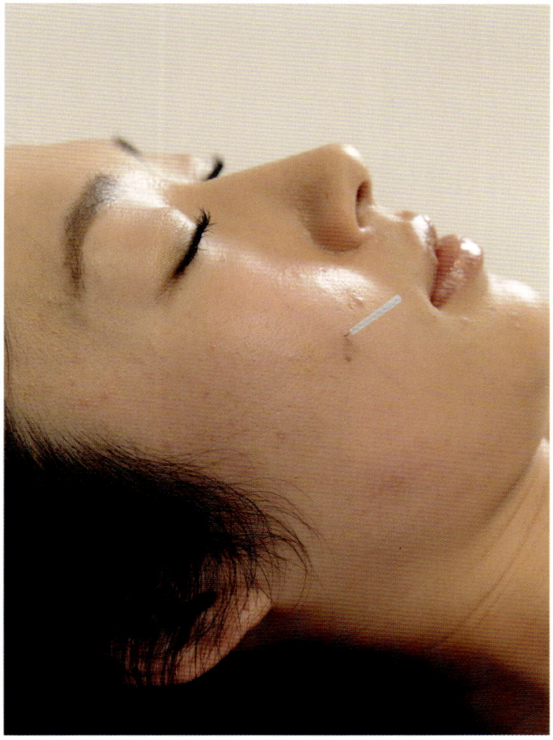

해 부

M : 대협골근(大頰骨筋), 교근(咬筋)〔기시부〕

MN : 안면신경

SN : 상악신경의 분지(안와하신경)

BV : 안면동맥의 가지

비 고

수소양, 태양의 교회혈(갑을)

출 전

『갑을(甲乙)』

경혈명의 유래

「관(觀)」은 「관골(觀骨)」 즉 「협골」을 의미하고, 「료(髎)」는 「뼈의 함요부」라는 의미이다. 이 혈은 협골 뼈끝의 함요부에 위치하므로 「관료」라고 명명되었다.

수태양소장경(手太陽小腸經)

SI19 청궁(聽宮)

>>미용의 효용<<

안면부의 주름, 협부의 늘어짐을 개선한다.

작 용

경락을 잘 통하게 하여 피를 잘 돌게 하고〔통경활혈(通經活血)〕, 귀막힘을 개선하고 귀가 잘 들리게 한다〔개규총이(開竅聰耳)〕.

효 능

이명, 안면경련, 하악관절증, 치통

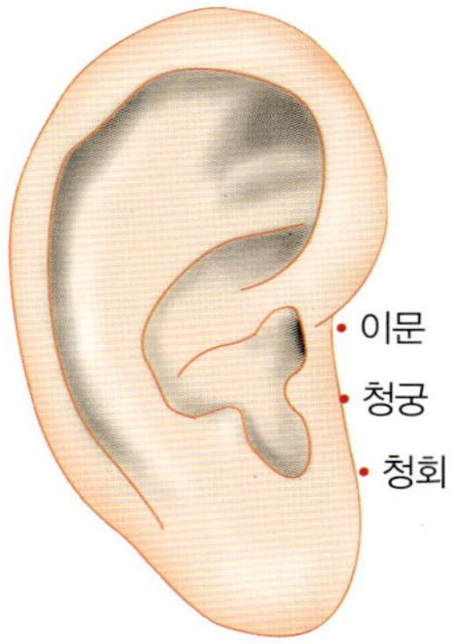

위 치

이주(耳珠) 중앙의 앞쪽, 이주와 악관절 사이에서 입을 버렸을 때 생기는 함요부

취혈법

입을 가볍게 벌리게 하여 이주와 악관절 후연 사이에 나타나는 함요부에 취혈한다.

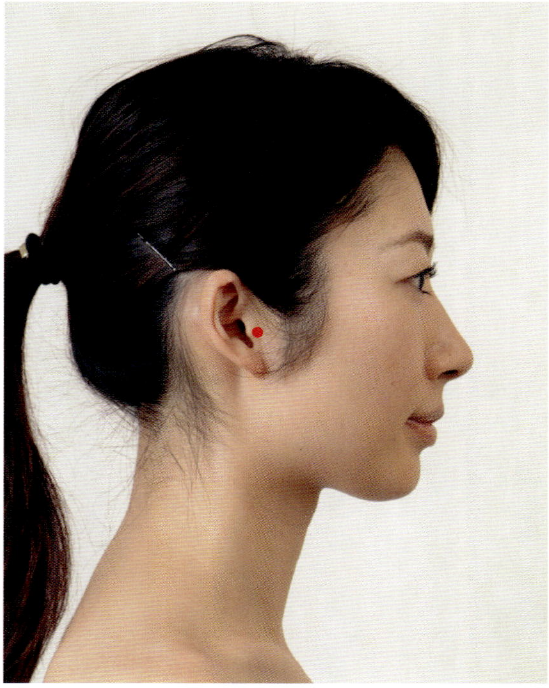

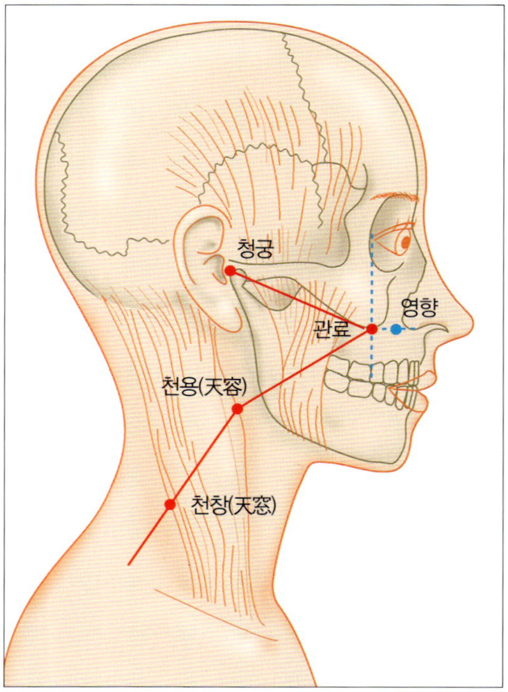

자침법

직자(直刺)로 0.5~1촌, 입을 벌리게 한 상태에서 자침한다.

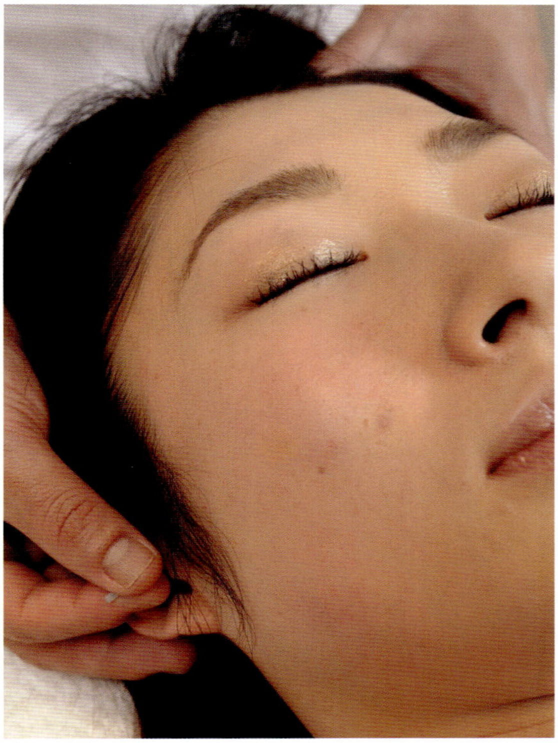

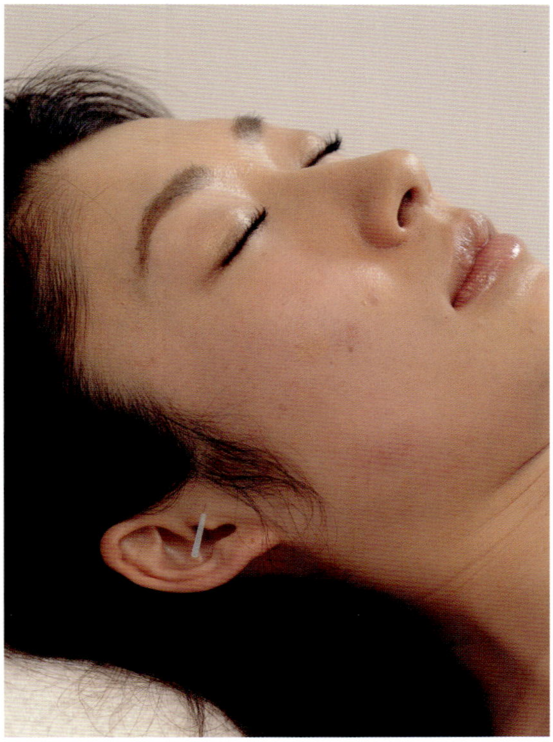

해 부

M : —

MN : —

SN : 하악신경(이개측두신경)

BV : 천측두동맥

비 고

수족소양(手足少陽), 수태양(手太陽)의 교회혈(갑을)

출 전

『영추(靈樞)』 자절진사(刺節眞邪)

경혈명의 유래

「청(聽)」은 「청각」, 「궁(宮)」은 「중요한 장소」라는 의미이다. 이 혈은 자침하면 청각이 개선하는 중요한 경혈이므로 「청궁」이라고 명명되었다.

족태양방광경(足太陽膀胱經)

BL1 정명(睛明)

작 용

풍사(風邪)를 제거하여 눈을 밝게 한다〔명목(明目), 거풍(去風)〕.

>>미용의 효용<<

눈꺼풀의 부종, 눈 주위의 주름, 눈 주위의 다크서클, 눈 아래의 늘어짐

효 능

시력 저하, 건조성 각막염(dry eye), 안검경련, 눈의 충혈 · 종창 · 통증 · 소양감 등 안과질환에 폭넓게 응용된다.

위 치

내안각(內眼角)의 안쪽 0.1촌

취혈법

내안각의 안쪽 0.1촌, 비근(鼻根)과의 사이에 취혈한다.

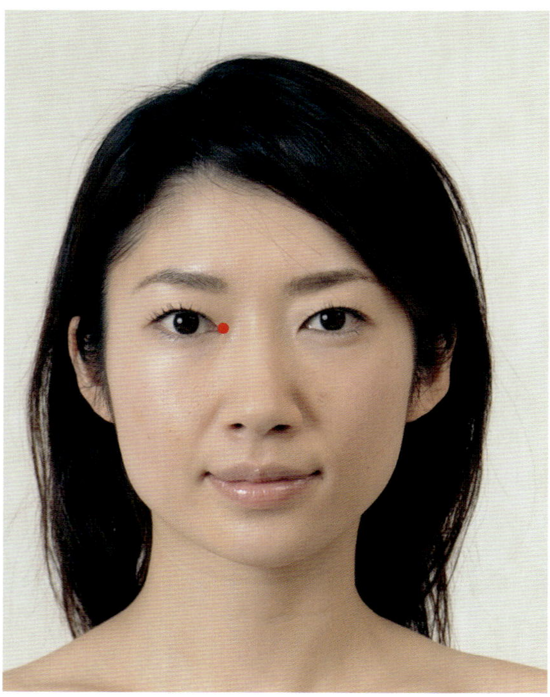

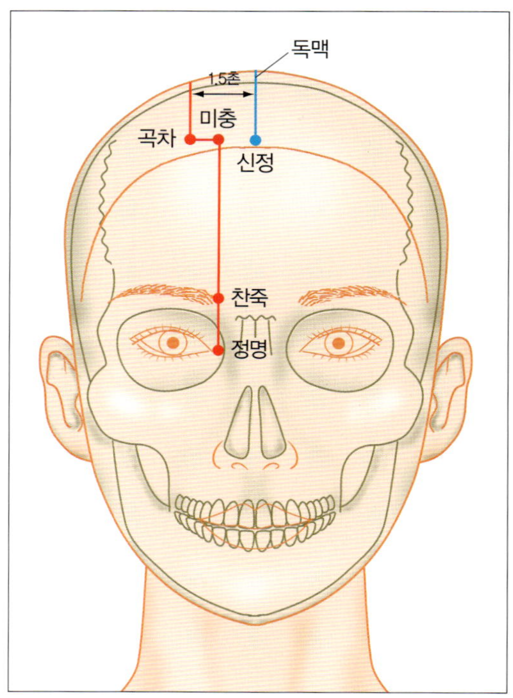

자침법

안와 내연을 따라 0.3~0.5촌, 천천히 자침한다.

1
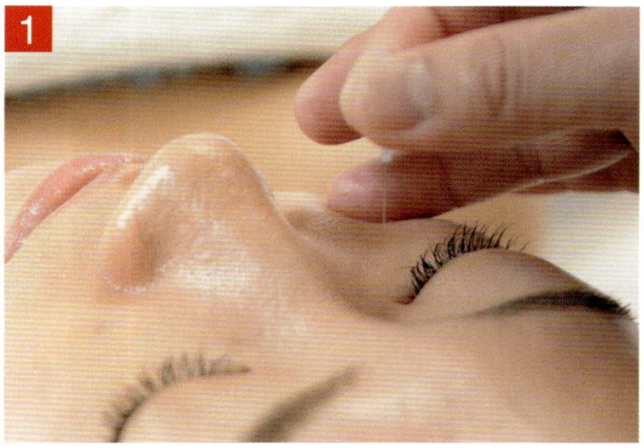

2
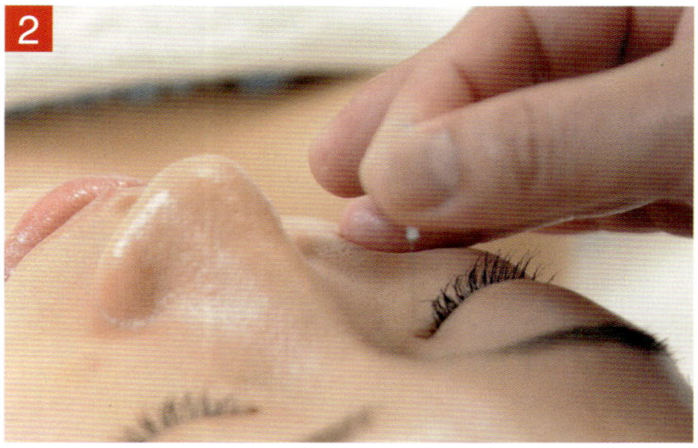

3
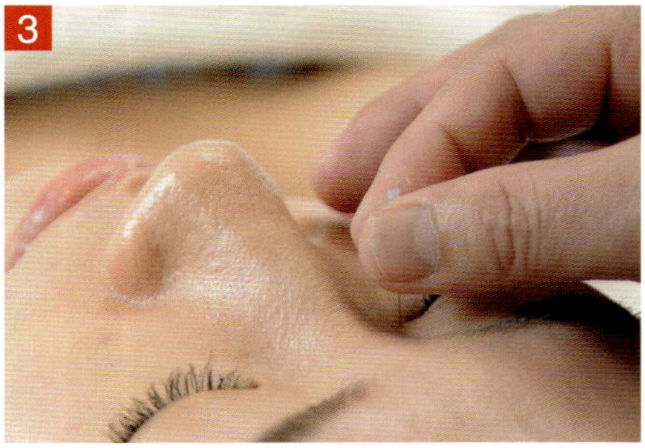

4
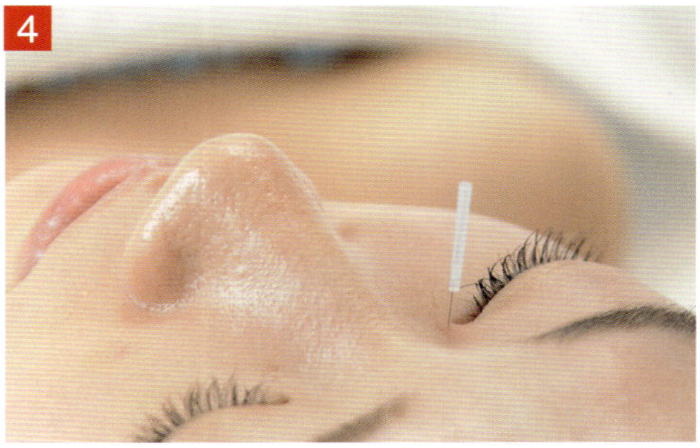

해 부

M : 내측안검인대(內側眼瞼靭帶)

MN : —

SN : 안신경〔활차상신경(滑車上神經), 활차하신경(滑車下神經)〕

BV : 안각동맥(眼角動脈)

비 고

수족태양(手足太陽)과 족양명(足陽明)의 교회혈

출 전

『갑을(甲乙)』

경혈명의 유래

「정(睛)」은 「눈」이라는 의미이며, 「정명」이란 문자 그대로 「눈이 밝다」라는 의미이다. 여기에 자침하면 시력이 좋아져 다양한 눈질환을 치료하므로 이 혈은 「정명」이라고 명명되었다.

족태양방광경(足太陽膀胱經)

BL2 찬죽(攢竹)

작 용

풍사(風邪)를 제거하여 눈을 밝게 한다〔거풍명목(去風明目)〕.

>>미용의 효용<<

눈꺼풀의 부종, 눈 주위의 주름, 눈 주위의 다크서클, 안검하수

효 능

시력 저하, 건조성 각막염(dry eye), 안검경련, 눈의 충혈 · 종창 · 통증 · 소양감, 현기증, 두통, 전액부 통증, 안면마비

위 치

눈썹 내연의 함요된 부분

취혈법

눈썹 내단에서 바깥쪽 약 0.1촌 눈썹을 검지나 중지의 지복(指腹)으로 약간 눌러 촉진하면 안와상절흔(眼窩上切痕)의 함요부를 느낄 수 있으므로 정확하게 그 부위에 취혈한다.

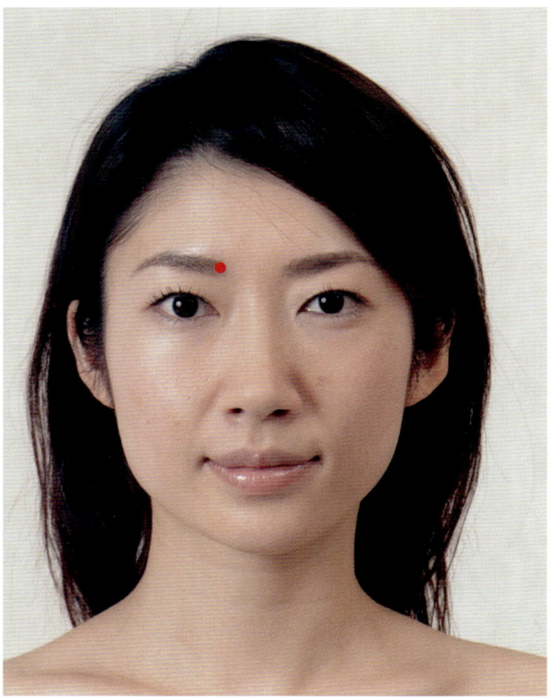

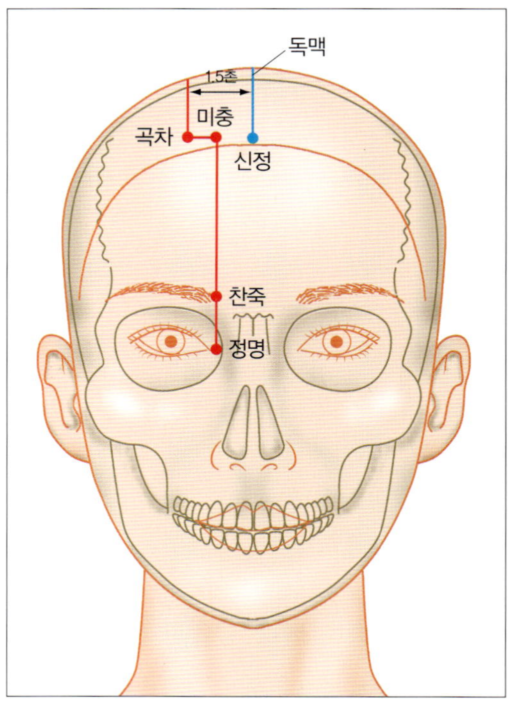

자침법

아래쪽 또는 바깥쪽을 향해 횡자(橫刺)로 0.3~0.5촌, 위쪽을 향해 사자(斜刺)로 0.1~0.2촌

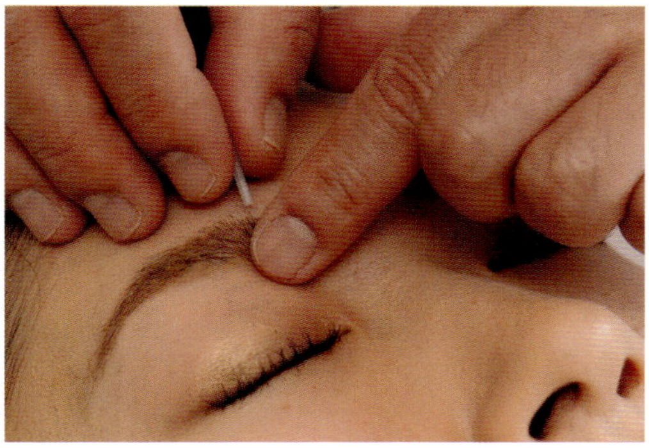

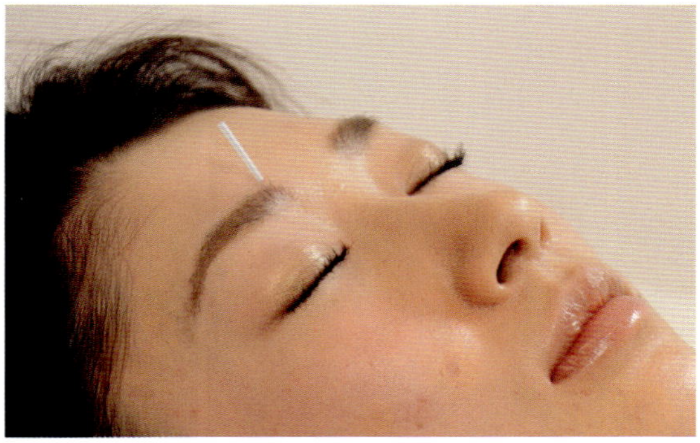

●다른 방법

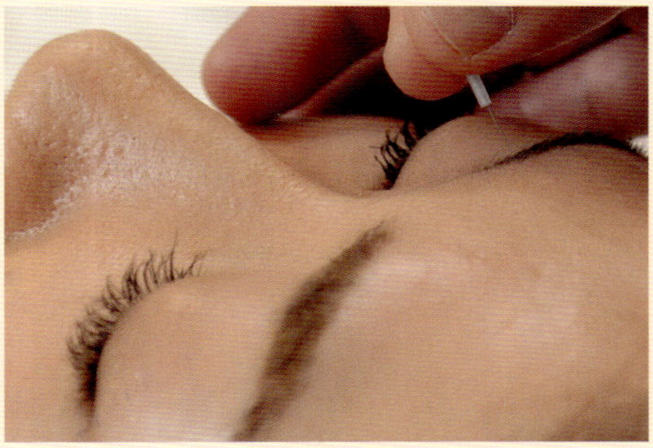

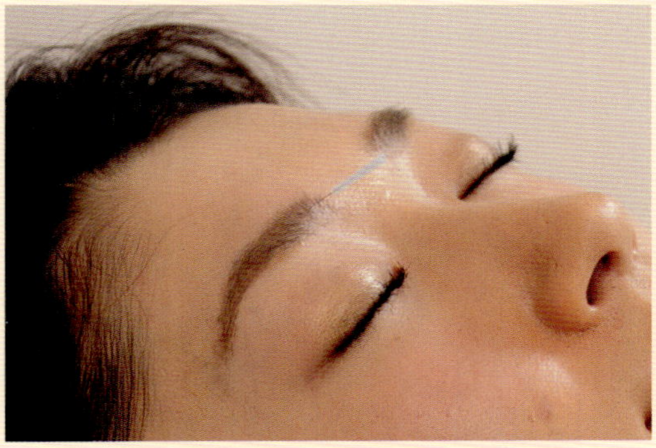

해 부

M : 안륜근, 전두근(前頭筋), 추미근(皺眉筋)

MN : 안면신경

SN : 안신경(활차상신경)

BV : 활차상동맥(滑車上動脈)

비 고

안과질환 및 눈 증상의 치료에는 아래쪽을 향해 횡자(橫刺)로 0.3~0.5촌 자입한다. 두통, 전액부 통증, 안면신경마비의 치료에는 바깥쪽을 향해 어요(魚腰)까지 투자(透刺)한다.

바깥쪽을 향해 횡자(橫刺)로 자침하는 경우에는 「제날자입법(提捏刺入法)」이 적합하다.

출 전

『갑을(甲乙)』

경혈명의 유래

「찬(攢)」은 「집합하다」라는 의미이며, 「죽(竹)」은 「눈썹」 모양을 「죽엽(竹葉 : 대나무 잎)」에 비유하여 형용된 것이다. 이 혈은 미두(眉頭 : 눈썹머리)에 위치하므로 「찬죽」이라고 명명되었다.

족태양방광경(足太陽膀胱經)

BL3 미충(眉衝) ※경외기혈(經外奇穴)로 보기도 한다

작 용

풍사(風邪)를 제거하고〔거풍(去風)〕, 안비(眼鼻)의 막힘을 개선하고〔통규(通竅)〕, 머리를 상쾌하게 한다〔청신(清神)〕.

>>미용의 효용<<

전액부(前額部 : 이마)의 늘어짐 · 주름

효 능

두통, 현기증, 시력 저하, 눈의 충혈, 종창, 통증, 비폐색

위 치

찬죽(攢竹)의 바로 위이며, 전발제(前髮際)의 위 0.5촌 부분

취혈법

처음에 정중선 상에서 전발제의 위 0.5촌에 신정(神庭)을 잡고, 찬죽 바로 위에서 전발제의 위 0.5촌, 신정과 같은 높이에 있는 부분에 미충(眉衝)을 취혈한다.

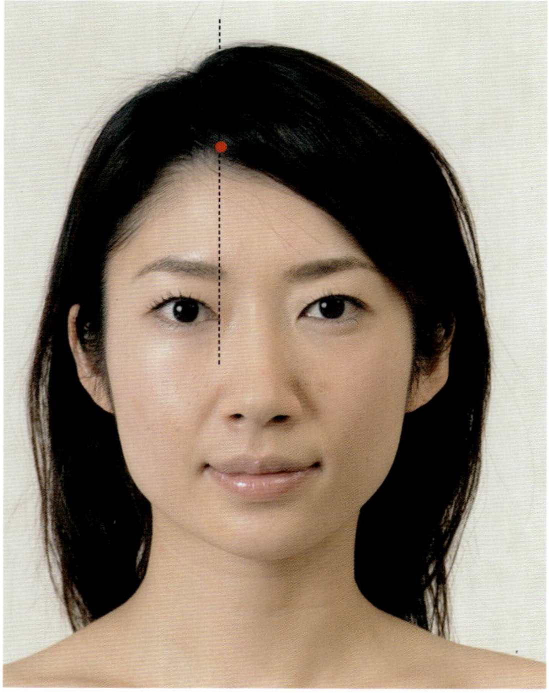

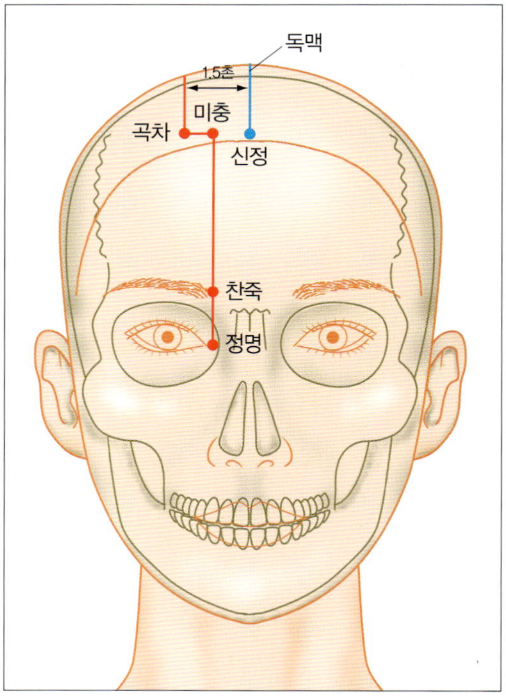

자침법

횡자(橫刺)로 0.3~0.5촌

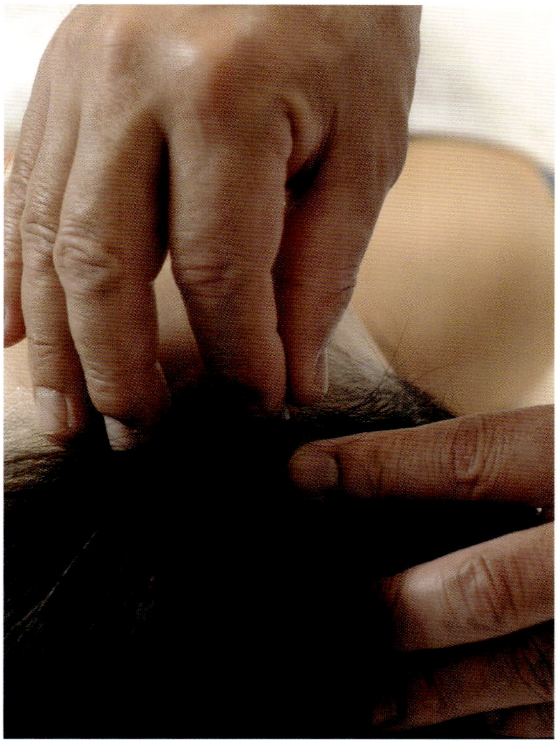

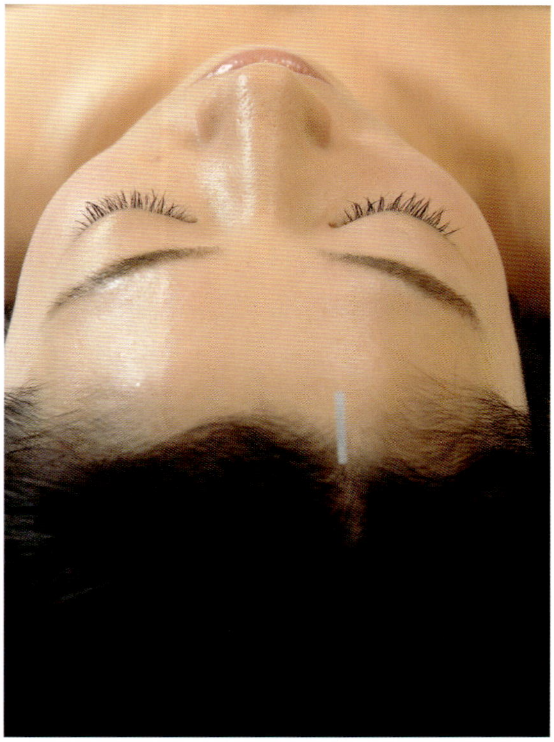

해 부

M : 전두근(前頭筋)

MN : 안면신경

SN : 안와상신경

BV : 안와상동맥, 활차상동맥

비 고

—

출 전

『맥경(脈經)』

경혈명의 유래

「충(衝)」은 「충동(衝動)」을 의미하고, 이 혈은 눈썹 상부에 위치하여 족태양경(足太陽經) 경기(經氣)의 충동이 도달하는 부위에 있으므로 「미충」이라고 명명되었다.

족태양방광경(足太陽膀胱經)

BL4 곡차(曲差)

>>미용의 효용<<

전액부(前額部 : 이마)의 늘어짐 · 주름

작 용

풍사(風邪)를 제거하고 안비(眼鼻)의 막힘을 개선한다〔거풍(去風), 통규(通竅)〕.

효 능

시력 저하, 현기증, 눈의 통증, 비폐색, 두통

위 치

정중선 상에서 전발제(前髮際)의 위 0.5촌 부분에서 좌우로 1.5촌 부분〔신정(神庭)과 두유(頭維)를 연결하는 선의 안쪽 1/3 부분〕

취혈법

처음에 정중선 상에서 전발제의 위 0.5촌 부분에 신정을 잡는다. 다음으로 똑바로 앞을 보았을 때 동공의 바로 위에서 전발제의 위 0.5촌에 두임읍(頭臨泣)을 잡는다. 계속해서 두임읍의 바깥쪽에서 두입읍부터 신정까지의 거리와 같은 곳에 두유를 잡고, 신정과 두유를 연결한 선을 3등분 하여 안쪽 1/3 부분에 곡차(曲差)를 취혈한다.

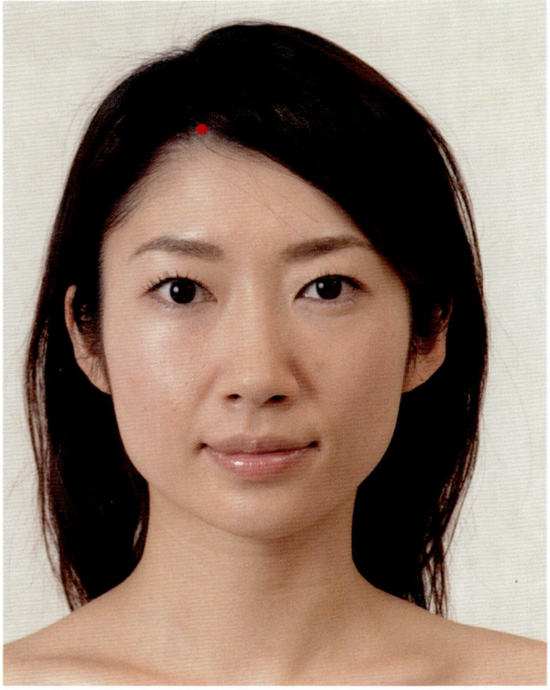

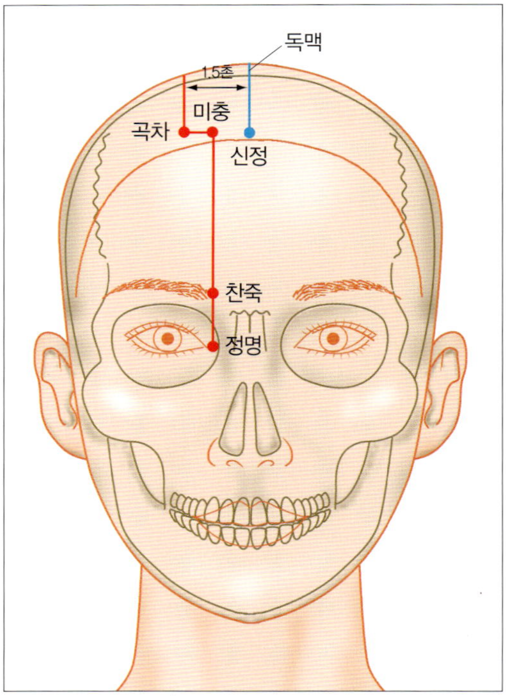

자침법

횡자(橫刺)로 0.3~0.5촌

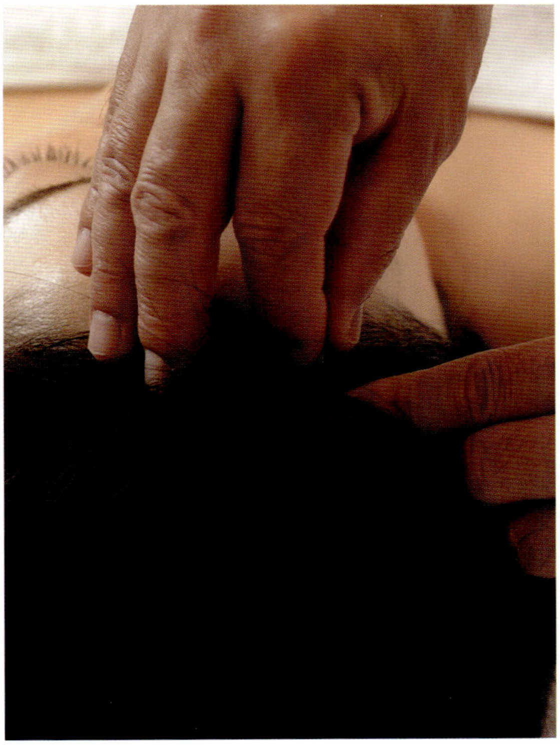

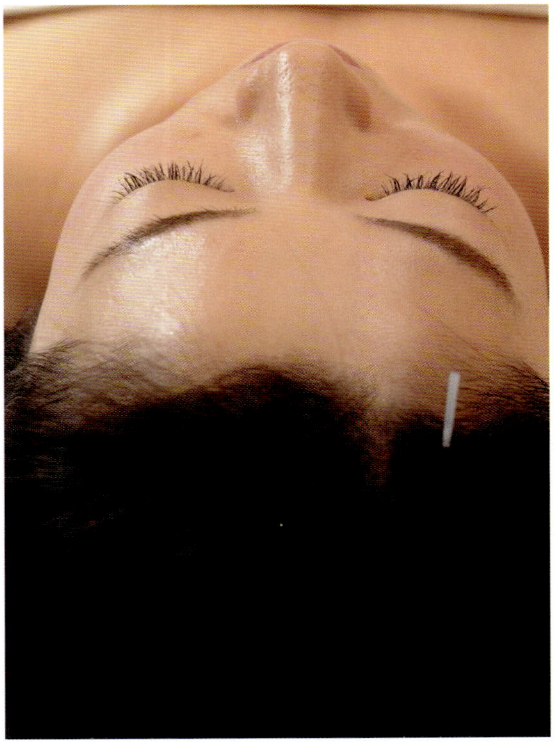

해 부

M : 전두근

MN : 안면신경

SN : 안와상신경

BV : 안와상동맥, 활차상동맥

비 고

—

출 전

『갑을(甲乙)』

경혈명의 유래

「곡(曲)」은 「구부러지다」, 「차(差)」는 「차이」라는 의미이다. 이 혈은 상행하는 족태양경(足太陽經)의 경락이 미충에서 바깥쪽으로 구부러진 부위에 위치하고, 족태양경의 순행 경로에 세로 방향으로 위치의 차이가 생기므로 「곡차」라고 명명되었다.

수소양삼초경(手少陽三焦經)

TE17 예풍(翳風)

작 용

풍열(風熱)의 사기(邪氣)를 다스리고〔소산풍열(疏散風熱)〕, 귀막힘과 청력을 개선한다〔총이규(聰耳竅)〕.

>>미용의 효용<<

구안와사, 협부의 부종 · 늘어짐

효 능

이명, 청각 이상, 시력 저하, 인후통, 불면증, 악관절증, 안면경련, 안면신경마비, 경항부(頸項部)의 경직

위 치

이수(耳垂:귓불)의 뒤쪽이며, 유양돌기(乳樣突起)와 하악지 사이의 함요부

취혈법

이수를 앞쪽으로 접어 유양돌기 앞쪽의 함요부에 취혈한다.

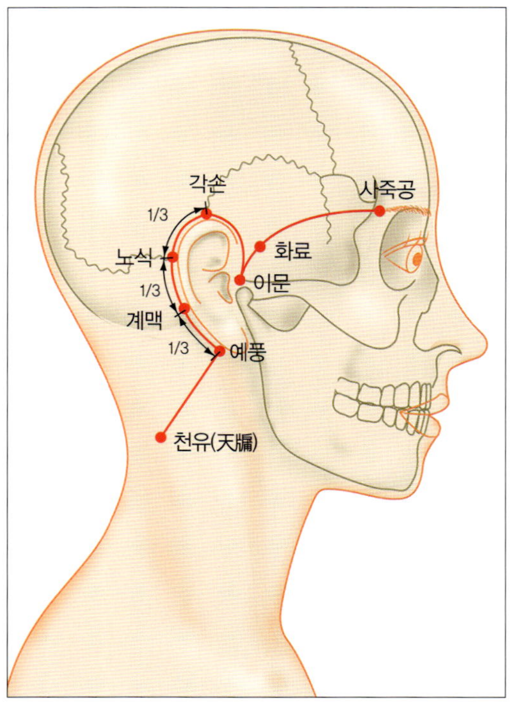

자침법

직자(直刺)로 0.5~1.2촌

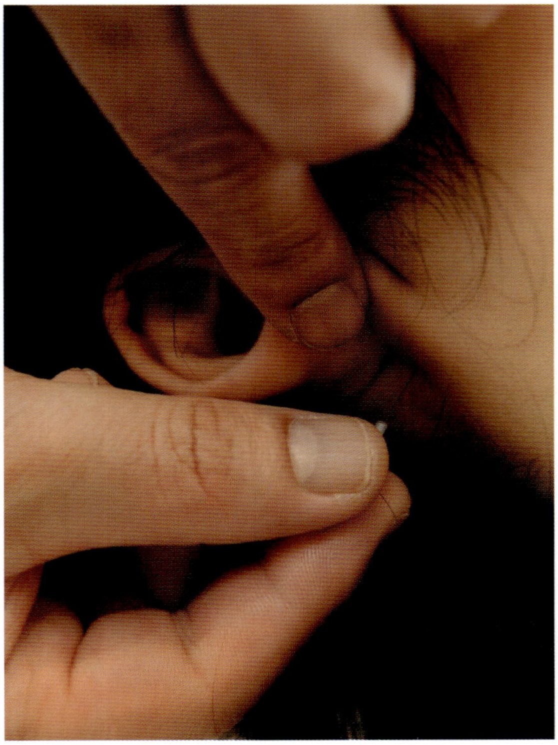

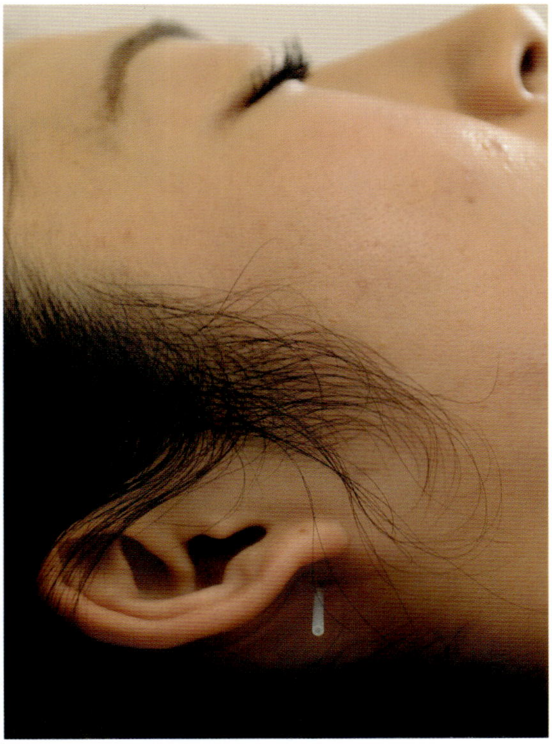

해 부

M : 악이복근후복(顎二腹筋後腹)

MN : 안면신경

SN : 대이개신경(大耳介神經)

BV : 후이개동맥(後耳介動脈)

비 고

수족소양(手足少陽)의 교회혈

이명, 청각 이상 : 위쪽을 향해 자침

인후통 : 인후부를 향해 자침

불면증 : 뒤쪽을 향해 자침

안면신경마비 : 앞쪽을 향해 자침

출 전

『갑을(甲乙)』

경혈명의 유래

「예(翳)」는 「깃털 부채」를 말하며, 「이개(耳介)」 모양을 「부채」에 비유하여 형용된 것이며, 「풍(風)」은 「음성(音聲)」을 형용한 것이다. 귀의 뒤쪽 아래에 위치하고 여기에 자침하면 주로 이명을 치료하므로 이 혈은 「예풍」이라고 명명되었다.

수소양삼초경(手少陽三焦經)

TE18 계맥(瘈脈)

작 용

열을 없애고, 경련을 진정시키며, 귀막힘을 개선한다〔청열(淸熱), 해경(解痙), 통규(通竅)〕.

효 능

편두통, 이명, 난청, 시력 저하, 소아경련

위 치

예풍(翳風)과 각손(角孫)을 귀를 따라 연결한 선의 아래에서 1/3 부분

취혈법

처음에 이개(耳介)의 바로 위에서 발제(髮際) 부분에 각손을 잡고, 예풍과 각손을 귀를 따라 연결한 선을 3등분 하여 아래에서 1/3 부분에 계맥(瘈脈)을 취혈한다. 귀 뒤쪽 발제에서 외이공(外耳孔)과 거의 같은 높이에 해당한다.

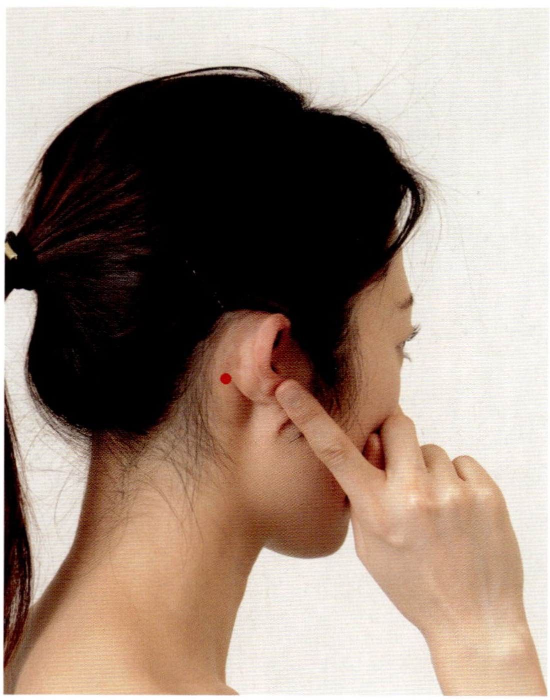

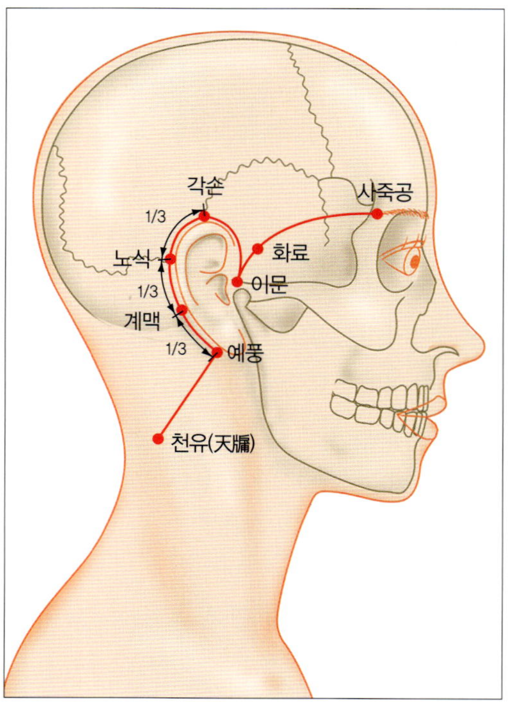

자침법

횡자(横刺)로 0.3~0.5촌

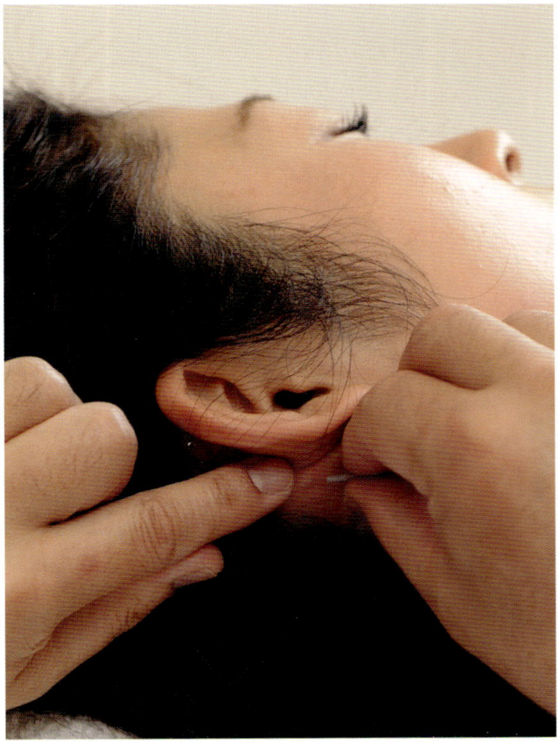

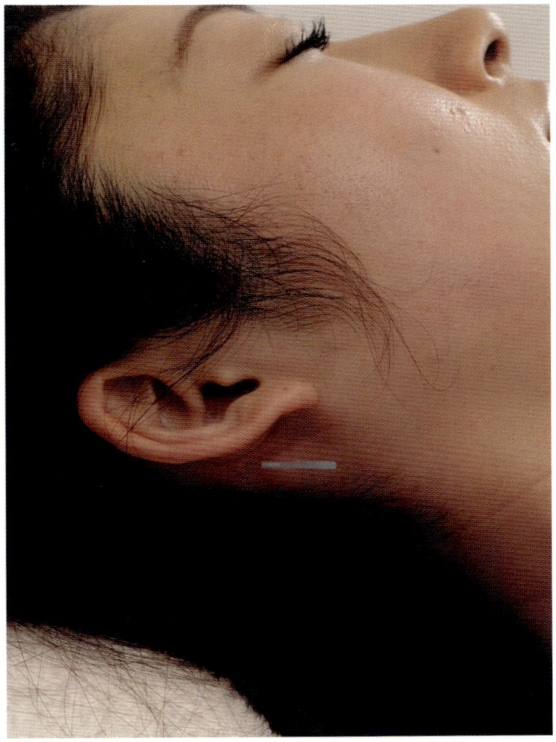

해 부

M : 후이개근(後耳介筋)

MN : 안면신경

SN : 대이개신경

BV : 후이개동맥

비 고

—

출 전

『갑을(甲乙)』

경혈명의 유래

「계(瘈)」는 「경풍」, 「경련」을 의미하고 있고, 「맥(脈)」은 「경맥(經脈)」이라는 의미이다. 이 혈은 후이개동맥 위에 위치하고 주로 소아의 경풍이나 경련을 치료하므로 「계맥」이라고 명명되었다.

수소양삼초경(手少陽三焦經)

TE19 노식(顱息)

작 용

풍사(風邪)를 제거하고, 귀막힘을 개선한다〔산풍(散風), 통규(通竅)〕.

>>미용의 효용<<

안면부종, 안면 가려움증, 구안와사, 여드름 · 부스럼, 피부를 윤택하게 하는 작용이 있어 안면부의 피부 건조, 주름의 개선에 이용된다.

효 능

편두통, 이명, 소아경련

위 치

예풍(翳風)과 각손(角孫)을 귀를 따라 연결한 선 위에서 1/3 부분

취혈법

처음에 이개의 바로 위에서 발제 부분에 각손을 잡고, 다음에 귀 뒤쪽 발제에서 외이공과 거의 같은 높이에 계맥을 잡는다. 귀 뒤쪽 발제의 이륜(耳輪:귓바퀴)을 따른 호선(弧線) 위에서 계맥과 각손의 가운데 점에 노식(顱息)을 취혈한다.

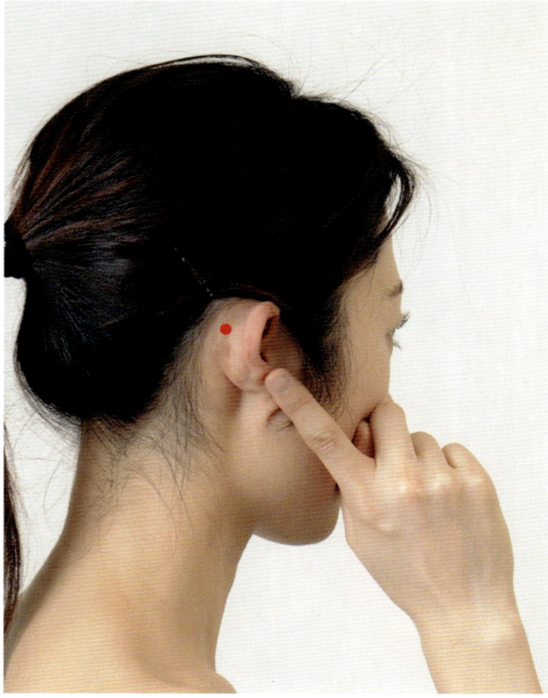

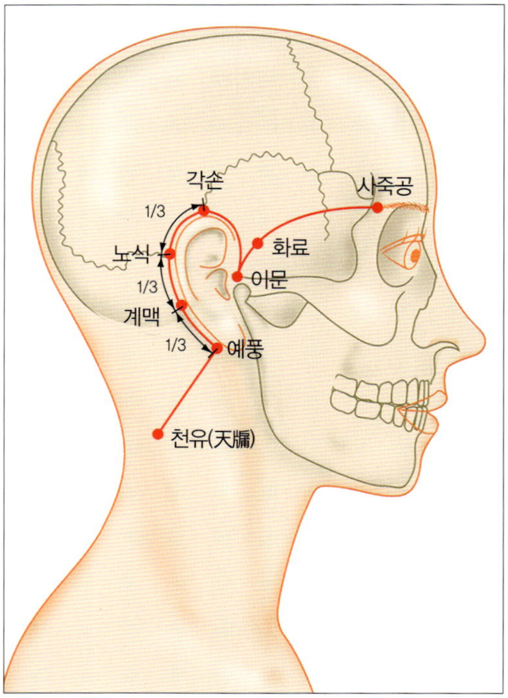

자침법

횡자(橫刺)로 0.3~0.5촌

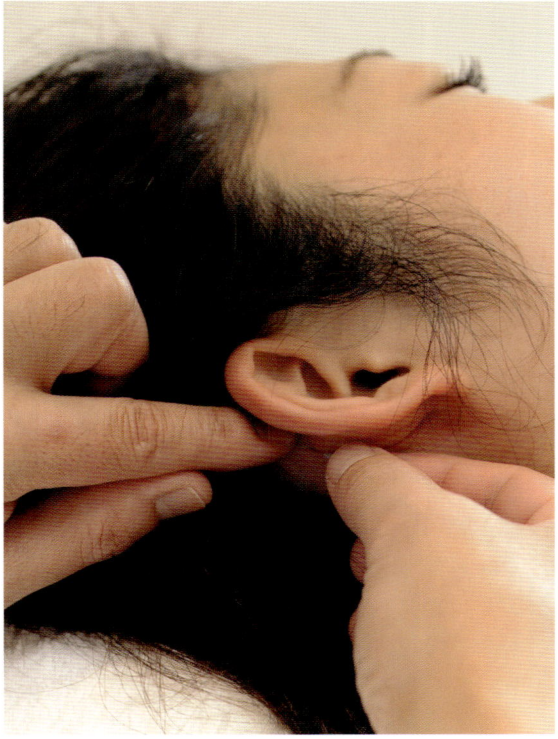

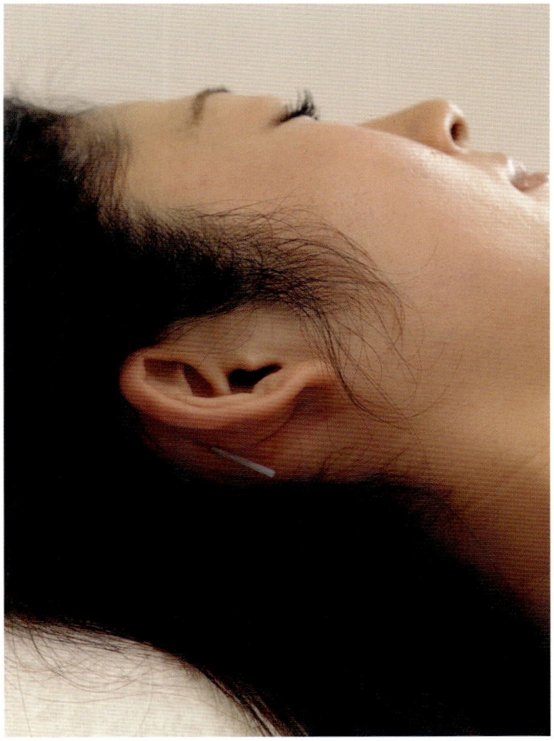

해 부

M : —

MN : —

SN : 대이개신경

BV : 후이개동맥

비 고

—

출 전

『갑을(甲乙)』

경혈명의 유래

「노(顱)」는 「두부(頭部)」, 「식(息)」은 「한숨 돌린다」 즉 「휴지(休止)」, 「휴식」이라는 의미이다. 이 혈은 두부에 위치하고 주로 두통, 소아경련 등을 치료하므로 「노식」이라고 명명되었다.

수소양삼초경(手少陽三焦經)

TE20 각손(角孫)

작 용

열을 없애 풍사(風邪)를 제거하고〔청열산풍(淸熱散風)〕, 머리를 상쾌하게 하고 눈을 밝게 한다〔청두명목(淸頭明目)〕.

>>미용의 효용<<

탈모의 예방과 개선

효 능

편두통, 귀 부분의 종창 · 통증, 이명, 눈의 충혈 · 종창 · 통증, 치통, 경항부의 경직

위 치

이개 첨단의 바로 위 발제 부분

다른 설명 : 이개를 앞으로 접었을 때 이개 첨단이 닿는 곳 바로 위 발제 부분

취혈법

이개의 바로 위 발제 부분에 취혈한다.

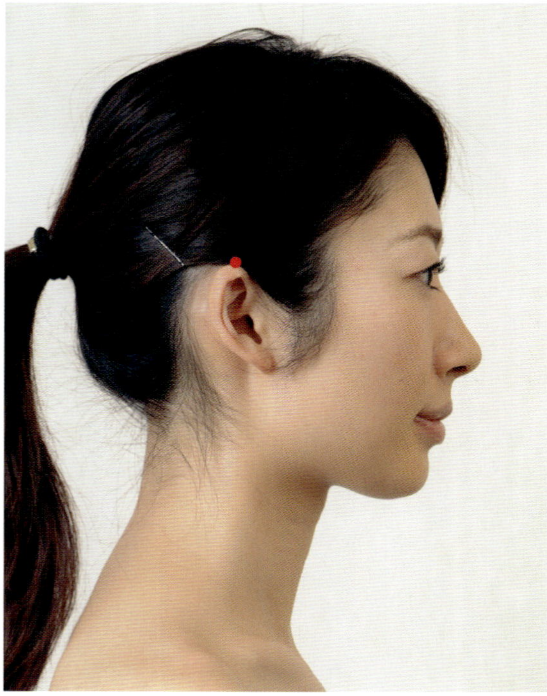

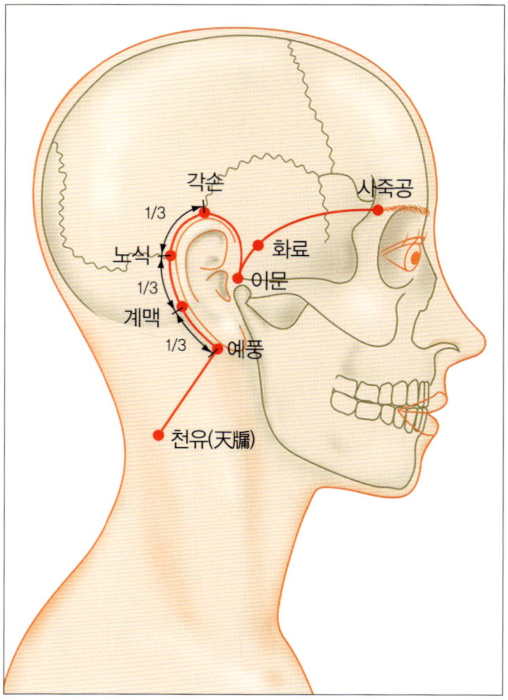

자침법

횡자(橫刺)로 0.3~0.5촌

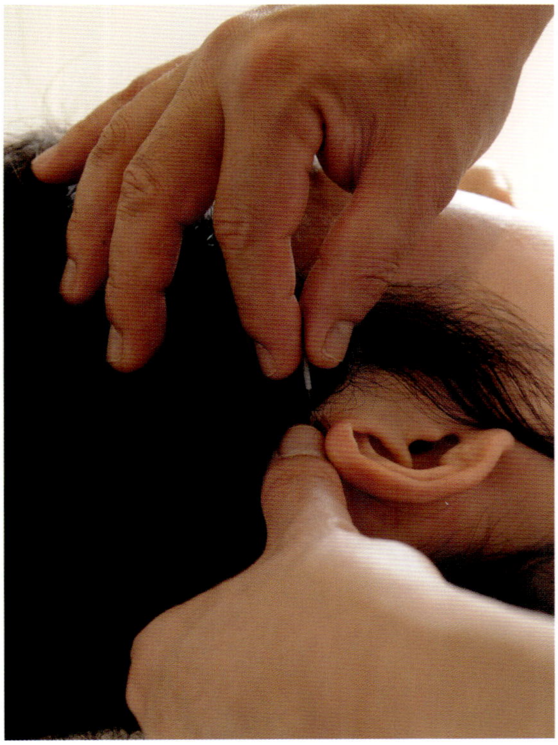

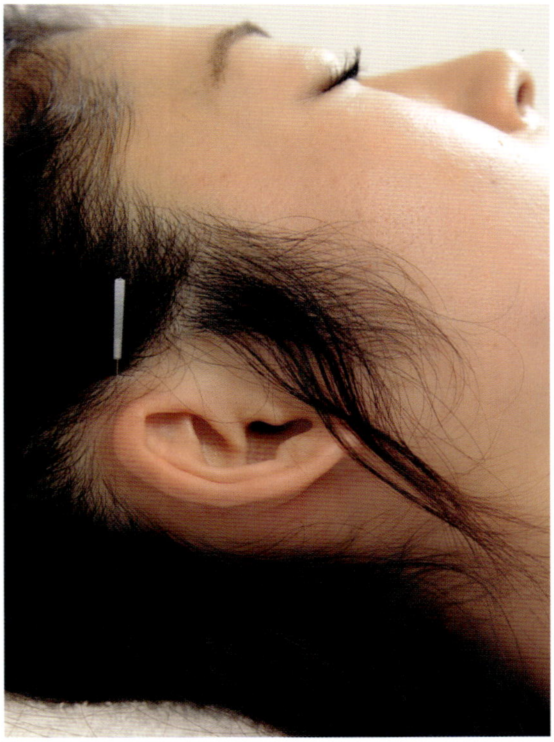

해 부

M : 상이개근(上耳介筋)

MN : 안면신경

SN : 이개측두신경

BV : 천측두동맥

비 고

수족소양(手足少陽), 수양명(手陽明)의 교회혈(갑을)

수태양(手太陽), 수족소양삼맥(手足少陽三脈)의 교회혈〔『소문(素問)』 기부론(氣府論)〕

출 전

『영추(靈樞)』 한열병(寒熱病)

경혈명의 유래

「각(角)」은 귀의 상각(上角)〔이첨(耳尖)〕을 의미하고, 「손(孫)」은 「손맥(孫脈)」 즉 경맥의 분지를 의미한다. 이 혈은 이첨을 측두부(側頭部)에 밀착시킨 부위에 위치하고 동시에 그 부위에서 수소양경(手少陽經) 경맥의 분지가 나뉘어져 나오고 있으므로 이 혈은 「각손」이라고 명명되었다.

수소양삼초경(手少陽三焦經)

TE21 이문(耳門)

작 용

귀막힘을 개선하여 귀가 잘 들리게 한다〔개규익총(開竅益聰)〕.

>>미용의 효용<<

구악와사(口顎歪斜 : 입 · 턱 부분의 비틀어짐)를 개선한다.

효 능

이명, 난청, 악관절증, 경부 · 악부(顎部 : 턱)의 경직과 통증, 안면신경마비, 치통

위 치

이주(耳珠) 앞쪽 위쪽이며, 하악골 후연의 함요부, 청궁(聽宮)의 바로 위 0.5촌

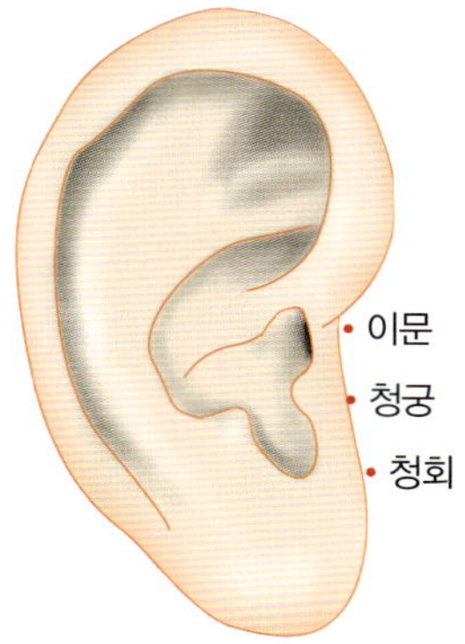

취혈법

처음에 입을 가볍게 벌리게 하여 이주와 악관절 후연 사이에 나타나는 함요부에 청궁을 잡고, 그 바로 위 약 0.5촌의 주상결절(珠狀結節) 앞의 함요부에 이문(耳門)을 잡는다. 동맥(천측두동맥)이 박동하고 있어 만질 수 있으므로 입을 벌리게 한 상태에서 정확하게 그 부위에 취혈한다.

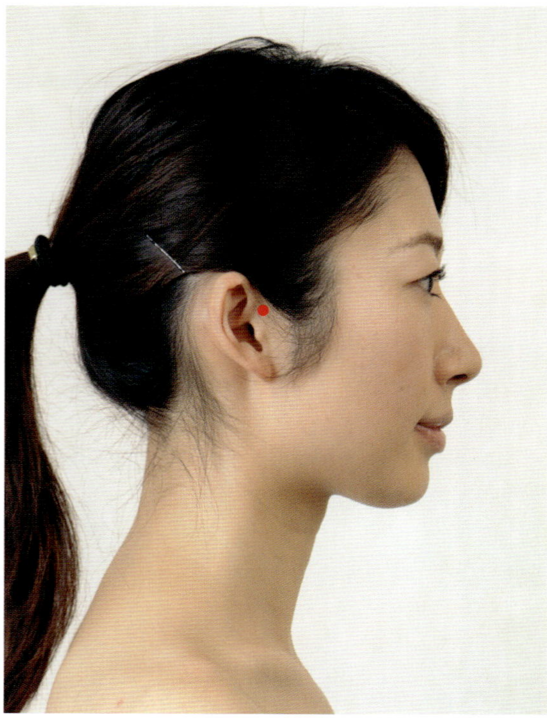

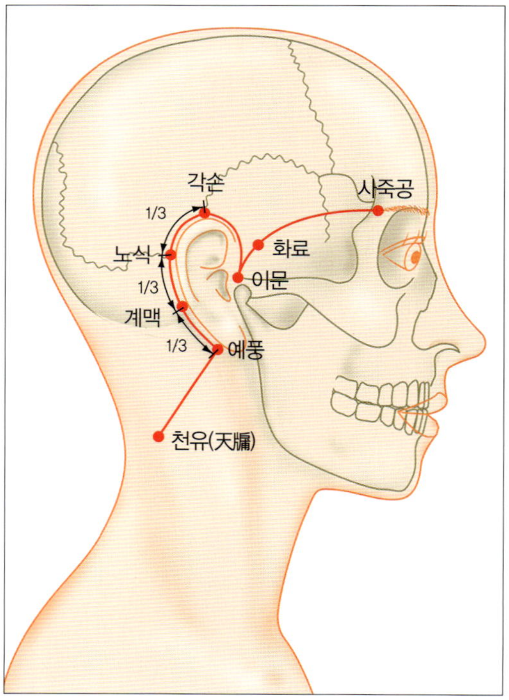

자침법

직자(直刺)로 0.5~1촌, 아래쪽을 향해 사자(斜刺)로 1~1.5촌

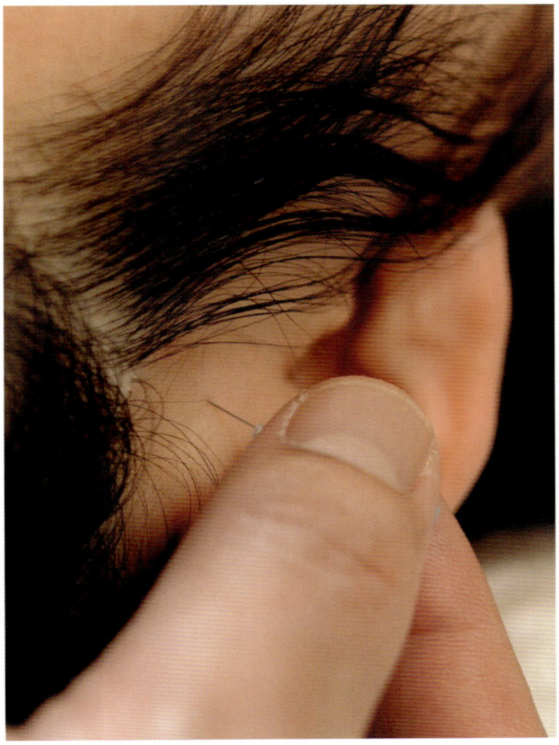

해 부

M : —

MN : —

SN : 이개측두신경

BV : 천측두동맥

비 고

—

출 전

『갑을(甲乙)』

경혈명의 유래

이 혈은 귀 앞에 위치하기 때문에 「귀의 문호(門戶)」라고 형용되어 「이문」이라고 명명되었다.

수소양삼초경(手少陽三焦經)

TE22 화료(和髎)

작 용

풍사(風邪)를 제거하고〔거풍(祛風)〕, 경락을 잘 통하게 한다〔통락(通絡)〕.

>>미용의 효용<<

구안와사, 협부(頰部) · 악부(顎部)의 부종 · 늘어짐

효 능

편두통, 두중감, 악관절증

위 치

이개근(耳介根 : 귓바퀴근)의 앞, 천측두동맥의 후연, 또는 협골궁 후단의 위쪽이며, 동맥 박동부

취혈법

이개근의 앞, 천측두동맥 박동부에 취혈한다. 외안각과 거의 같은 높이에 해당한다.

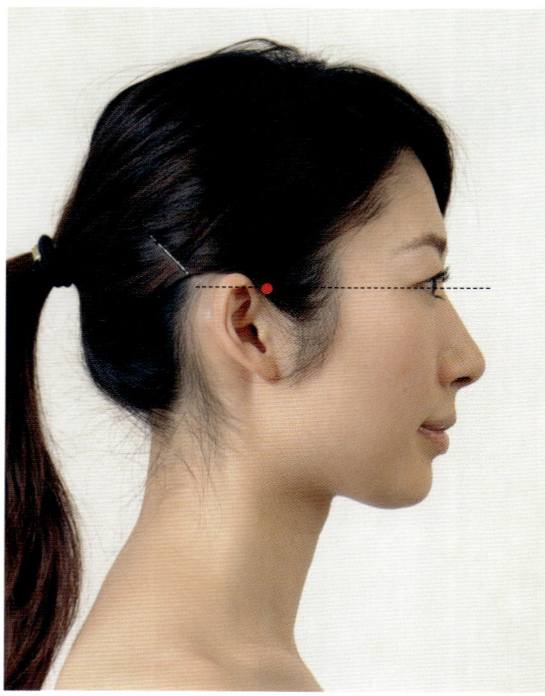

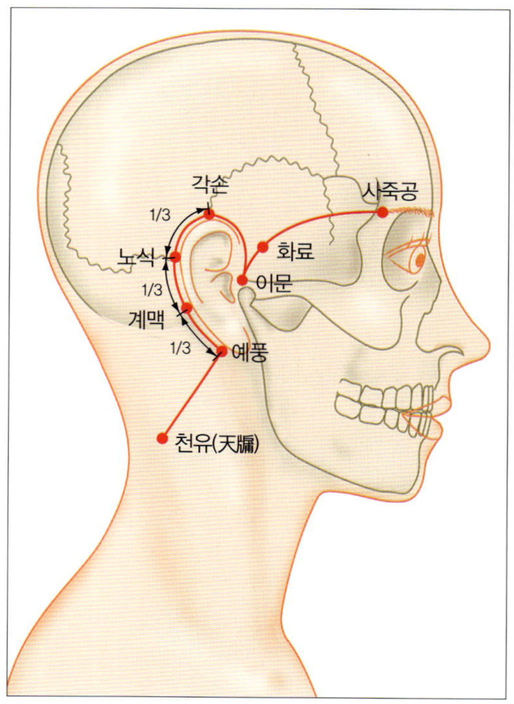

자침법

사자(斜刺) 또는 횡자(橫刺)로 0.3~0.5촌

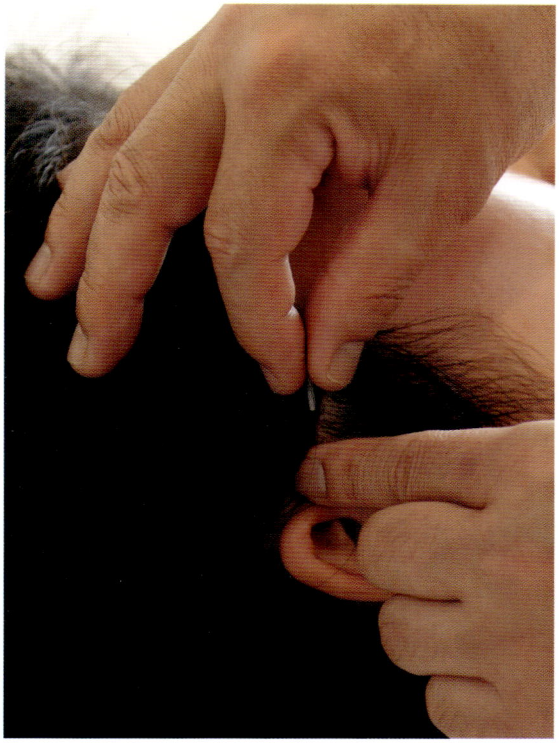

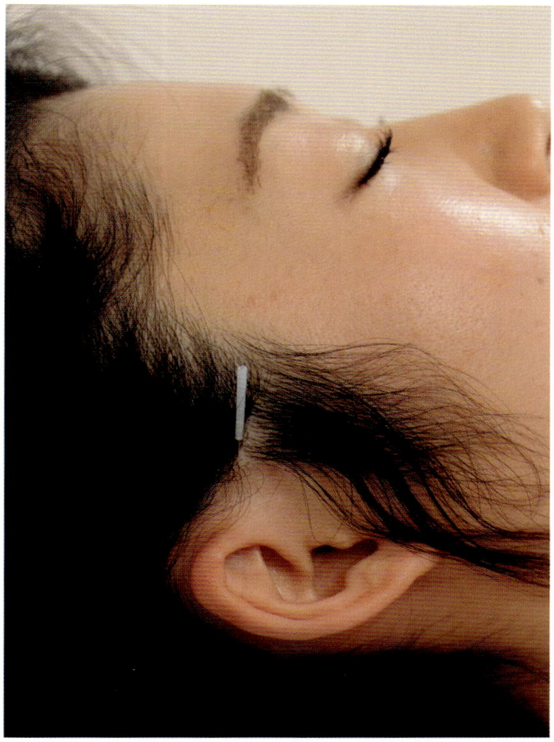

해 부

M : 전이개근(前耳介根)

MN : 안면신경

SN : 이개측두신경

BV : 천측두동맥

비 고

수족소양(手足少陽), 수태양(手太陽)의 교회혈(갑을)

수족소양의 교회혈〔외태(外台)〕

출 전

『갑을(甲乙)』

경혈명의 유래

「화(和)」는 「조화하다」, 「료(髎)」는 「뼈의 함요부」라는 의미이다. 여기에 자침하면 귀, 코, 눈, 입의 각 기관의 기능을 유지, 증진, 회복시켜 조화시키는 작용을 발휘하므로 이 혈은 「화료」라고 명명되었다.

수소양삼초경(手少陽三焦經)

TE23 사죽공(絲竹空)

작 용

풍사(風邪)를 제거하여 통증을 멈추게 하고〔산풍지통(散風止痛)〕, 머리를 상쾌하게 하여 눈을 밝게 한다〔청두명목(淸頭明目)〕.

>>미용의 효용<<

안면부의 부종, 눈초리 · 액부(額部)의 주름개선

효 능

편두통, 현기증, 눈의 충혈 · 통증, 안검경련, 안면신경마비

위 치

눈썹 외단(外端)의 함요부

취혈법

눈썹 외단의 함요부에 취혈한다.

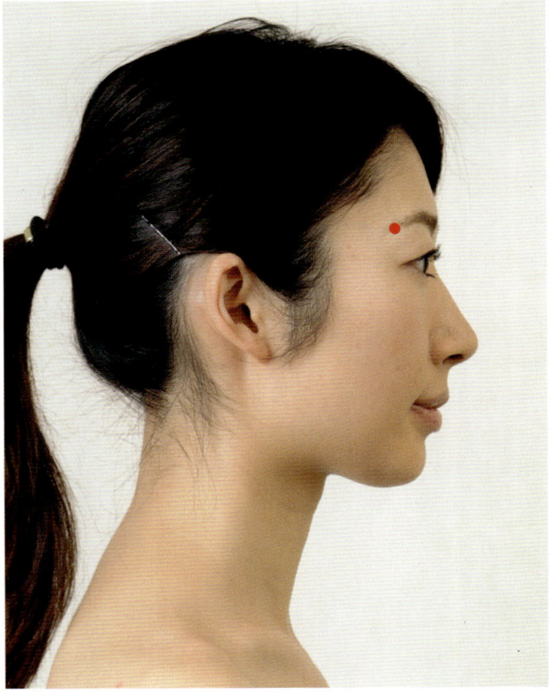

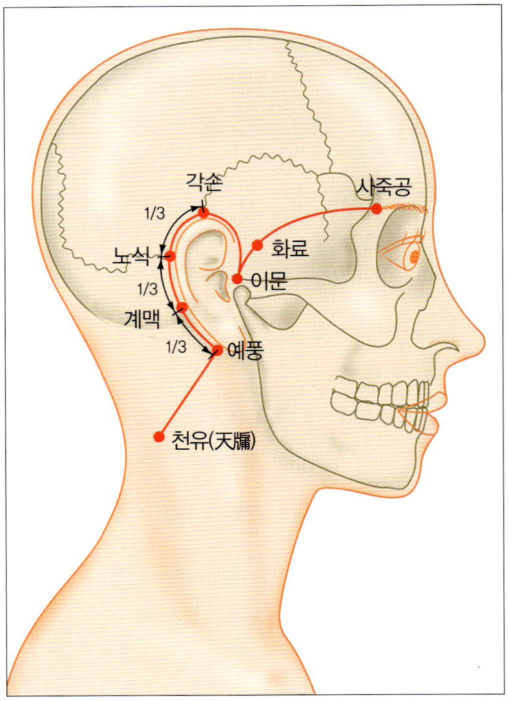

자침법

아래쪽 또는 바깥쪽을 향해 횡자(橫刺)로 0.5~1촌

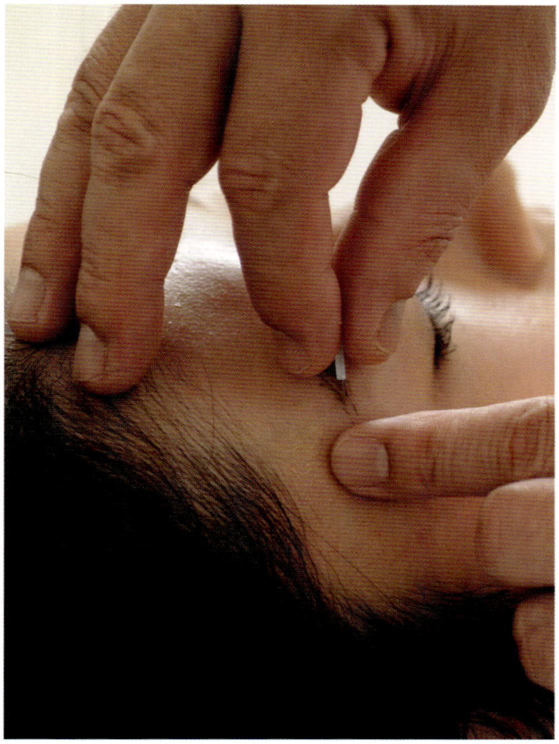

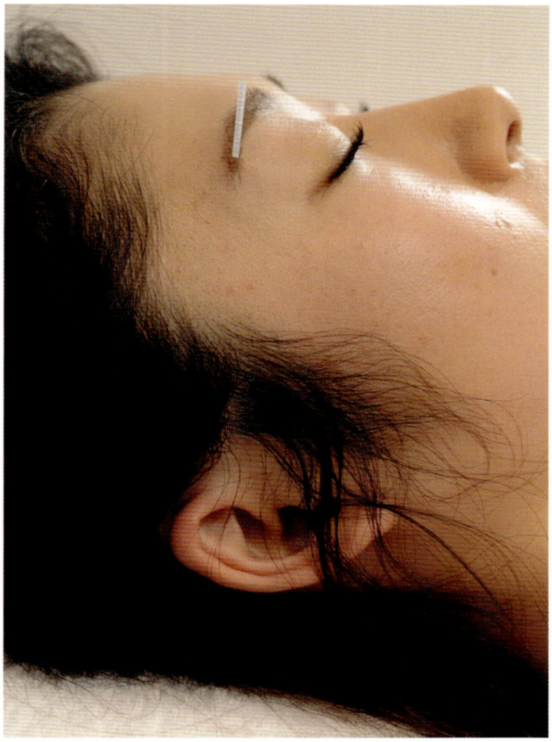

해 부

M : 안륜근

MN : 안면신경

SN : 상악신경

BV : 천측두동맥

비 고

—

출 전

『갑을(甲乙)』

경혈명의 유래

「사죽(絲竹)」은 「가는 죽엽(竹葉)」이라는 의미로, 형태로부터 비유되어 「눈썹」을 형용한 것이며, 「공(空)」은 함요된 부분을 가리킨다. 이 혈은 눈썹 외단의 함요부에 위치하므로 「사죽공」이라고 명명되었다.

족소양담경(足少陽膽經)

GB1 동자료(瞳子髎)

작 용

풍열(風熱)의 사기(邪氣)를 다스리고〔소산풍열(疏散風熱)〕, 눈을 밝게 하여 통증을 멈추게 한다〔명목지통(明目止痛)〕.

>>미용의 효용<<

외안각부의 주름, 눈꺼풀의 부종, 눈 주위의 다크서클, 눈 아래의 늘어짐, 구안와사, 액부(額部)의 여드름 · 부스럼

효 능

눈의 충혈 · 통증, 건조성 각막염(dry eye), 유루증(流淚症), 시력 저하, 안면경련, 안면신경마비, 두통

위 치

외안각의 바깥쪽 0.5촌이며, 안와 외측연의 함요부

취혈법

눈을 감게 한 상태에서 외안각의 주름이 끝나는 곳에 있는 함요부에 취혈한다.

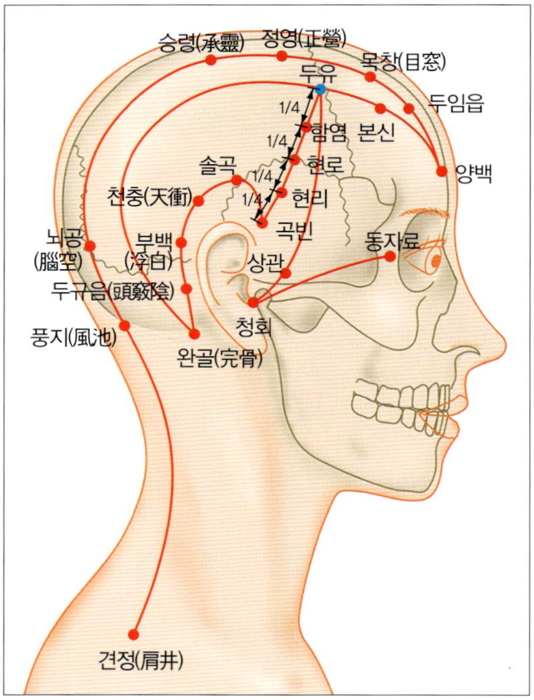

자침법

횡자(橫刺)로 0.3~0.5촌

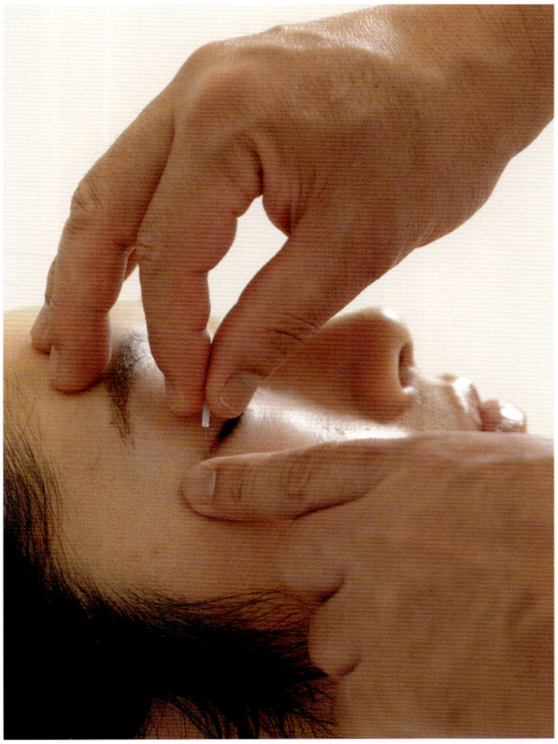

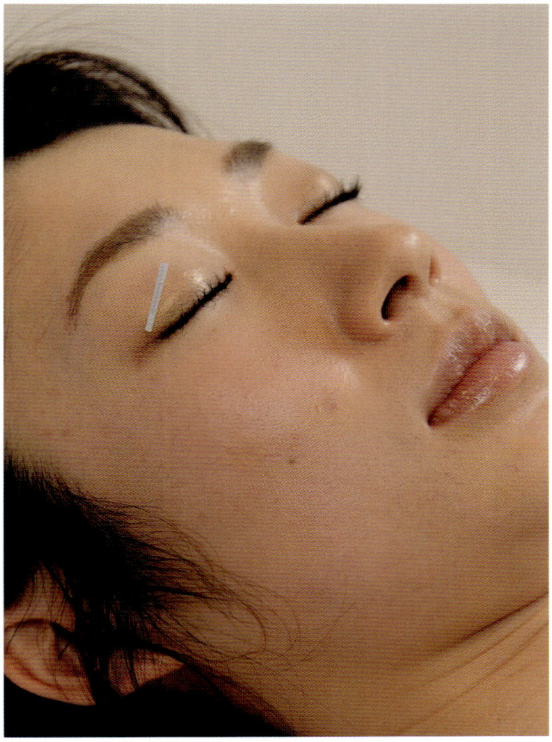

해 부

M : 안륜근

MN : 안면신경

SN : 상악신경

BV : 협골안와동맥

비 고

—

출 전

『갑을(甲乙)』

경혈명의 유래

「동자(瞳子)」는 「동공」, 「료(髎)」는 「뼈의 함요부」라는 의미이다. 이 혈은 동공 바깥쪽의 안와 외측연의 함요부에 위치하므로 「동자료」라고 명명되었다.

족소양담경(足少陽膽經)

GB2 청회(聽會)

작 용

귀막힘을 개선하고 귀를 잘 들리게 한다〔개규익총(開竅益聰)〕.

>>미용의 효용<<

구악와사(口顎歪斜 : 입 · 턱 부분의 비틀어짐), 협부의 늘어짐을 개선한다.

효 능

이명, 난청, 악관절증, 치통, 안면경련, 안면신경마비

위 치

이주(耳珠) 앞쪽 아래쪽의 함요부. 입을 벌렸을 때 생기는 함요부

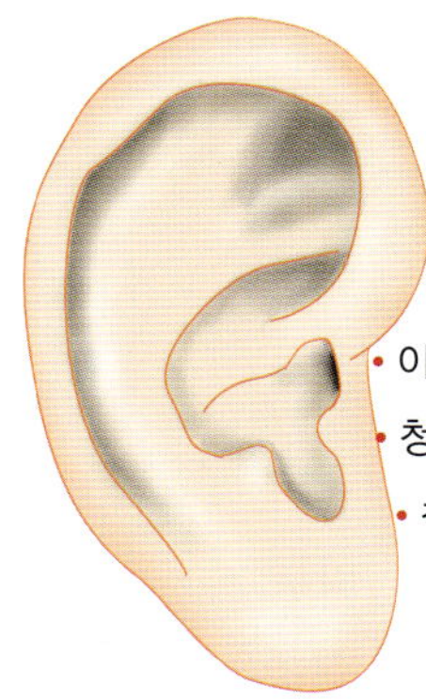

취혈법

처음에 입을 가볍게 벌리게 하여 이주와 악관절 후연 사이에 나타나는 함요부에 청궁(聽宮)을 잡고, 그 바로 아래의 함요부에 청회(聽會)를 잡는다. 동맥(천측두동맥)이 박동하고 있어 만질 수 있으므로 입을 벌리게 한 상태에서 정확하게 그 부위에 취혈한다.

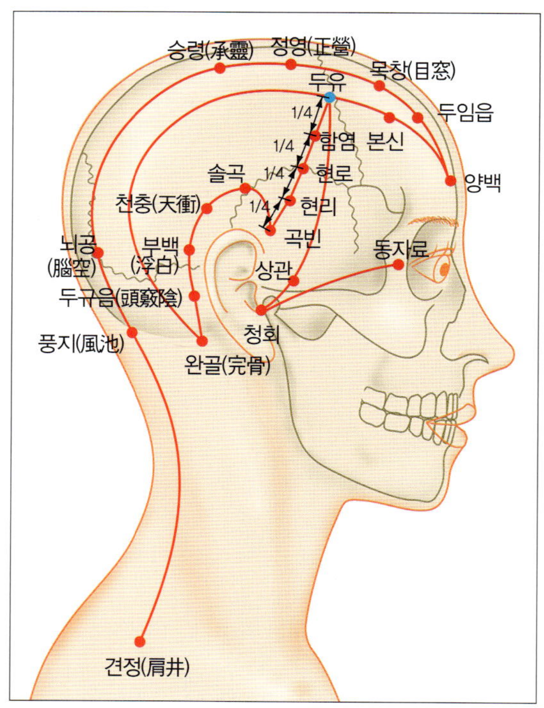

자침법

직자(直刺)로 0.5~1촌, 입을 벌리게 한 상태에서 자침한다.

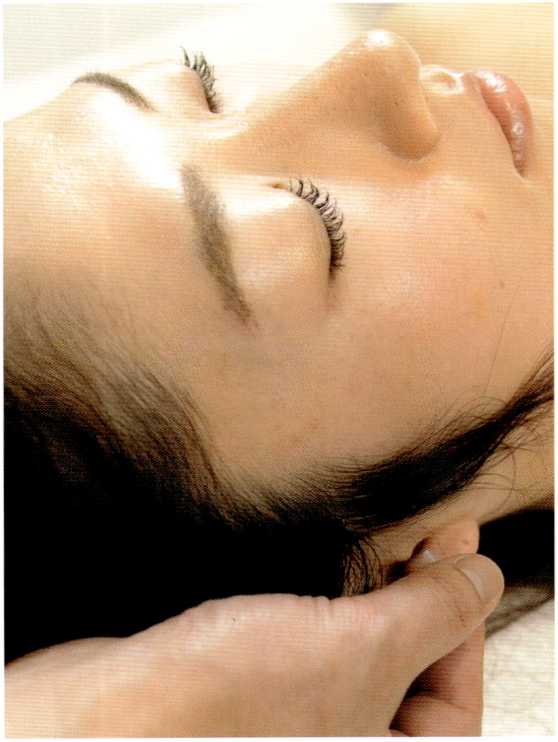

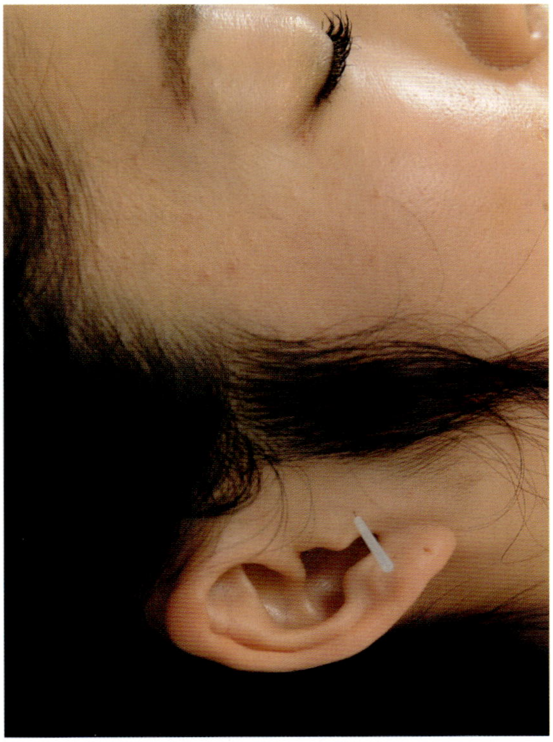

해 부

M : —

MN : —

SN : 이개측두신경

BV : 천측두동맥

비 고

—

출 전

『갑을(甲乙)』

경혈명의 유래

「회(會)」에는 「모이다」라는 의미가 있고, 이 혈은 귀 앞에 위치하여 여기에 자침하면 음성이 모여 청각 기능을 개선할 수 있으므로 「청회」라고 명명되었다.

족소양담경(足少陽膽經)

GB3 상관(上關) ※ 또는 객주인(客主人)이라고도 부른다

작 용

열을 없애 풍사(風邪)를 제거하고〔청열산풍(淸熱散風)〕, 악관절의 움직임을 개선한다〔개규아관(開竅牙關)〕.

>>미용의 효용<<

구안와사, 여드름 · 부스럼, 안와부의 늘어짐과 주름의 개선

효 능

편두통, 악관절증, 안면신경마비, 삼차신경통, 안면경련, 이명, 치통, 소아경련

위 치

협골궁 중앙의 위쪽. 하관(下關) 바로 위의 함요부

취혈법

귀의 앞, 협골궁의 위쪽, 하관의 바로 위에서 가볍게 입을 벌리면 생기는 함요부에 취혈한다.

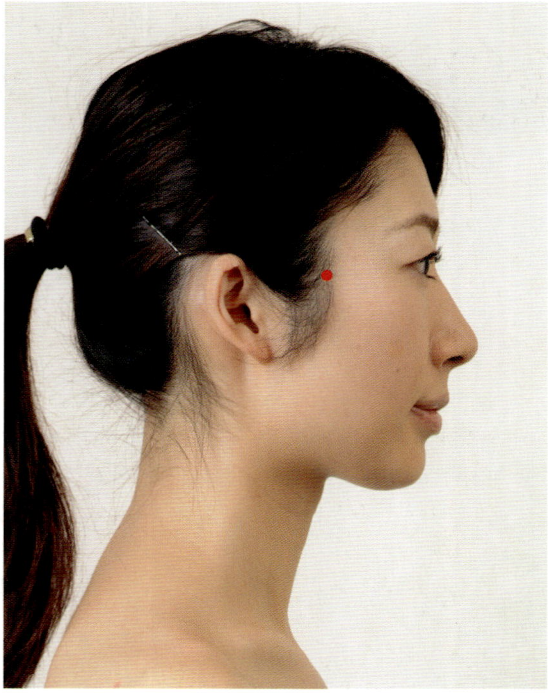

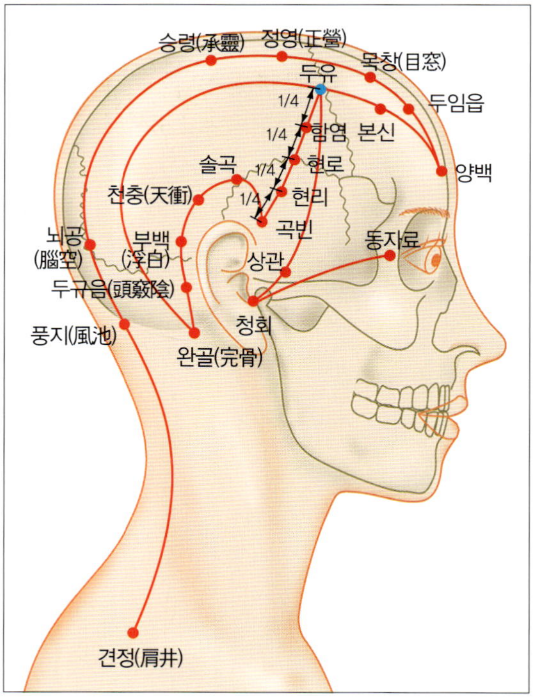

자침법

직자(直刺)로 0.3~0.6촌, 심자(深刺)는 금기

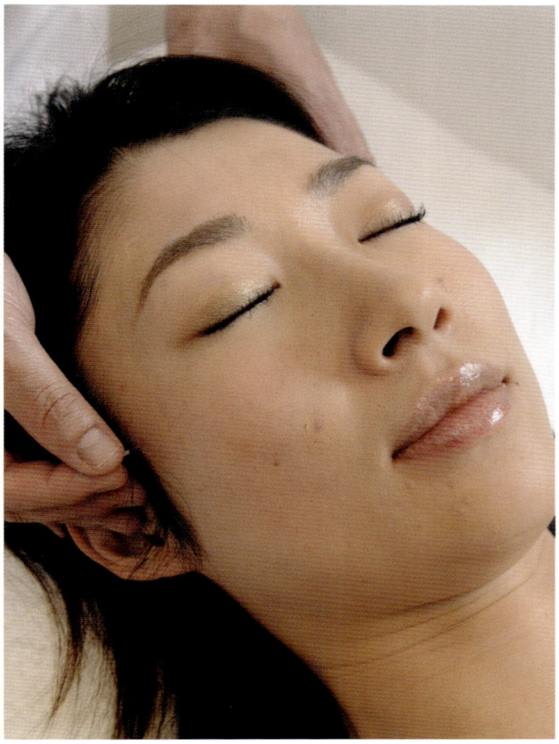

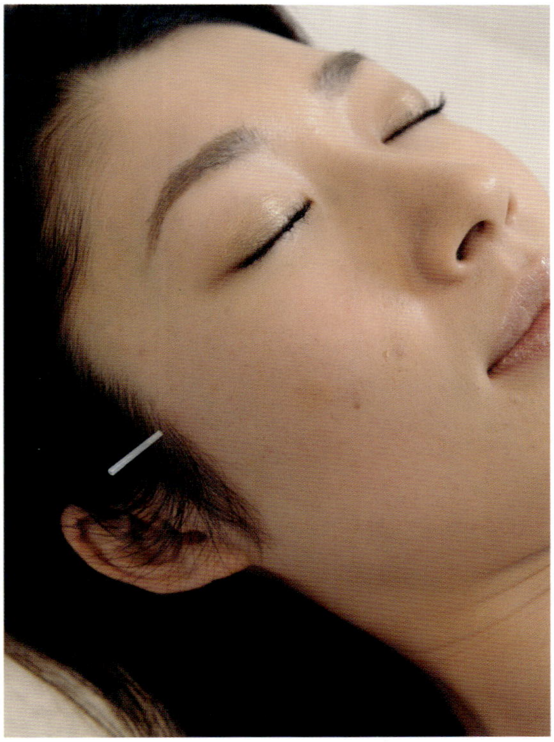

해 부

M : 편두근(偏頭筋)

MN : 삼차신경

SN : 이개측두신경

BV : 협골안와동맥

비 고

수소양(手少陽)과 족양명(足陽明)의 교회혈(갑을)

수족소양(手足少陽), 족양명의 삼맥(三脈)의 교회혈〔소문(素問) · 기부론(氣府論)〕

협골안와동맥이 주행하고 있기 때문에 심자(深刺)는 금기

출 전

『영추(靈樞)』 본수(本輸)

경혈명의 유래

이 혈은 협골궁을 사이에 두고 「하관(下關)」의 위쪽에 위치하고 있으므로 「상관」이라고 명명되었다.

족소양담경(足少陽膽經)

GB4 함염(頷厭)

작 용

열을 없애 풍사(風邪)를 제거하고〔청열산풍(淸熱散風)〕, 통증을 멈추게 한다〔지통(止痛)〕.

>>미용의 효용<<

구안와사, 액부(額部) · 안검의 주름 · 늘어짐

효 능

편두통, 현기증, 외안각통(外眼角痛), 경항부통(頸項部痛), 이명

위 치

두유(頭維)와 곡빈(曲鬢)을 연결하는 호선의 위 1/4 부분, 또는 두유와 현리(懸釐)를 연결하는 선 상에서 두유의 아래 1촌에 취혈한다.

취혈법

처음에 정중선 상에서 전발제(前髮際)의 위 0.5촌에 신정(神庭)을 잡는다. 다음으로 똑바로 앞을 보았을 때의 동공 바로 위에서 전발제의 위 0.5촌에 두임읍(頭臨泣)을 잡고, 두임읍의 바깥쪽에서 두임읍에서 신정까지의 거리와 같은 곳에 두유를 잡는다. 계속해서 귀 앞 바로 위에서 이첨(耳尖)과 같은 높이에 곡빈을 잡고, 두유와 곡빈을 연결하는 호선의 위 1/4 부분에 함염(頷厭)을 취혈한다.

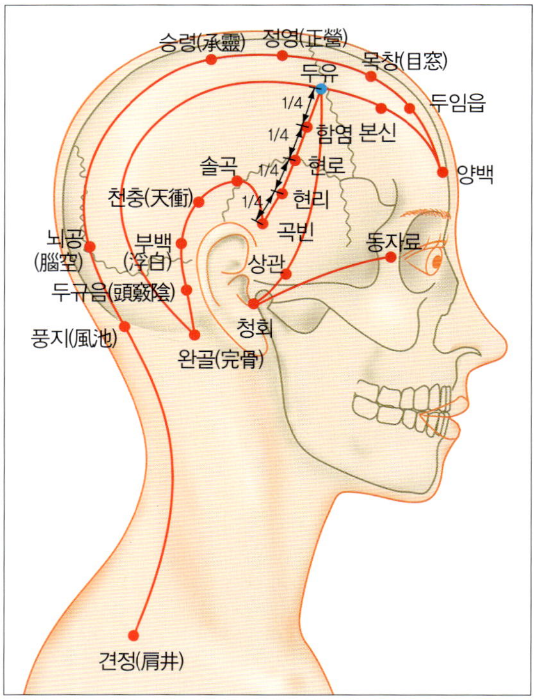

자침법

뒤쪽을 향해 횡자(橫刺)로 0.5~0.8촌

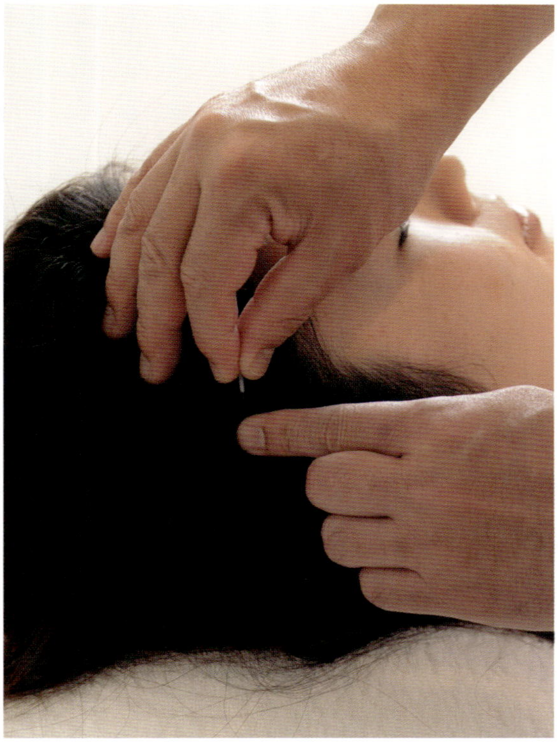

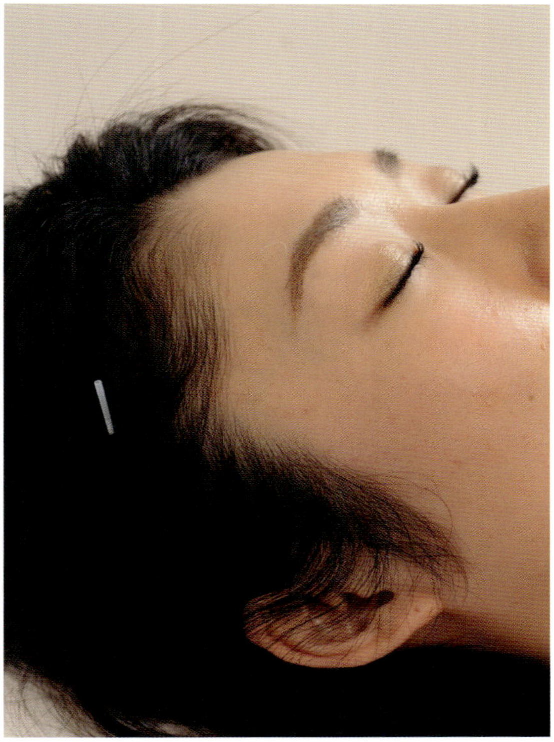

해 부

M : 측두두정근(側頭頭頂筋), 측두근

MN : 안면신경, 삼차신경

SN : 이개측두신경

BV : 천측두동맥 전지(前枝)

비 고

수족소양(手足少陽)과 족양명(足陽明)의 교회혈(갑을)

족소양(足少陽), 양명(陽明)의 교회혈〔외태(外台)〕

출 전

『갑을(甲乙)』

경혈명의 유래

「함(頷)」은 「끄덕이다」, 「염(厭)」은 「번거롭다」, 「불쾌」라는 의미이다. 여기에 자침하면 경항부통으로 목이 움직이기 어려운 상태나 끄덕이는 것이 불가능한 상태를 치료할 수 있으므로 이 혈은 「함염」이라고 명명되었다.

족소양담경(足少陽膽經)

GB5 현로(懸顱)

작 용

열을 없애 풍사(風邪)를 제거하고〔청열산풍(淸熱散風)〕, 통증을 멈추게 한다〔지통(止痛)〕.

>>미용의 효용<<

안면부의 종창, 구안와사, 액부(額部)·안검의 주름·늘어짐, 외안각(外眼角)의 주름

효 능

두통, 편두통, 외안각통

위 치

두유(頭維)와 곡빈(曲鬢)을 연결하는 호선의 가운데 점, 또는 두유와 현리(懸釐)를 연결하는 선 상에서 두유의 아래 2촌

취혈법

처음에 정중선 상에서 전발제의 위 0.5촌에 신정(神庭)을 잡는다. 다음으로 똑바로 앞을 보았을 때의 동공 바로 위에서 전발제의 위 0.5촌에 두임읍(頭臨泣)을 잡고, 두임읍의 바깥쪽에서 두임읍부터 신정까지의 거리와 같은 곳에 두유를 잡는다. 계속해서 귀 앞 바로 위에서 이첨(耳尖)과 같은 높이에 곡빈을 잡고, 두유와 곡빈을 연결하는 호선의 가운데 점에 현로(懸顱)를 취혈한다.

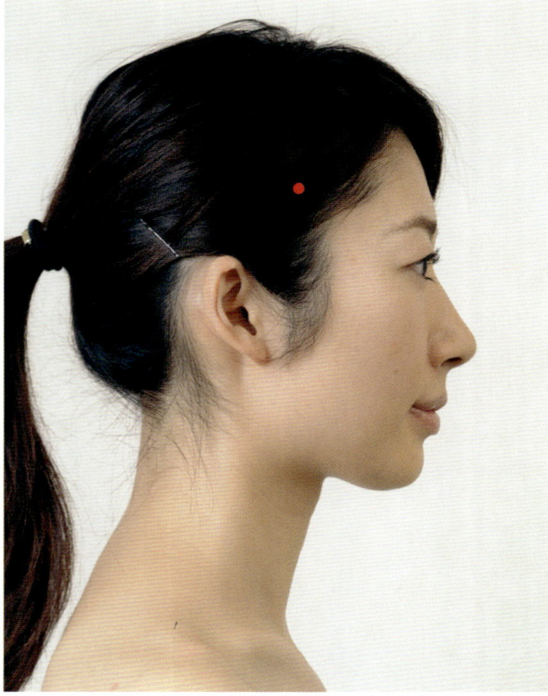

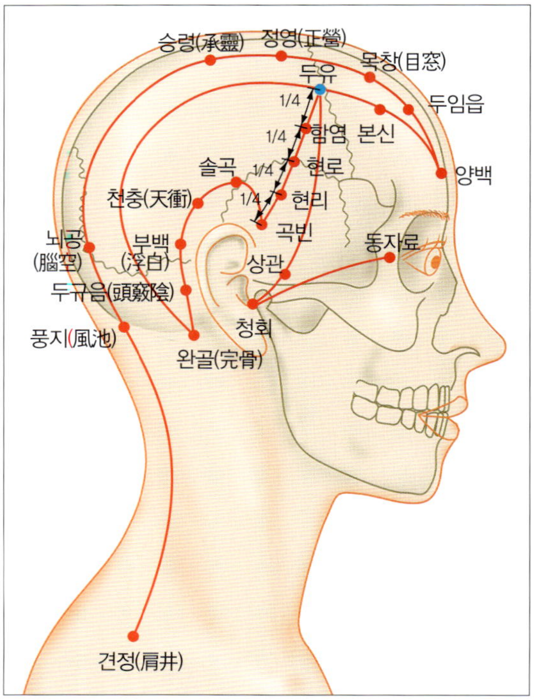

자침법

뒤쪽을 향해 횡자(橫刺)로 0.5~0.8촌

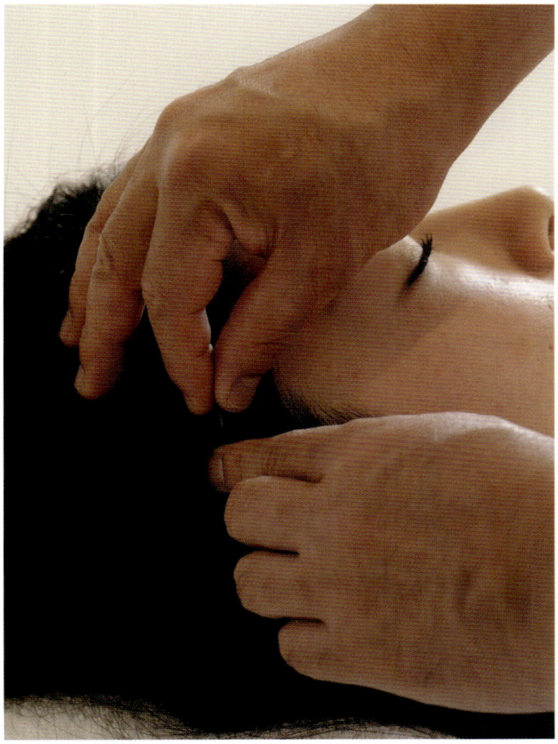

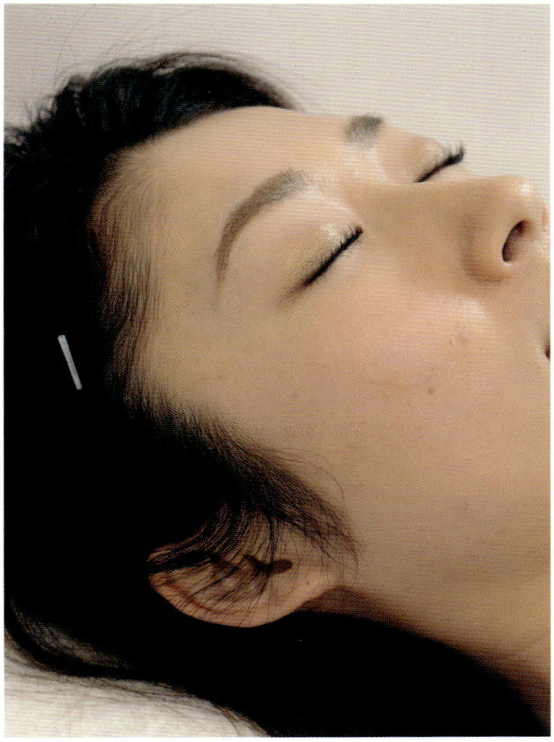

해 부

M : 측두두정근, 측두근

MN : 안면신경, 삼차신경

SN : 이개측두신경

BV: 천측두동맥 전지(前枝)

비 고

수족소양(手足少陽), 양명(陽明)의 교회혈〔취영(聚英)〕

출 전

『영추(靈樞)』 한열병(寒熱病)

경혈명의 유래

「현(懸)」에는 「매달다」라는 의미가 있고, 「로(顱)」는 「두부(頭部)」라는 의미이다. 이 혈은 두부의 양쪽에서 전발제와 이근(耳根) 사이에 매달려 있듯이 위치하므로 「현로」라고 명명되었다.

족소양담경(足少陽膽經)

GB6 현리(懸釐)

작 용

열을 없애 풍사(風邪)를 제거하고〔청열산풍(淸熱散風)〕, 통증을 멈추게 한다〔지통(止痛)〕.

>>미용의 효용<<

안면부의 종창, 구안와사, 액부(額部) · 안검의 주름 · 늘어짐, 외안각의 주름

효 능

두통, 편두통, 외안각통, 이명

위 치

두유와 곡빈을 연결하는 호선의 아래 1/4 부분, 또는 측두 하발제(下髮際 : 뒷머리가 나기 시작한 곳)와 귀 앞 발제의 경계에 취혈한다. 두유 아래 3촌에 해당한다.

취혈법

처음에 정중선 상에서 전발제의 위 0.5촌에 신정을 잡는다. 다음으로 똑바로 앞을 보았을 때의 동공 바로 위에서 전발제의 위 0.5촌에 두임읍을 잡고, 두임읍의 바깥쪽에서 두임읍부터 신정까지의 거리와 같은 곳에 두유를 잡는다. 계속해서 귀 앞 바로 위에서 이첨(耳尖)과 같은 높이에 곡빈을 잡고, 두유와 곡빈을 연결하는 호선의 아래 1/4 부분에 현리(懸釐)를 취혈한다.

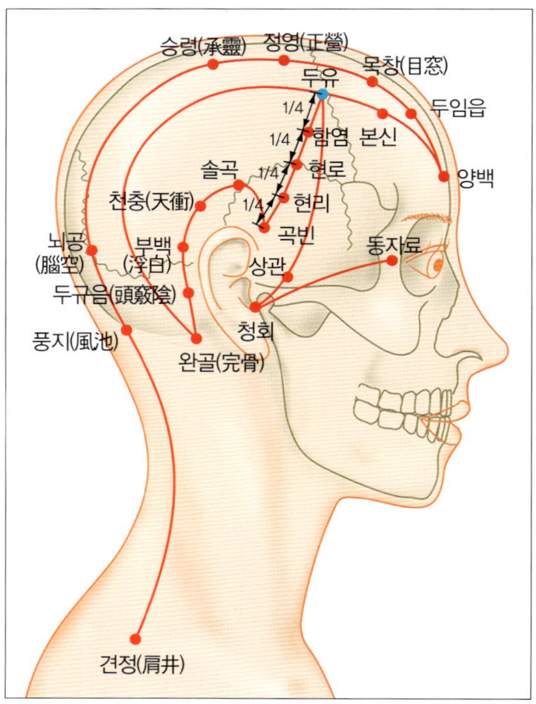

자침법

뒤쪽을 향해 횡자(橫刺)로 0.5~0.8촌

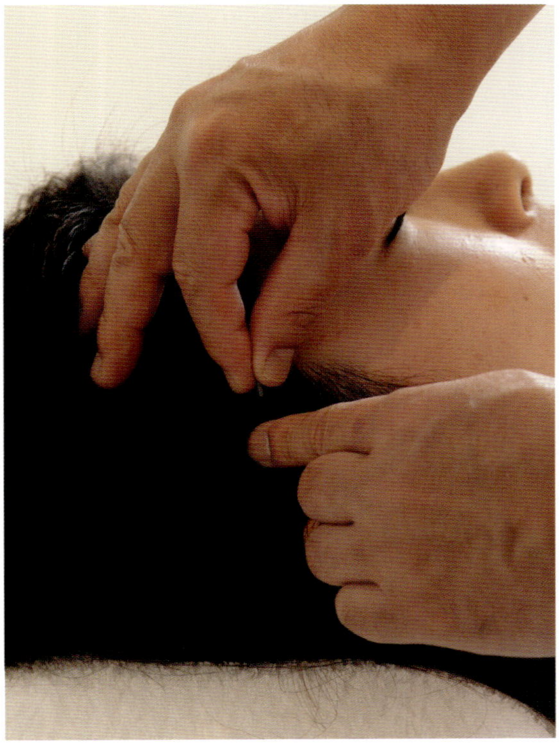

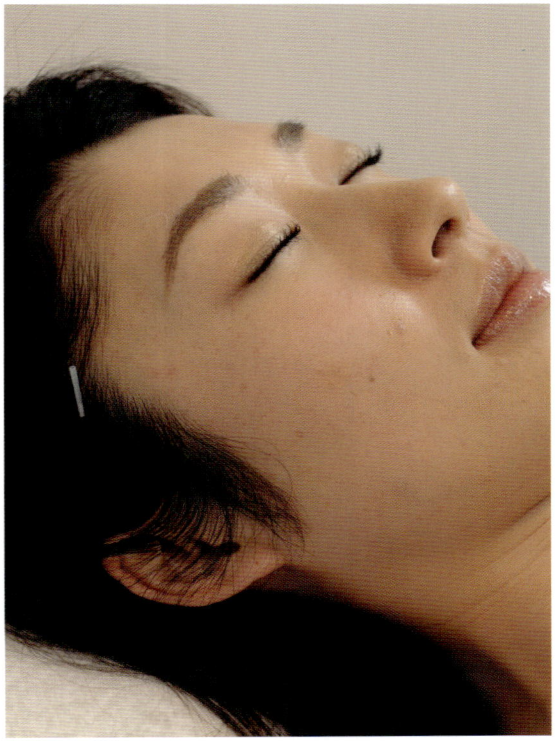

해 부

M : 측두두정근, 측두근

MN : 안면신경, 삼차신경

SN : 이개측두신경

BV: 천측두동맥 전지(前枝)

비 고

수족소양(手足少陽), 양명(陽明)의 교회혈(갑을)

출 전

『갑을(甲乙)』

경혈명의 유래

「현(懸)」에는 「매달다」라는 의미가 있고, 「리(釐)」는 「정정하다」, 「개선하다」라는 의미이다. 이 혈은 두부의 양쪽에 위치하고 여기에 자침하면 주로 두통, 현기증을 치료할 수 있으므로 「현리」라고 명명되었다.

족소양담경(足少陽膽經)

GB7 곡빈(曲鬢)

작 용

열을 없애 풍사(風邪)를 제거하고〔청열산풍(淸熱散風)〕, 경락의 기능을 부활시켜 통증을 멈추게 한다〔활락지통(活絡止痛)〕.

>>미용의 효용<<

안면부의 종창, 눈 주위의 다크서클, 구안와사, 협부 · 안검의 주름 · 늘어짐

효 능

두통, 편두통, 악관절증, 눈의 충혈 · 종창 · 통증, 이명

위 치

귀 앞 발제(髮際)의 수직선과 이첨(耳尖)으로부터의 수평선이 만나는 점, 또는 각손(角孫)과 화료(和髎)를 연결한 선의 가운데 점 부분

취혈법

귀 앞 발제 바로 위에서 이첨과 같은 높이에 곡빈을 취혈한다. 각손의 앞 거의 1촌에 해당한다.

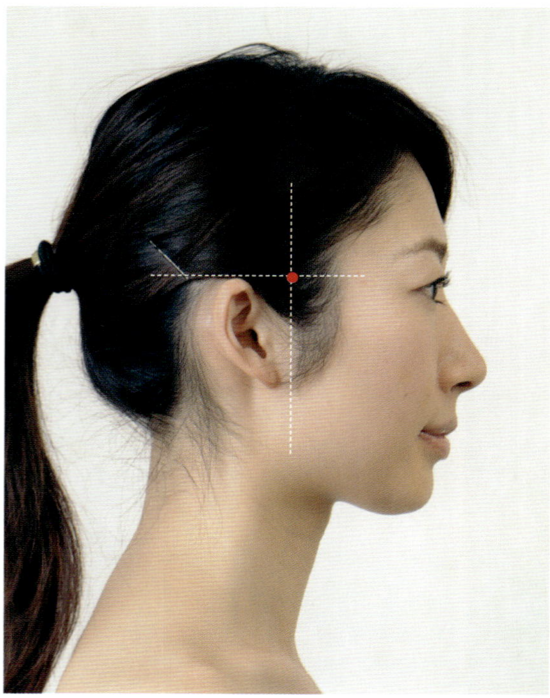

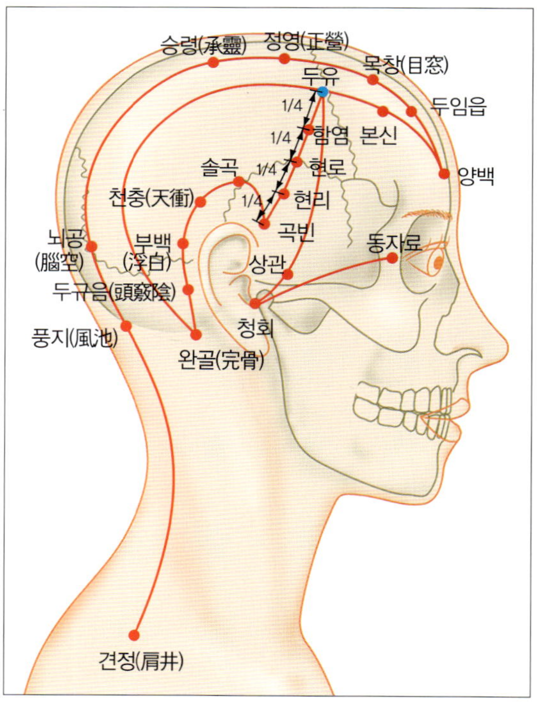

자침법

뒤쪽을 향해 횡자(橫刺)로 0.5~0.8촌

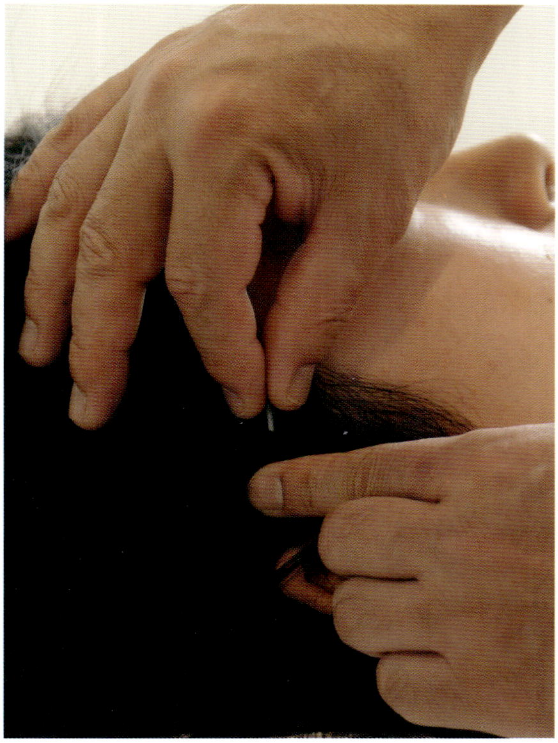

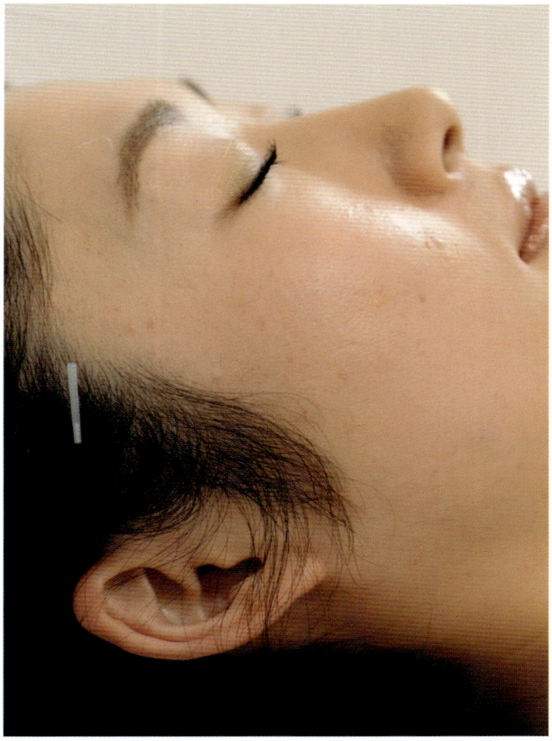

해 부

M : 측두두정근, 측두근

MN : 안면신경, 삼차신경

SN : 이개측두신경

BV: 천측두동맥

비 고

족태양(足太陽), 소양(少陽)의 교회혈(갑을)

출 전

『갑을(甲乙)』

경혈명의 유래

「빈(鬢)」은 좌우 측면의 귀밑머리를 가리키고, 이 혈은 귀밑머리 부위에 위치하고 동시에 그 부위에서 족소양(足少陽) 경락의 주행이 솔곡(率谷) 방향으로 구부러져 있으므로 이 혈은 「곡빈」이라고 명명되었다.

족소양담경(足少陽膽經)

GB8 솔곡(率谷)

작 용

풍열(風熱)의 사기(邪氣)를 다스리고〔거풍열(去風熱)〕, 흉격(胸膈)을 연다〔이흉격(利胸膈)〕.

>>미용의 효용<<

모발이 자라는 것을 촉진하여 탈모를 예방, 원형탈모증, 비듬

효 능

두통, 편두통, 오심 · 구토, 현기증, 눈의 충혈 · 종창, 통증, 소아경련

위 치

각손(角孫)의 위 1.5촌

취혈법

처음에 이개(耳介)의 바로 위에서 발제 부분에 각손을 잡고, 각손의 바로 위 1.5촌 함요부에 솔곡(率谷)을 취혈한다.

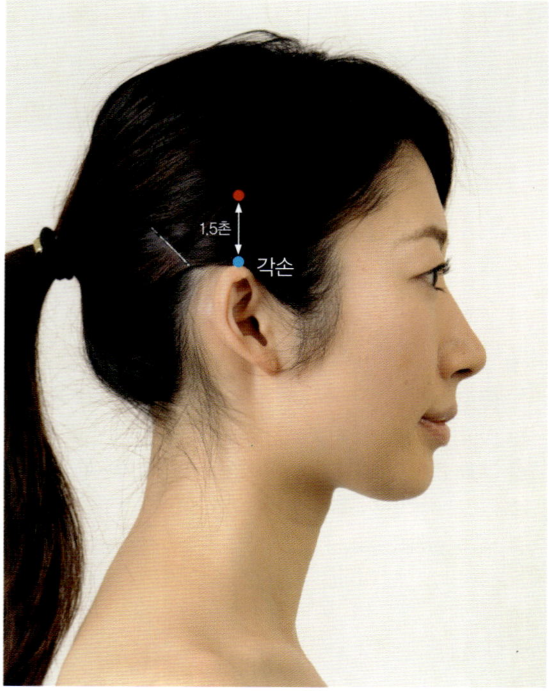

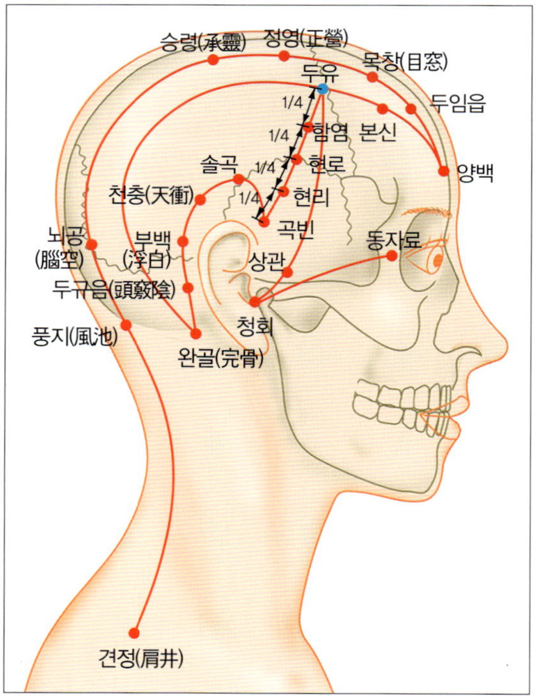

자침법

횡자(橫刺)로 0.5~0.8촌

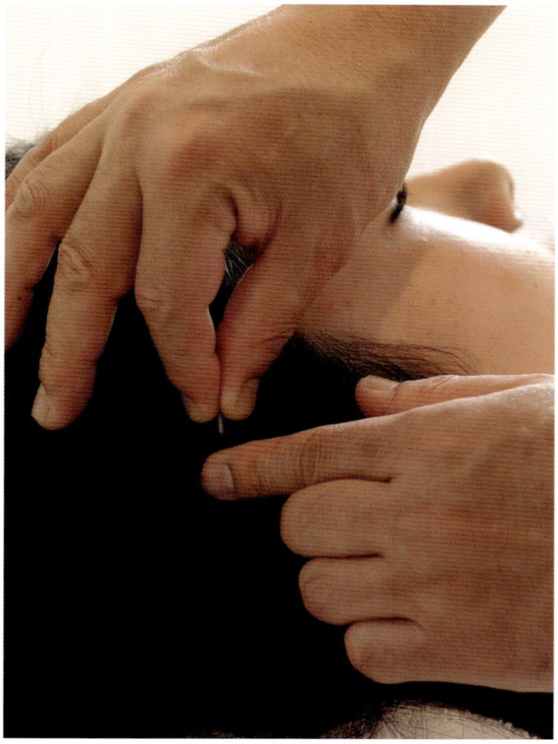

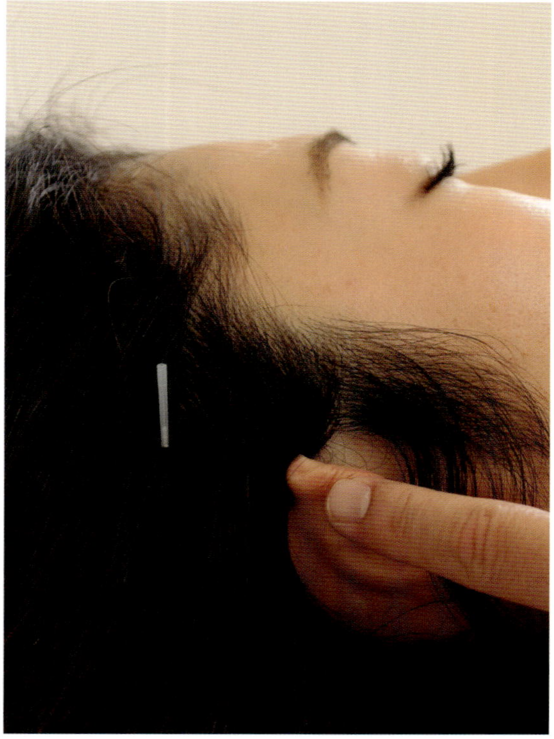

해 부

M : 측두두정근, 측두근

MN : 안면신경, 삼차신경

SN : 이개측두신경, 소후두신경(小後頭神經)

BV : 천측두동맥의 가지

비 고

족태양(足太陽), 소양(少陽)의 교회혈

출 전

『갑을(甲乙)』

경혈명의 유래

「솔(率)」에는 「이끌다」, 「따르다」라는 의미가 있고, 「곡(谷)」은 「함요부」를 가리키고 있다. 이 혈은 두정골(頭頂骨), 측두골(側頭骨), 접형골(蝶形骨)의 세 개의 뼈가 봉합하는 함요부에 위치하여 취혈 시에는 이첨(耳尖)의 위쪽에서 발제로부터 1.5촌의 함요부를 손가락으로 문질러 찾아내므로 이 혈은 「솔곡」이라고 명명되었다.

족소양담경(足少陽膽經)

GB13 본신(本神)

작 용

풍사(風邪)를 제거하여 열을 없앤다〔소풍청열(疏風清熱)〕.

>>미용의 효용<<

액부(額部)의 늘어짐과 주름의 개선

효 능

두통, 현기증, 눈의 충혈 · 종창 · 통증, 경항부의 경직과 통증, 편마비

위 치

신정(神庭)에서 좌우로 3촌인 부분(신정, 곡차, 본신, 두유는 1.5촌씩 같은 간격이다.)

취혈법

처음에 정중선 상에서 전발제의 위 0.5촌에 신정을 잡고, 다음으로 똑바로 앞을 보았을 때의 동공 바로 위에서 전발제의 위 0.5촌에 두임읍을 잡고, 두임읍의 바깥쪽에서 두임읍부터 신정까지의 거리와 같은 곳에 두유를 잡는다. 계속해서 신정과 두유를 직선으로 연결하여 3등분 하고 바깥쪽에서 1/3 부분에 본신(本神)을 취혈한다.

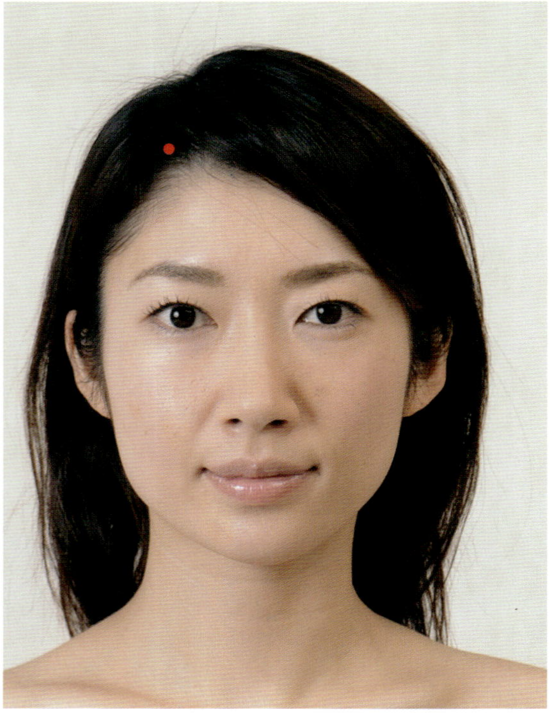

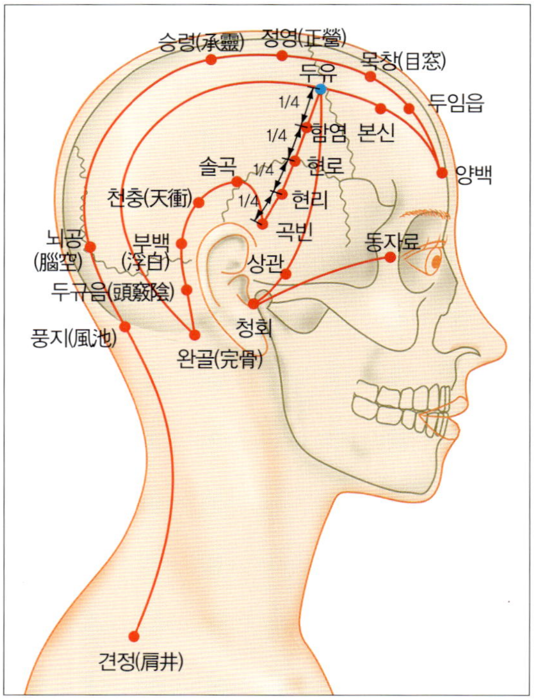

자침법

뒤쪽을 향해 횡자(橫刺)로 0.3~0.5촌

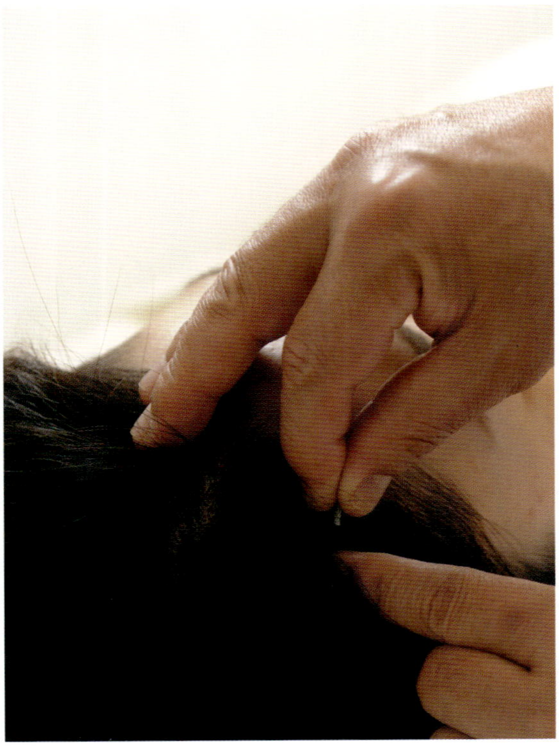

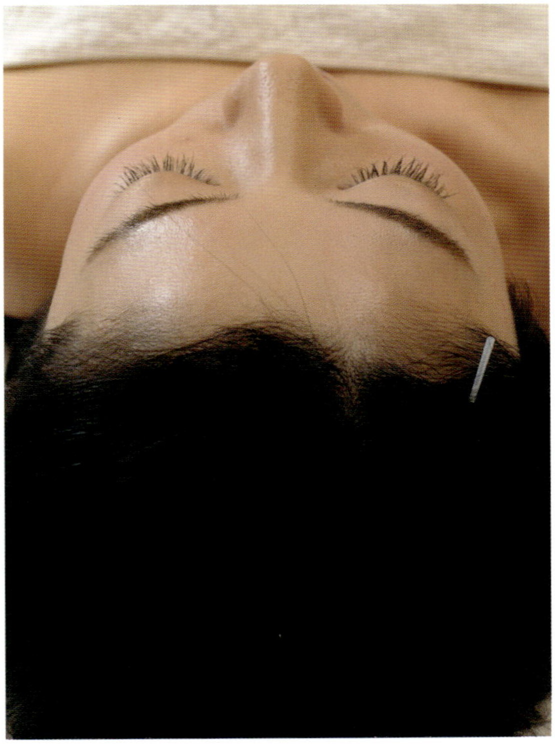

해 부

M : 전두근

MN : 안면신경

SN : 안와상신경

BV : 안와상동맥

비 고

족소양(足少陽)과 양유(陽維), 교회혈(갑을)

출 전

『갑을(甲乙)』

경혈명의 유래

「본(本)」은 「근본」, 「본령(本領)」, 「신(神)」은 「신지(神志)」라는 의미이다. 이 혈은 두부에 위치하고 두부는 원신(元神)이 존재하는 곳이다. 또한 이 혈은 「신정」의 옆에 위치하므로 「본신」이라고 명명되었다.

족소양담경(足少陽膽經)

GB14 양백(陽白)

>>미용의 효용<<

액부(額部)의 늘어짐 · 주름 · 잡티를 개선, 눈 주위의 다크서클, 안검하수

작 용

풍사(風邪)를 제거하여 열을 없애고〔거풍청열(去風淸熱)〕, 머리를 상쾌하게 하여 눈을 밝게 한다〔청두명목(淸頭明目)〕.

효 능

전두부통(前頭部痛), 현기증, 시력 저하, 근시, 눈의 통증 · 소양감, 건조성 각막염(dry eye), 영풍유루(迎風流淚), 안검경련, 안면신경마비, 경항부의 경직과 통증

위 치

눈썹 중앙의 위 1촌

취혈법

똑바로 앞을 보았을 때의 동공 바로 위에서, 눈썹 위 약 1촌 부위를 촉진하면 약간 함요된 것을 느낄 수 있다. 이 함요부를 지복(指腹)으로 압박하면 무언가 울리는 것 같은 독특한 감각이 발생하므로 정확하게 그 부위에서 취혈한다.

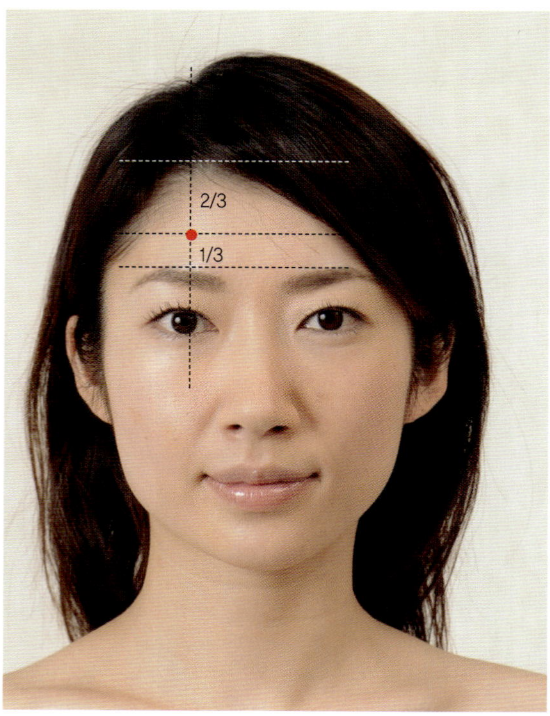

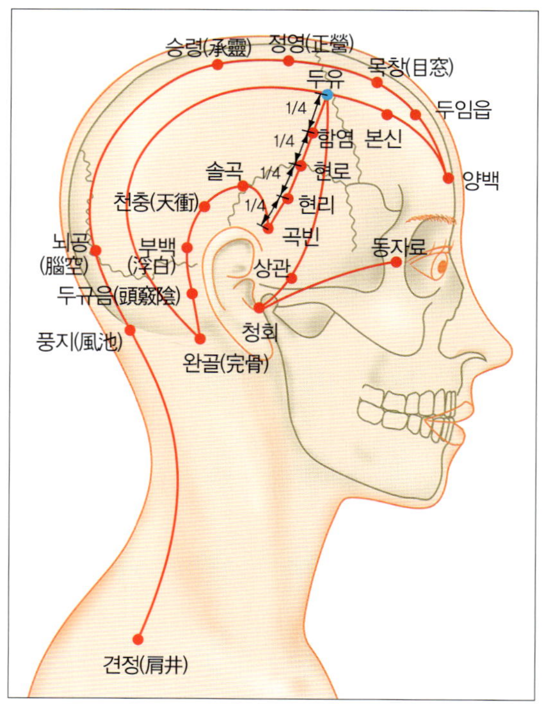

자침법

아래쪽 또는 안쪽을 향해 횡자(橫刺) 또는 사자(斜刺)로 0.3~0.5촌, 제날자입법(提捏刺入法)이 적합하다.

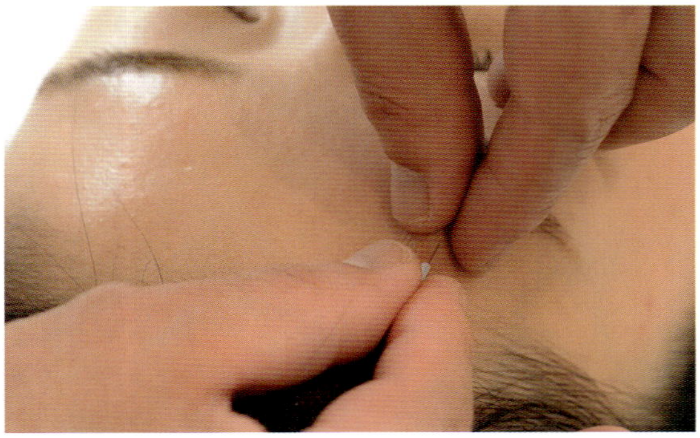

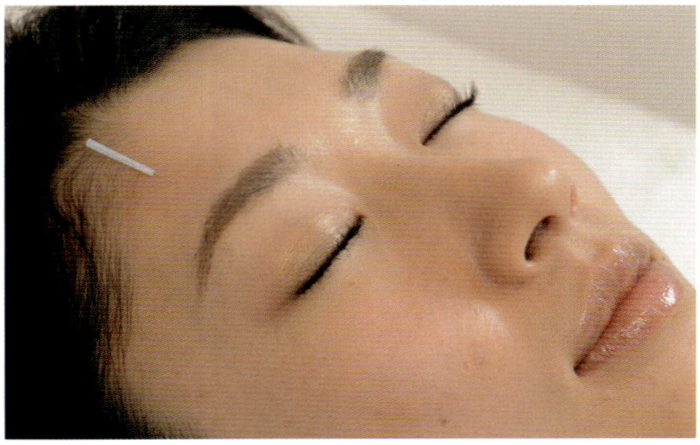

●다른 방법

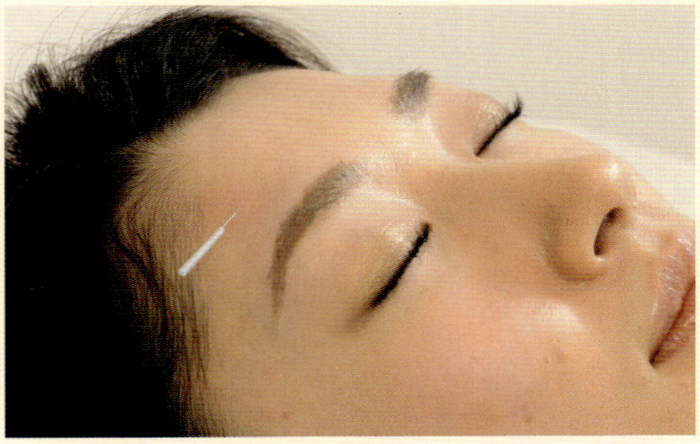

해 부

M : 전두근

MN : 안면신경

SN : 안와상신경

BV : 안와상동맥

비 고

족소양(足少陽), 양유(陽維)의 교회혈(갑을)

출 전

『갑을(甲乙)』

경혈명의 유래

「백(白)」은 「밝다」라는 의미이다. 여기에 자침하면 시계가 밝아져 전두부가 천양(天陽)의 빛을 받은 것처럼 밝아지므로 이 혈은 「양백」이라고 명명되었다.

독맥(督脈)

GV20 백회(百會)

작 용

뇌를 건강하게 하여 정신을 안정시키고〔건뇌안신(健腦安神)〕, 열을 없애 코나 귀의 막힘을 개선하고〔청열개규(淸熱開竅)〕, 양기를 상승시켜 하수(下垂)를 방지한다〔승양고탈(昇陽固脫)〕.

>>미용의 효용<<

원기가 없어 안색이 좋지 않을 때 이용하고, 안면부의 늘어짐 · 주름 · 거친 피부 · 잡티의 개선에 폭넓게 이용하며, 눈 주위의 다크서클, 탈모, 탈미(脫眉 : 눈썹 빠짐), 구안와사, 습관적인 음주에 의한 붉은 얼굴에 활용한다.

효 능

두통, 뇌의 피로, 현기증, 시력 저하, 눈의 충혈, 비폐색, 이명, 청각 이상, 악관절증, 탈항(脫肛) · 위하수 · 자궁하수 등 장기의 하수, 만성 설사, 편마비

위 치

전발제 정중 바로 위 5촌(후발제 정중 바로 위 7촌)이며, 좌우 이첨(耳尖)을 연결한 선이 정중선과 교차하는 곳에 해당한다.

취혈법

좌우 이첨을 연결한 선이 정중선과 교차하는 곳에 취혈한다. 또는 전발제와 후발제를 연결한 선의 가운데 점에서 앞 1촌에 취혈한다.

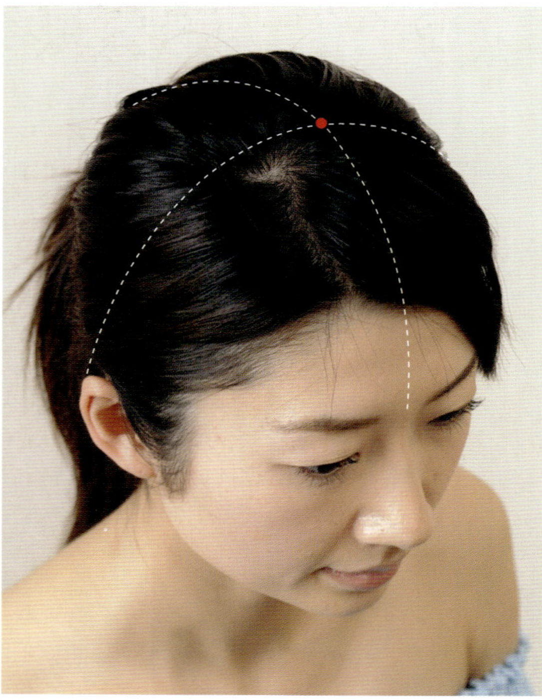

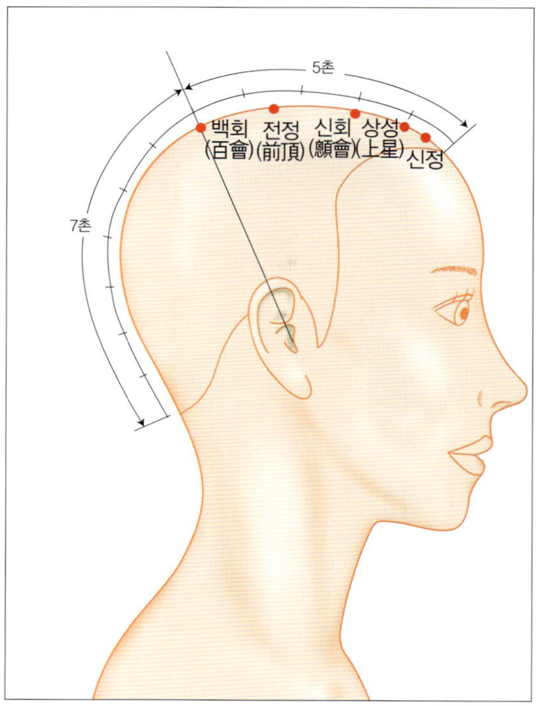

자침법

횡자(橫刺)로 0.5~0.8촌

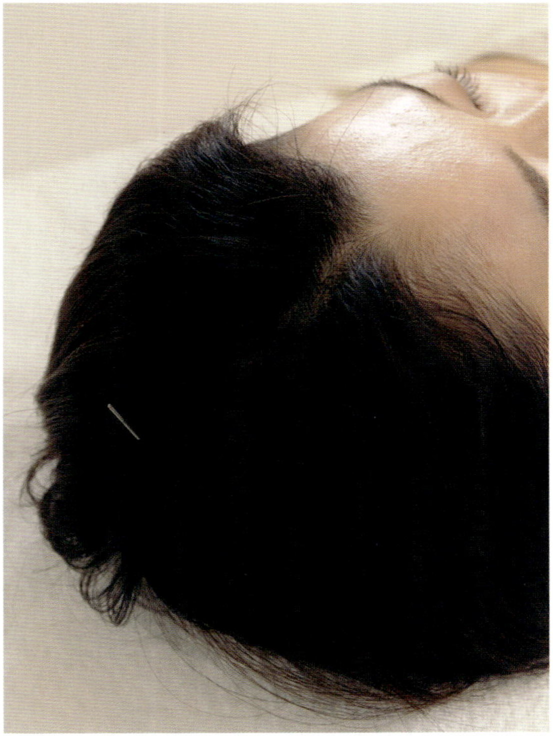

해 부

M : 모상건막(帽狀腱膜)

MN : —

SN : 안와상신경, 이개측두신경, 대후두신경(大後頭神經)

BV : 안와상동맥, 천측두동맥, 후두동맥

비 고

독맥(督脈), 족태양(足太陽)의 교회혈(갑을)

독맥, 족태양의 교회혈, 수족소양(手足少陽), 족궐음(足厥陰)이 여기에 모인다〔두익(頭翼)〕.

출 전

『갑을(甲乙)』

경혈명의 유래

「백(百)」은 「많다」라는 것을 형용하고 있고, 「회(會)」에는 「모이다」라는 의미가 있어 「백회」는 「백맥(百脈)이 모이다」라는 의미이다. 또한 두부는 「제양(諸陽)의 모임」으로 여겨져 이 혈은 두정(頭頂 : 정수리)의 한가운데에 위치하여 「삼양오회(三陽五會)」 부분(족태양, 수족소양, 족궐음, 독맥이 교회하는 부위)이므로 이 혈은 「백회」라고 명명되었다.

독맥(督脈)

GV21 전정(前頂)

작 용

머리를 상쾌하게 하여 풍사(風邪)를 제거한다〔청두산풍(淸頭散風)〕.

>>미용의 효용<<

안면부의 부종 · 늘어짐, 눈 주위의 다크서클

효 능

두정부통(頭頂部痛), 편두통, 현기증, 눈의 충혈 · 종창 · 통증, 시력 저하, 비염, 비폐색, 콧물, 중풍, 고혈압, 부종

위 치

백회(百會) 앞 1.5촌(전발제 정중의 바로 위 3.5촌)

취혈법

좌우 이첨을 연결한 선이 정중선과 교차하는 곳에 백회를 잡고, 그 앞 1.5촌에 전정(前頂)을 취혈한다.

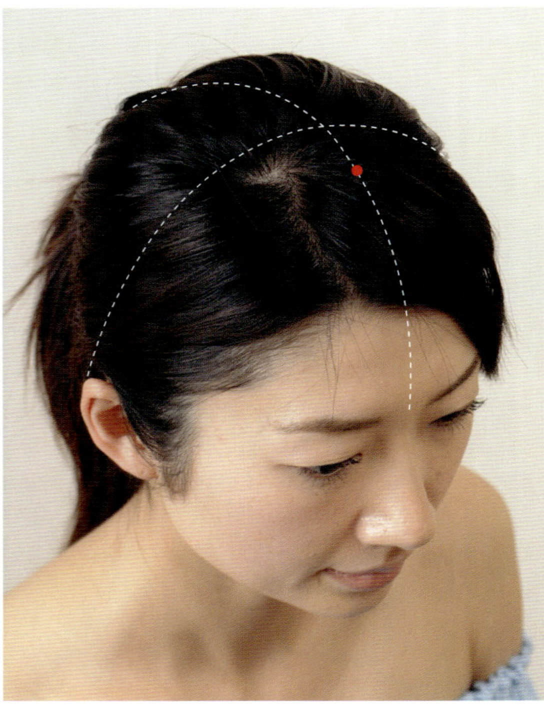

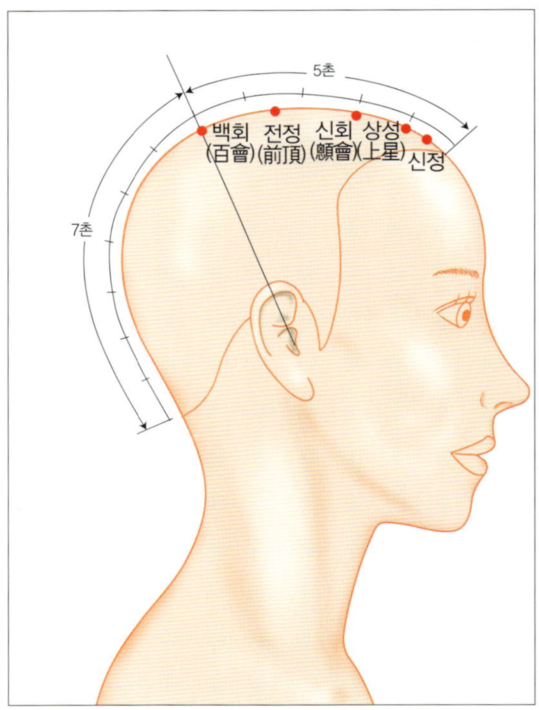

자침법

횡자(橫刺)로 0.5~0.8촌

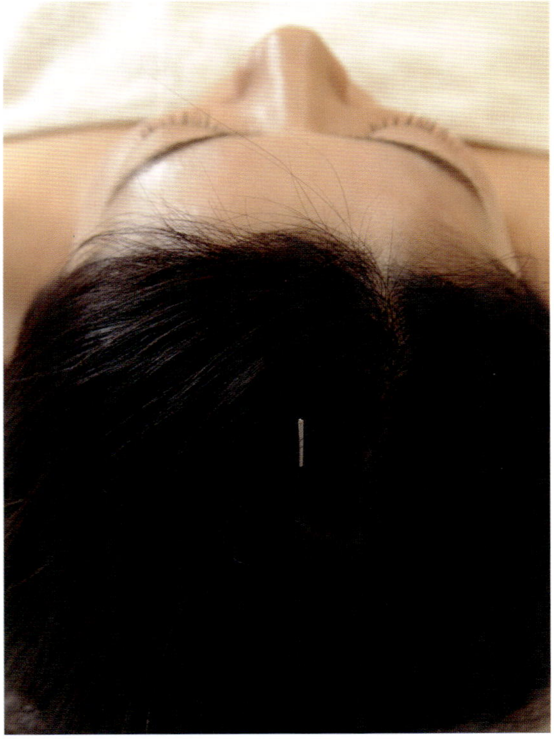

해 부

M : 모상건막

MN : —

SN : 안와상신경

BV : 안와상동맥

비 고

—

출 전

『갑을(甲乙)』

경혈명의 유래

이 혈은 두정의 한가운데에 있는 백회의 앞에 위치하므로 「전정」이라고 명명되었다.

독맥(督脈)

GV22 신회(顖會)

작 용

머리를 상쾌하게 하여 풍사(風邪)를 제거한다〔청두산풍(淸頭散風)〕.

>>미용의 효용<<

탈모 예방, 비듬, 안색과 윤기를 좋게 한다〔열택면용(悅澤面容)〕.

효 능

두통, 현기증, 비염, 콧물, 불면증, 기면(嗜眠), 고혈압, 중풍, 소아경련

위 치

전발제 한가운데의 바로 위 2촌 부분

취혈법

전발제 한가운데의 바로 위 2촌(백회의 앞 1.5촌)에 취혈한다.

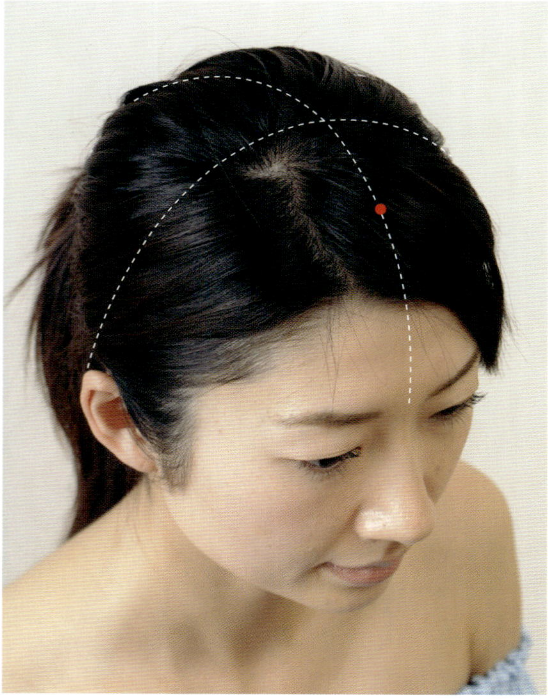

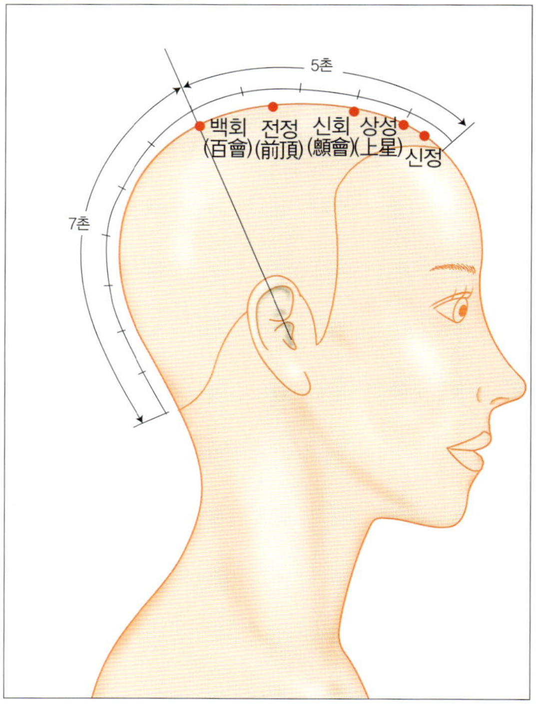

자침법

횡자(橫刺)로 0.5~0.8촌

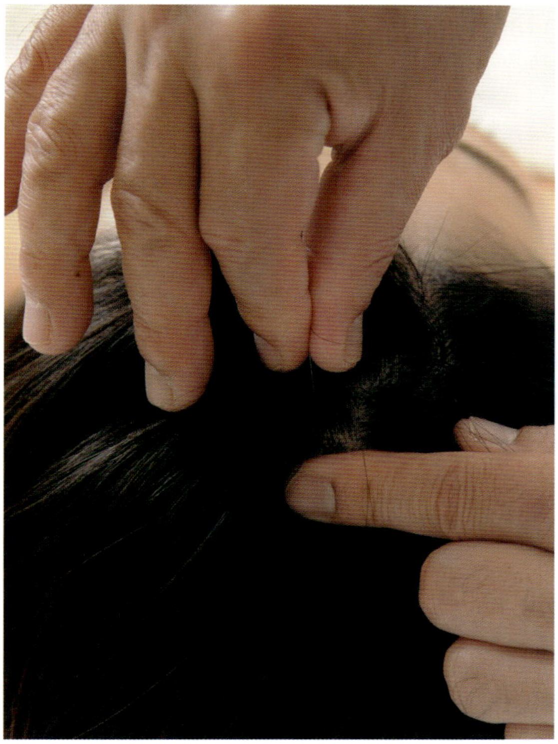

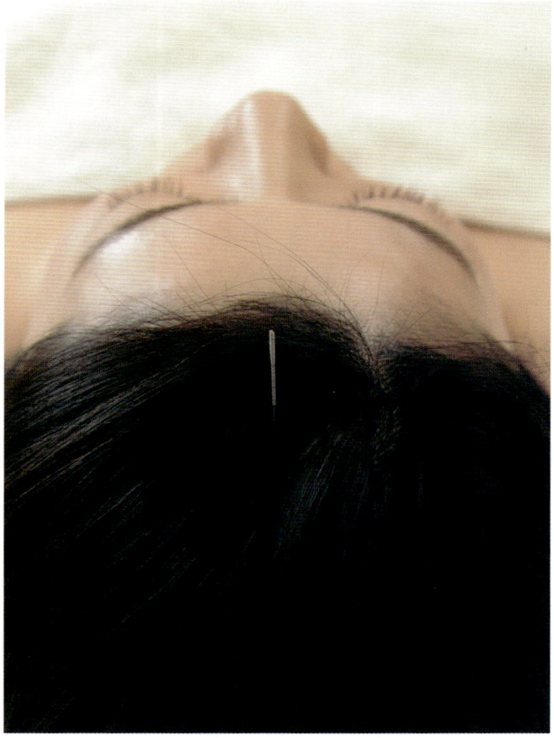

해 부

M : 모상건막

MN : —

SN : 안와상신경

BV : 안와상동맥

비 고

—

출 전

『영추(靈樞)』 열병편(熱病篇)

경혈명의 유래

「신(顖)」은 「대천문(大泉門)」이며, 「회(會)」에는 「모이다」라는 의미가 있어 이 혈은 대천문이 폐쇄된 부위에 위치한다. 이 부위는 1개의 전두골(前頭骨)과 1개의 두정골(頭頂骨)이 모여 봉합을 이루고 있는 부위이므로 이 혈은 「신회」라고 명명되었다.

독맥 (督脈)

GV23 상성(上星)

작 용

풍사(風邪)를 제거하여 열을 없애고〔소풍청열(疏風淸熱)〕, 코막힘을 개선한다〔선통비규(宣通鼻竅)〕.

>>미용의 효용<<

안면부의 부종, 눈 주위의 다크서클, 안색과 윤기를 좋게 한다〔열택면용(悅澤面容)〕.

효 능

두통, 현기증, 눈의 충혈 · 종창 · 통증, 영풍유루(迎風流淚), 근시, 시력 저하, 비염, 비폐색, 콧물

위 치

전발제 한가운데의 바로 위 1촌 부분

취혈법

전발제 한가운데의 바로 위 1촌에 취혈한다.

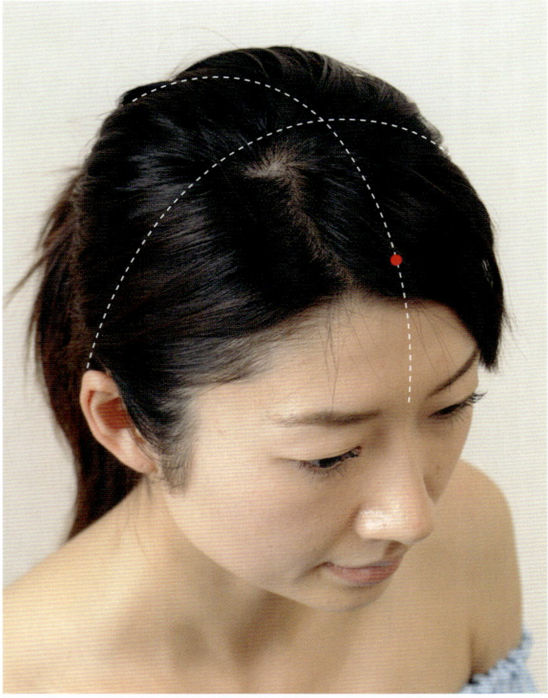

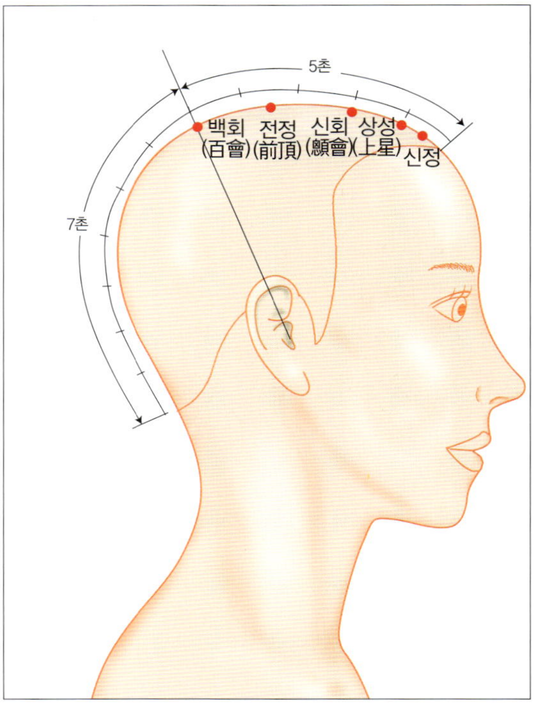

자침법

횡자(橫刺)로 0.5~0.8촌

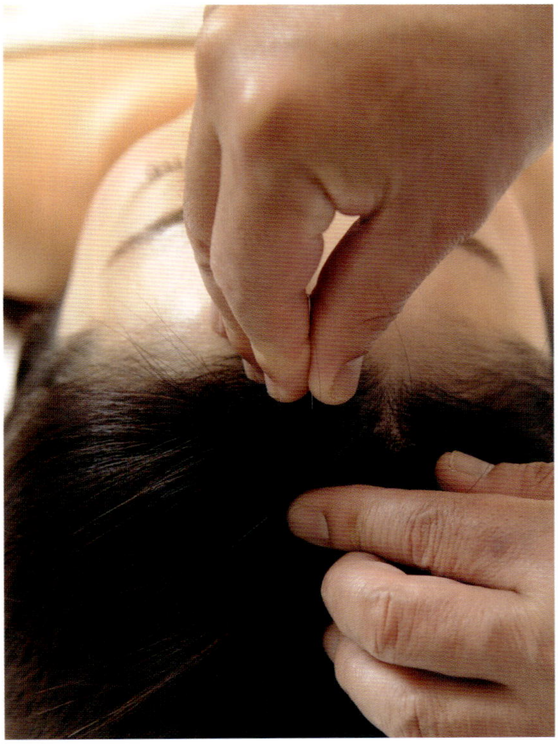

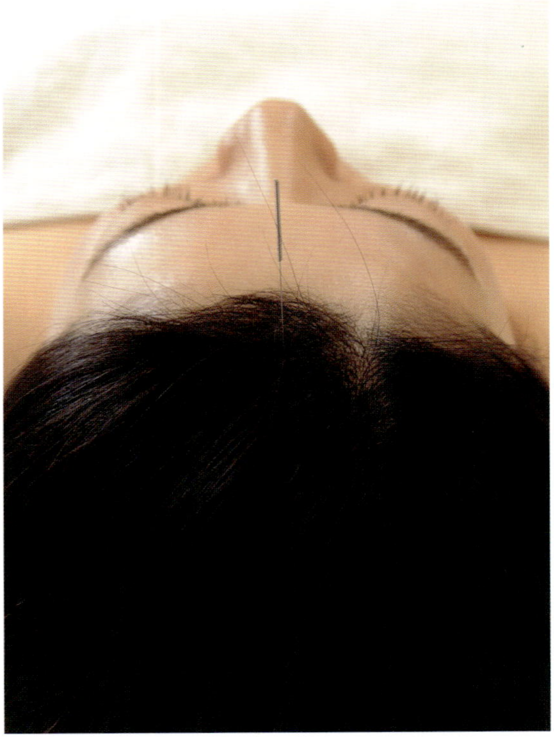

해 부

M : 모상건막, 전두근

MN : 안면신경

SN : 활차상신경, 안와상신경

BV : 활차상동맥, 안와상동맥

비 고

—

출 전

『갑을(甲乙)』

경혈명의 유래

이 혈은 머리의 상부에 위치하고 있으므로 별에 도달한다는 것에 비유하여 「상성」이라고 명명되었다.

독맥(督脈)

GV24 신정(神庭)

작 용

풍사(風邪)를 제거하여 열을 없애고〔소풍청열(疏風淸熱)〕, 코막힘을 개선하며〔선통비규(宣通鼻竅)〕, 정신을 안정시킨다.

>>미용의 효용<<

안면부의 부종, 눈 주위의 다크서클, 안색과 윤기를 좋게 한다〔열택면용(悅澤面容)〕.

효 능

두통, 현기증, 눈의 충혈 · 종창 · 통증, 비염, 비폐색, 콧물, 정신불안, 불면증, 중풍

위 치

전발제 한가운데의 바로 위 0.5촌 부분

취혈법

전발제 한가운데의 바로 위 0.5촌에 취혈한다.

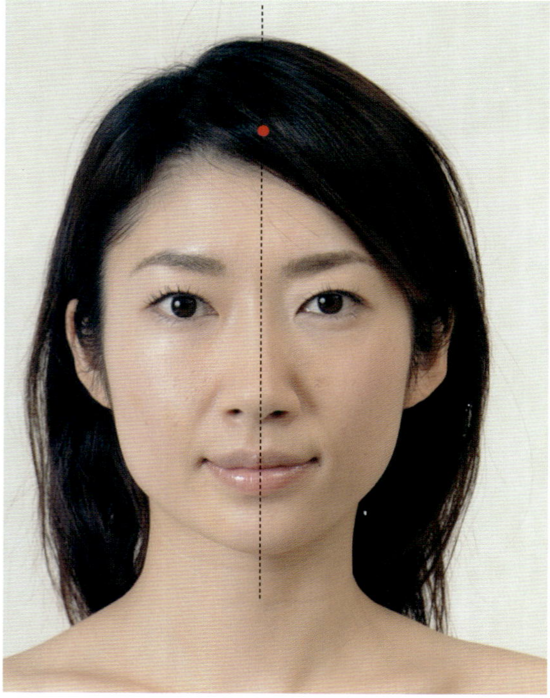

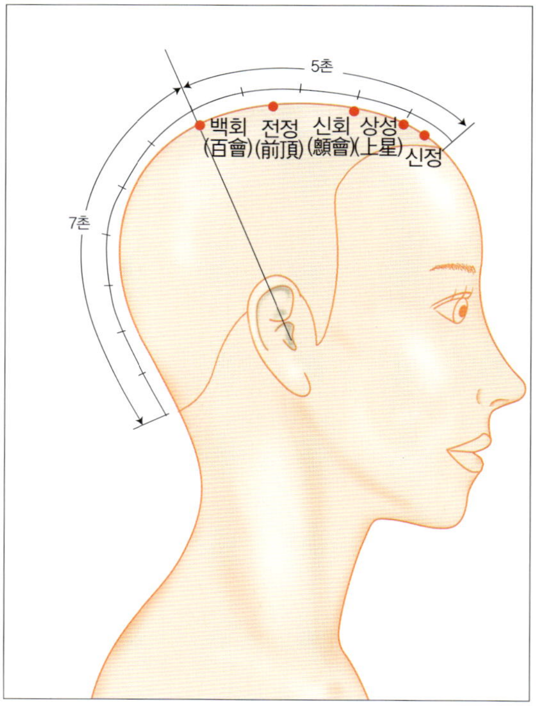

자침법

횡자(橫刺)로 0.5~0.8촌, 아래쪽을 향해 사자(斜刺)로 0.3~0.5촌 자침하는 방법도 있다.

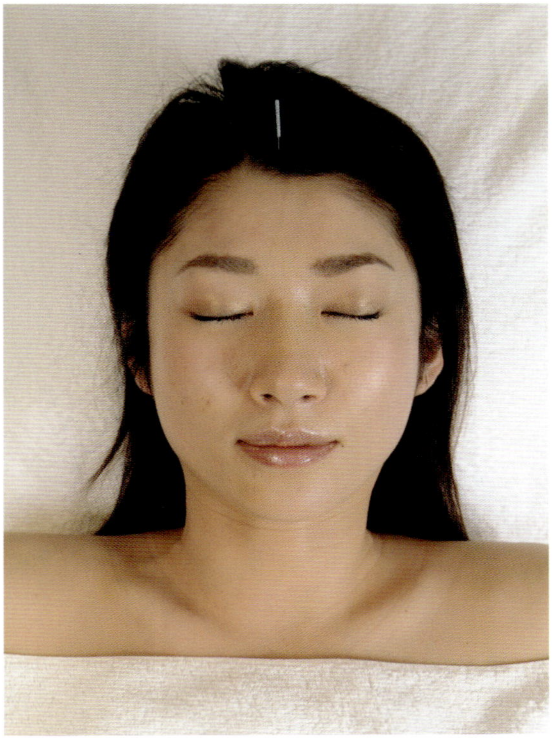

해 부

M : 모상건막, 전두근

MN : 안면신경

SN : 활차상신경, 안와상신경

BV : 활차상동맥, 안와상동맥

비 고

독맥(督脈), 수족태양(手足太陽), 족양명(足陽明)의 교회혈(갑을)

출 전

『갑을(甲乙)』

경혈명의 유래

두부(뇌)는 「원신(元神)의 부(府)」라고 인식되고 있다. 또한 「정(庭)」은 「문정(門庭)」, 「전정(前庭)」을 의미하고 있다. 이 혈은 두부의 전발제 한가운데에 위치하므로 「원신의 부」의 「문정」에 비유되어 「신정」이라고 명명되었다.

독맥(督脈)

GV26 수구(水溝)

작 용

열을 없애 코막힘을 개선하고〔청열개규(淸熱開竅)〕, 통증을 진정시켜 정신을 안정시킨다〔진통영심(鎭痛寧心)〕.

효 능

악관절증, 안면신경마비, 허리나 등의 경직과 통증, 낙침(落枕 : 자고 일어나서 뒷목 통증과 함께 고개를 돌리기 힘든 증상), 소아경련

위 치

인중구(人中溝)의 한가운데를 3등분 한 위 1/3 부분

취혈법

인중구의 한가운데를 3등분 한 위 1/3 부분에 취혈한다.

>>미용의 효용<<

안면 부종, 안면부의 잡티 · 소양감, 입 주위의 주름 · 부스럼, 안색과 윤기를 좋게 하고, 주름을 개선한다〔제추열안(除皺悅顔)〕.

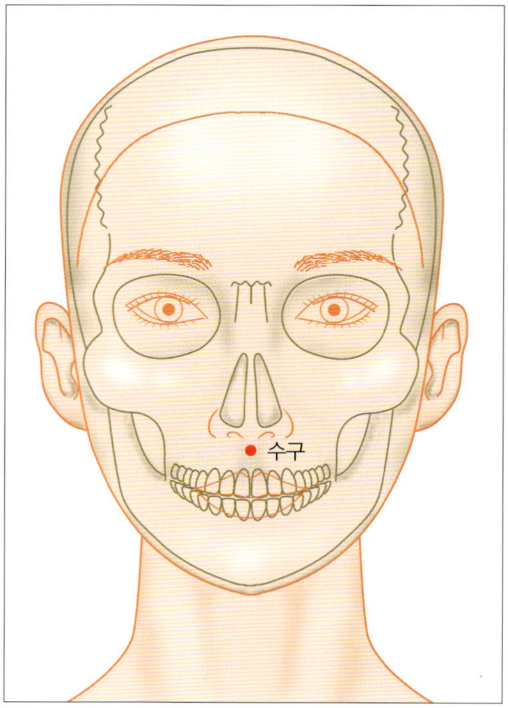

자침법

위쪽을 향해 사자(斜刺)로 0.3~0.5촌

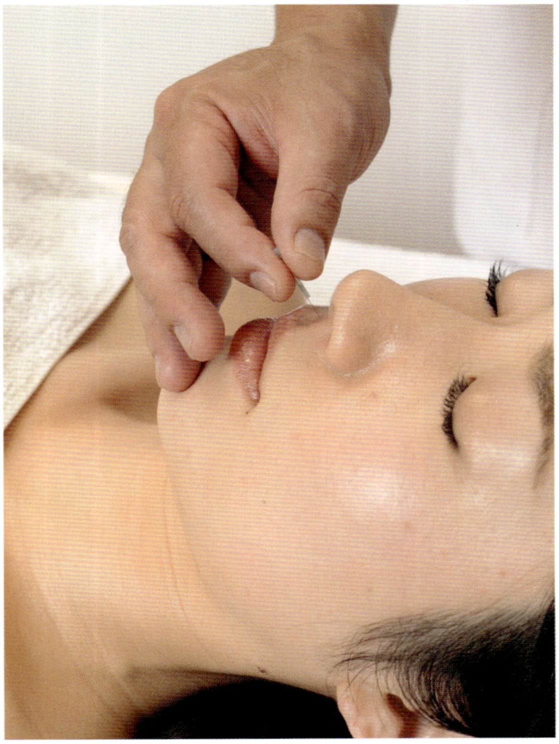

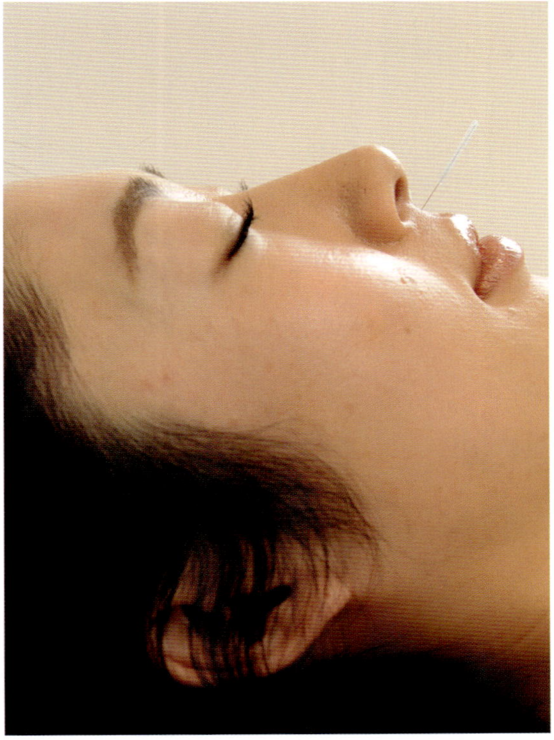

해 부

M : 구륜근(口輪筋)

MN : 안면신경

SN : 상악신경

BV : 상순동맥(上脣動脈)

비 고

독맥, 수족양명의 교회혈(갑을)

출 전

『갑을(甲乙)』

경혈명의 유래

이 혈은 인중구의 한가운데에 위치하므로 「수구」에 비유되어 이 명칭이 명명되었다.

임맥(任脈)

GV24 승장(承漿)

작 용

풍사(風邪)를 제거하여 경락의 흐름을 활발하게 하고〔거풍활락(去風活絡)〕, 부종을 없애 통증을 멈추게 한다〔소종진통(消腫鎭痛)〕.

>>미용의 효용<<

안면부의 부종, 거친 피부, 잡티, 구안와사, 입 주위와 악부(顎部)의 주름 · 늘어짐 · 여드름 · 부스럼

효 능

안면마비, 치통

위 치

이순구(頤脣溝 : 입술 아래의 들어간 부분) 한가운데의 함요부

취혈법

이순구 한가운데의 함요부에 취혈한다.

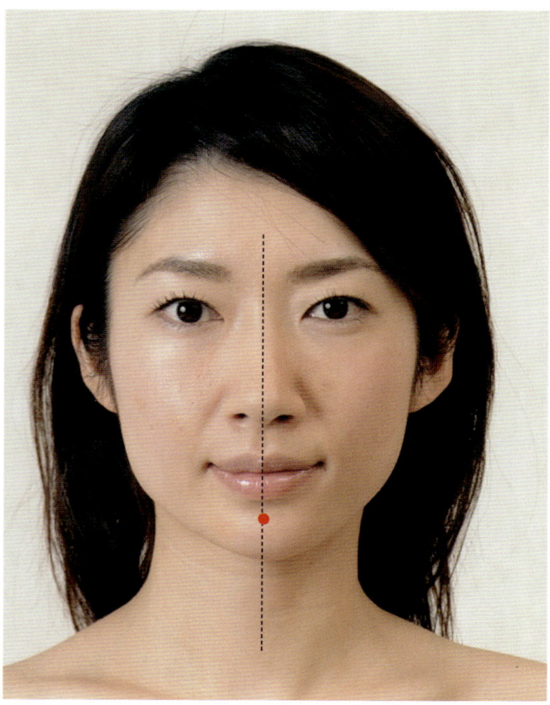

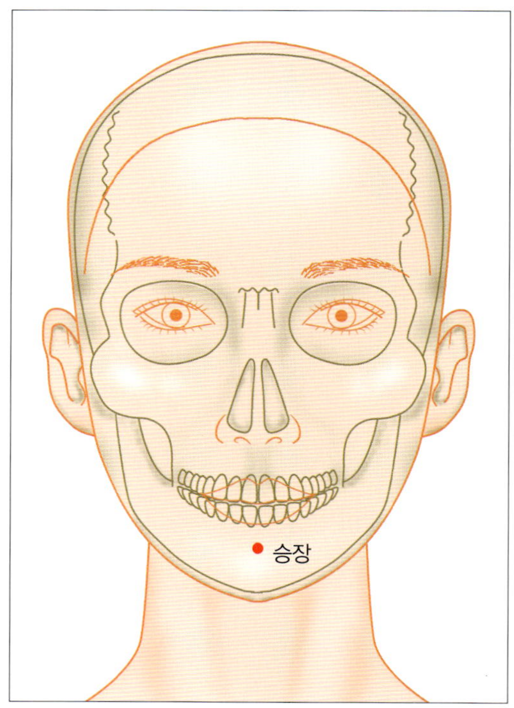

자침법

위쪽을 향해 사자(斜刺)로 0.3~0.5촌

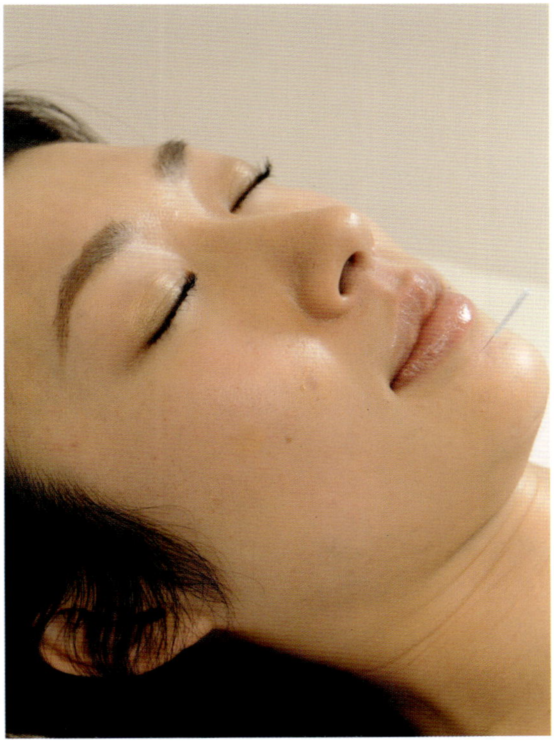

해 부

M : 구륜근, 하순하제근(下脣下制筋)

MN : 안면신경

SN : 하악신경

BV : 하순동맥(下脣動脈)

비 고

족양명, 임맥의 교회혈(갑을)

출 전

『갑을(甲乙)』

경혈명의 유래

「승(承)」은 「받다」, 「장(漿)」은 「침」이라는 의미이다. 이 혈은 침이 흐를 때 그것을 받는 부위에 위치하므로 「승장」이라고 명명되었다.

경외기혈(經外奇穴)

EX-HN1 사신총(四神聰)

작 용

뇌의 기능을 활성화시켜 정신을 안정시킨다〔안신익지(安神益智)〕.

>>미용의 효용<<

두부 습진, 원형탈모증, 탈모 예방

효 능

두통, 현기증, 이명, 불면증, 꿈을 많이 꾼다, 건망증

위 치

백회(百會)에서 전후좌우에 각 1촌의 4개소

취혈법

좌우 이첨(耳尖)을 연결한 선이 정중선과 교차하는 곳에 백회를 잡고, 그 전후좌우 1촌 부분에 합계 4개소에 취혈한다.

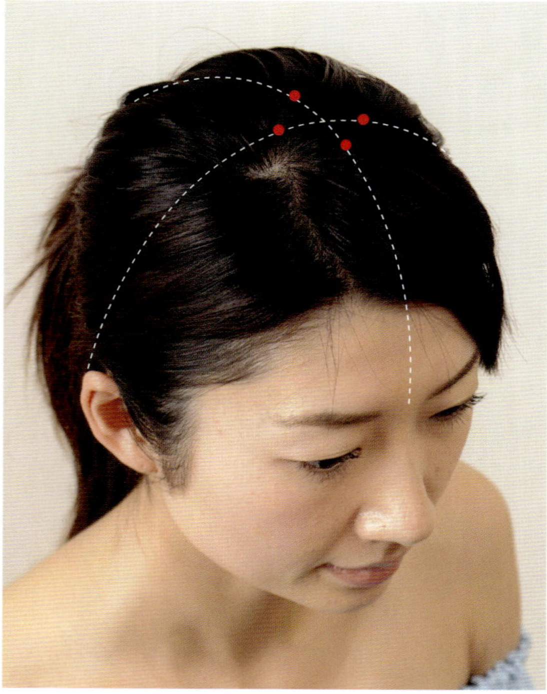

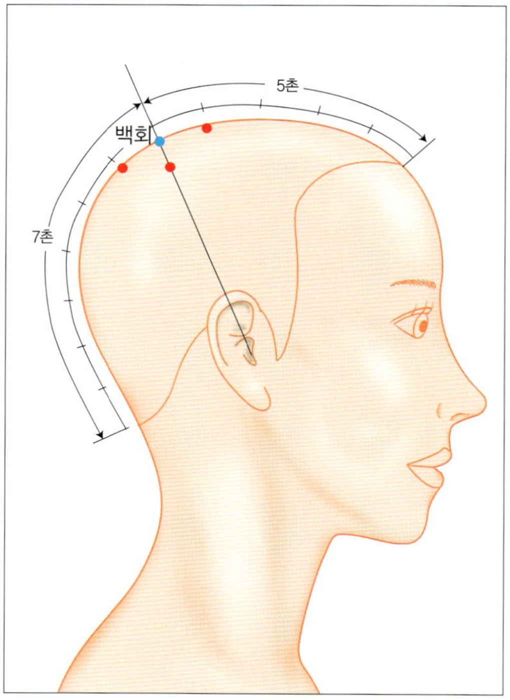

ACUPUNCTURE FOR HEALTH & BEAUTY

자침법

백회의 방향을 향해 횡자(橫刺)로 0.5~0.8촌

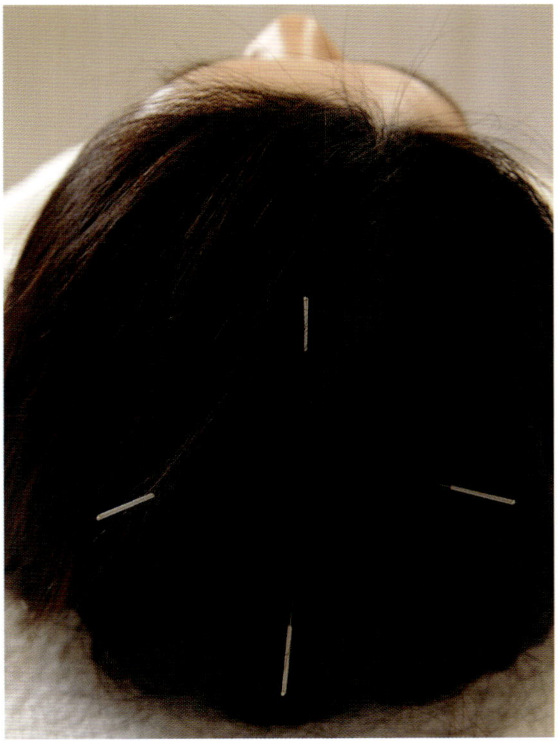

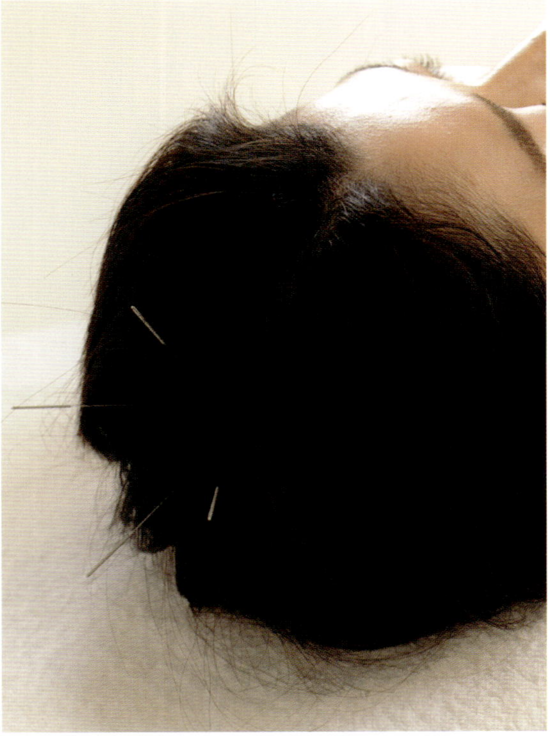

해 부

M : 모상건막

MN : —

SN : 안와상신경, 이개측두신경, 대후두신경

BV : 안와상동맥, 천측두동맥, 후두동맥

비 고

—

출 전

『태평성혜방(太平聖惠方)』, 『명당(明堂)』, 『자생경(資生經)』 등

경혈명의 유래

「사(四)」는 사방(전후좌우)을 가리키고, 두부(뇌)는 「원신(元神)의 부(府)」라고 인식되어 있어 여기에 자침하면 「건뇌익총(健腦益聰)」의 효능이 있으므로 이 혈은 「사신총」이라고 명명되었다.

경외기혈(經外奇穴)

EX-HN3 인당(印堂)

작 용

풍사(風邪)를 제거하여 통증을 멈추게 하고〔거풍지통(去風止痛)〕, 열을 없애 정신을 안정시킨다〔청열안신(清熱安神)〕.

>>미용의 효용<<

구안와사, 액부(額部)의 주름, 눈 주위의 다크서클, 두부 · 안면부의 여드름 · 부스럼

효 능

두통, 현기증, 눈의 충혈 · 종창 · 통증, 비염, 콧물, 딸꾹질, 안면신경마비, 삼차신경통, 편마비, 소아의 급성 · 만성경련, 불면증, 고혈압증

위 치

좌우 미두(眉頭)를 연결한 선의 가운데 점

취혈법

좌우 미두를 연결한 선이 정중선과 교차하는 곳에 취혈한다.

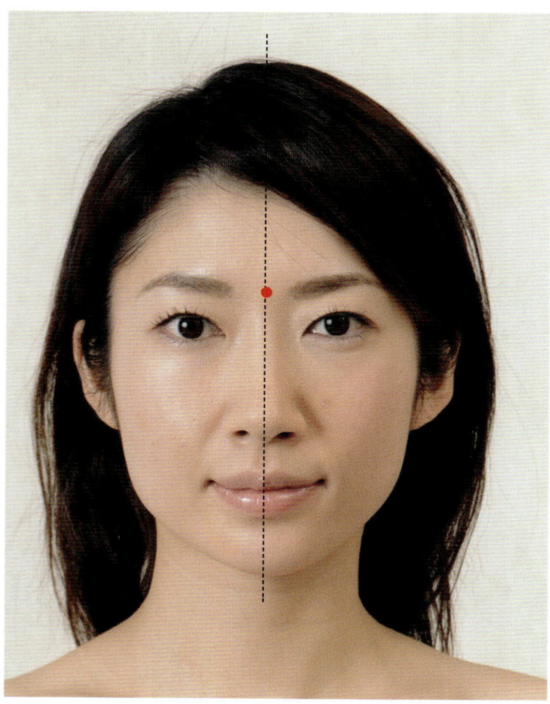

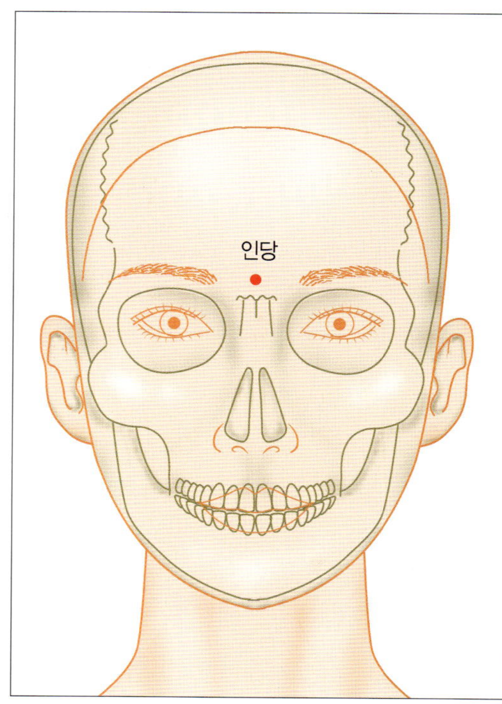

자침법

아래쪽을 향해 횡자(橫刺)로 0.3~0.5촌. 좌우의 정명(睛明), 찬죽(攢竹)에 투자(透刺). 제날자입법(提捏刺入法)이 적합하다.

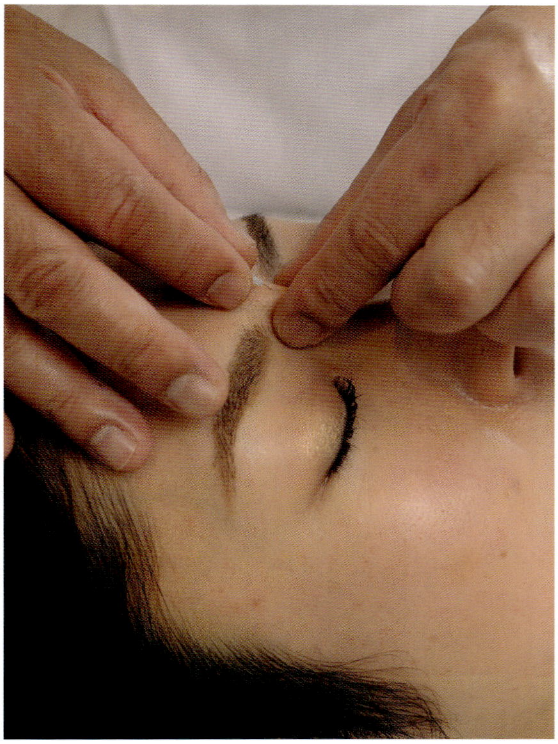

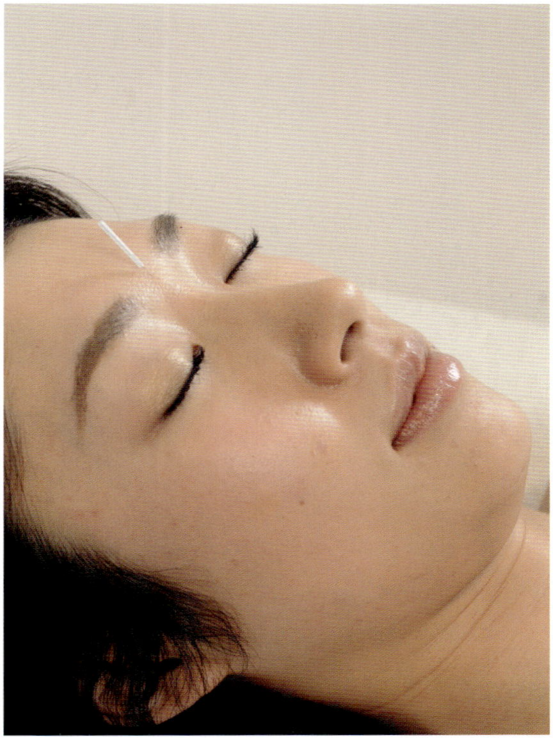

해 부

M : 비근근(鼻根筋)

MN : 안면신경

SN : 활차상신경

BV : 활차상동맥

비 고

—

출 전

『소문(素問)』 자학편(刺瘧篇), 『침구대성(針灸大成)』, 『유경도익(類經圖翼)』, 『침구봉원(針灸逢源)』 등

경혈명의 유래

「당(堂)」은 「장소」를 의미하고 있어 이 혈은 고대 사람들이 연지를 칠해 치장했던 부위였으므로 「인당」이라고 명명되었다.

경외기혈(經外奇穴)

EX-HN4 어요(魚腰)

작 용

열을 없애 눈을 밝게 하고〔청열명목(淸熱明目)〕, 경련을 진정시켜 통증을 멈추게 한다〔해경지통(解痙止痛)〕.

효 능

편두통, 눈의 충혈 · 종창 · 통증, 안구피로, 근시, 안와상신경통, 안근마비, 안면신경마비

>>미용의 효용<<

안검경련, 안검하수, 눈 주위의 다크서클, 액부(額部)와 눈 주위의 주름 개선, 액부의 여드름 · 부스럼, 구안와사, 안색과 윤기를 좋게 하고〔열택면용(悅澤面容)〕, 눈썹이 자라는 것을 촉진한다.

위 치

눈썹 중앙

취혈법

똑바로 앞을 보았을 때의 동공 바로 위에서 눈썹의 거의 중앙에 취혈한다. 검지나 중지의 지복(指腹)으로 약간 눌러 눈썹의 중앙을 촉진하면 약간 함요된 것을 느낄 수 있다. 이 함요부를 지복으로 압박하면 무언가 울리는 것 같은 독특한 감각이 발생하므로 정확하게 그 부위에서 취혈한다.

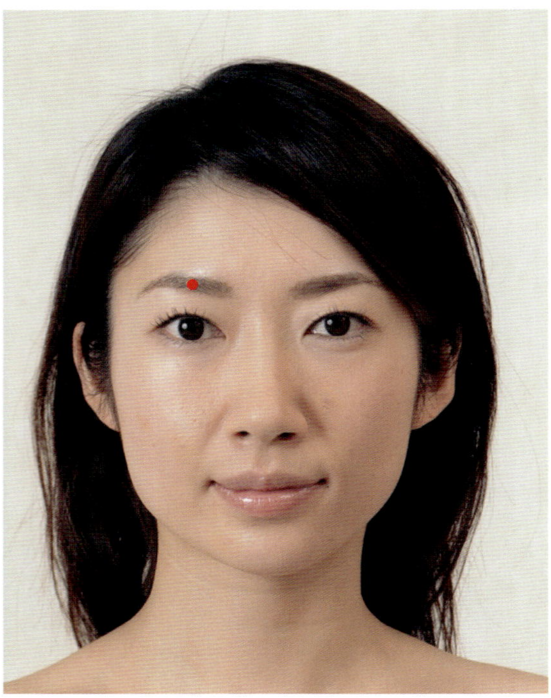

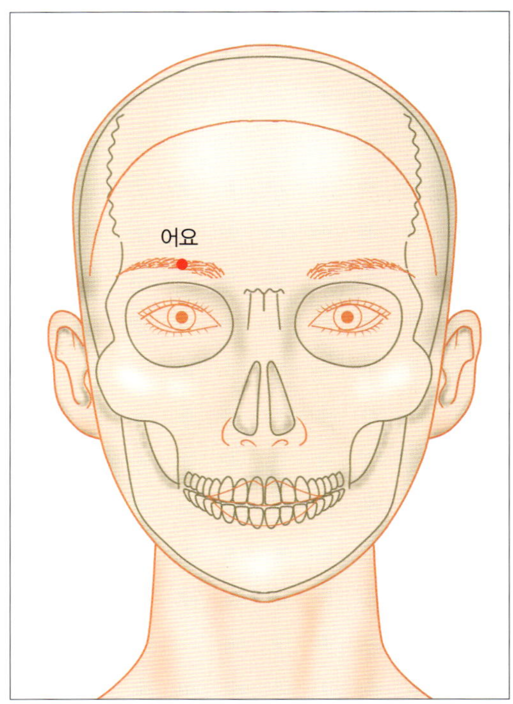

자침법

직자(直刺)로 0.1촌 또는 눈썹 끝을 향해 횡자(横刺)로 0.5촌. 횡자에는 제날자입법이 적합하다.

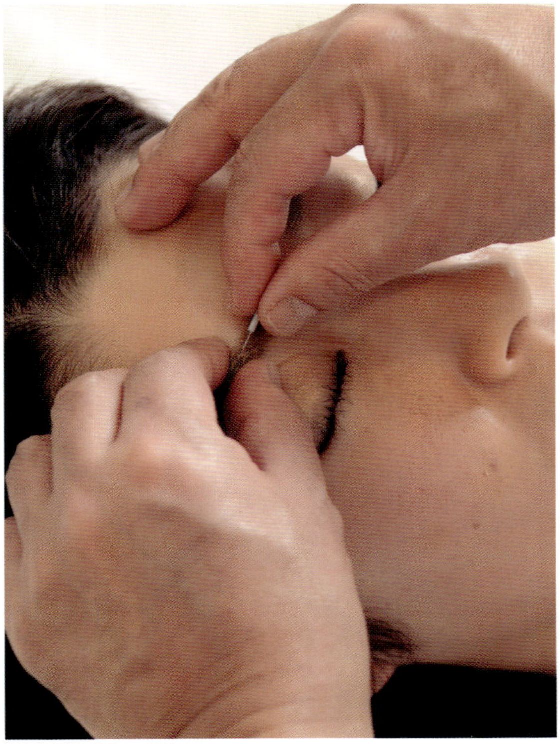

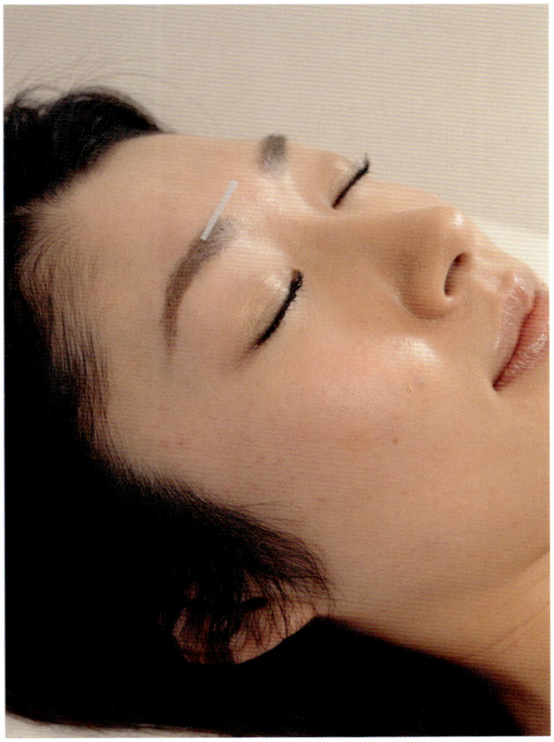

해 부

M : 안륜근

MN : 안면신경

SN : 활차상신경

BV : 전두동맥(활차동맥)

비 고

—

출 전

『침구대성(針灸大成)』

경혈명의 유래

「어(魚)」는 그 형태로부터 비유되어 「눈썹」을 형용한 것이며, 「어요」란 물고기의 요부(한가운데 정도)를 의미한다. 이 혈은 눈썹의 가운데 지점에 위치하므로 「어요」라고 명명되었다.

경외기혈(經外奇穴)

상명(上明)

>>미용의 효용<<

눈꺼풀의 부종, 눈 주위의 주름, 눈 주위의 다크서클, 눈 아래의 늘어짐

작 용

풍사(風邪)를 제거하여 눈을 밝게 한다〔명목(明目), 거풍(去風)〕.

효 능

시력 저하, 건조성 각막염(dry eye), 안검경련, 눈의 충혈 · 종창 · 통증 · 소양감 등 안과질환 전반에 폭넓게 응용된다.

위 치

똑바로 앞을 보았을 때의 동공 바로 위로, 안와 상연의 중앙

취혈법

똑바로 앞을 보았을 때의 동공 바로 위에서, 안구와 안와 상연 사이에 취혈한다.

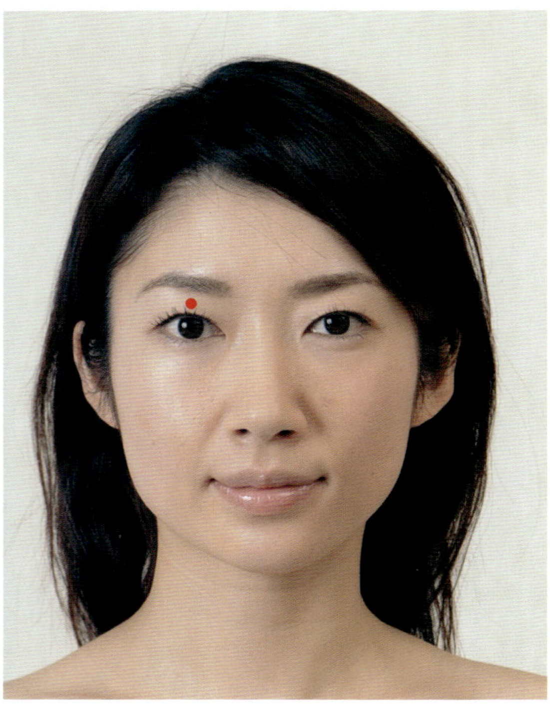

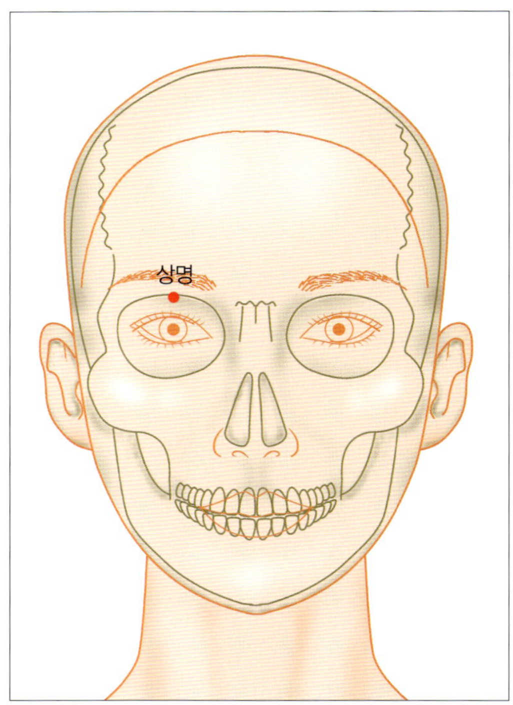

자침법

안구를 안저를 향해 가볍게 압박하고, 안와 상연을 따라 안저 방향을 향해 천천히 0.5~1촌 직자(直刺)한다.

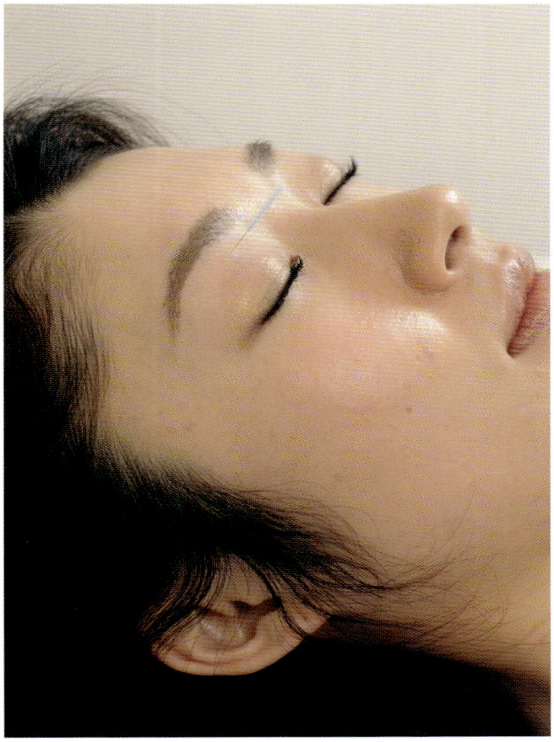

해 부

M : 안륜근

MN : 안면신경

SN : 안신경(안와상신경)

BV : 안각동맥(眼角動脈)

비 고

—

출 전

『갑을(甲乙)』

경혈명의 유래

안구의 상부에 위치하고 여기에 자침하면 시각 기능이 개선되어 시계가 밝아지므로 이 혈은 「상명」이라고 명명되었다.

경외기혈(經外奇穴)

EX-HN5 태양(太陽)

작 용

풍사(風邪)를 제거하여 경련을 진정시키고〔거풍해경(去風解痙)〕, 열을 없애 통증을 멈추게 하며〔청열지통(清熱止痛)〕, 머리와 눈을 밝게 한다〔청두명목(清頭明目)〕.

>>미용의 효용<<

눈 주위의 주름 · 늘어짐의 개선〔제추익안(除皺益顔)〕, 눈 주위의 다크서클, 안검하수, 액부(額部)의 여드름 · 부스럼, 구안와사

효 능

두통, 편두통, 현기증, 눈의 충혈 · 종창 · 통증, 안구피로, 안검경련, 삼차신경통

위 치

눈썹의 외단(外端)과 외안각을 연결한 선의 중앙에서 뒤쪽으로 약 1촌의 함요부

취혈법

눈썹의 외단과 외안각을 연결한 선의 중앙에서 뒤쪽으로 약 1촌의 함요부에 취혈한다.

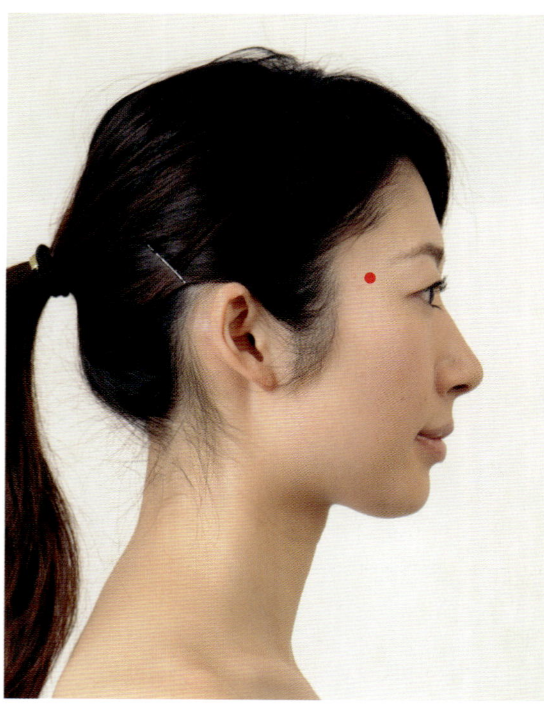

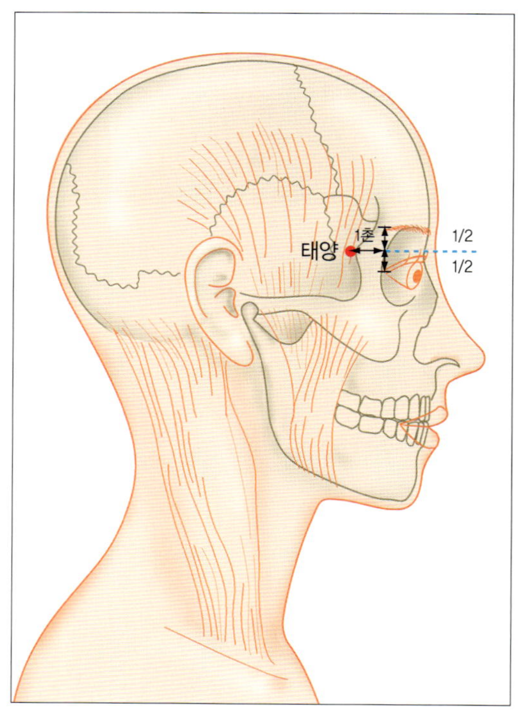

자침법

직자(直刺)로 0.2~0.3촌, 아래를 향해 사자(斜刺)로 1~1.5촌, 눈썹의 외단을 향해 횡자(橫刺)로 0.5촌 등의 방법이 있다.

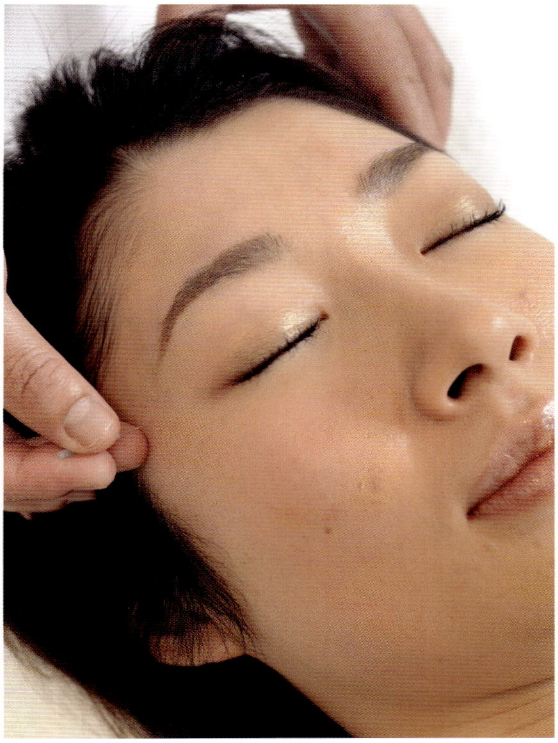

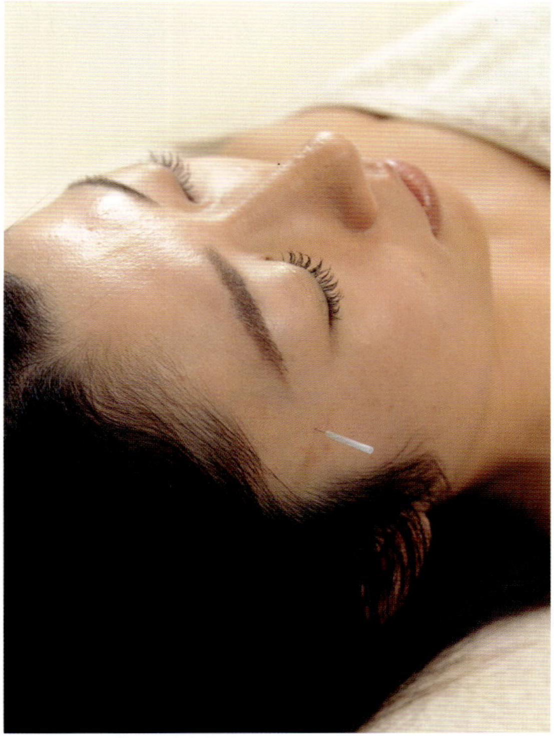

해 부

M : 측두근

MN : 삼차신경(하악신경)

SN : 상악신경 협골측두 가지

BV : 협골안와동맥, 심측두동맥

비 고

태양혈에 직자(直刺)로 자침했을 경우에는 발침(拔鍼) 후에 자입 부위가 혹처럼 올라오는 경우가 있는데, 피하 출혈을 수반하는 경우는 적어 소독면 등을 이용하여 가볍게 압박함으로써 곧 회복한다.

출 전

『성혜(聖惠)』, 『천금(千金)』, 『침구대성(針灸大成)』, 『침구봉원(針灸逢源)』 등

경혈명의 유래

「태(太)」는 「왕성」이라는 것을 의미하고, 「태양(太陽)」은 양기가 왕성하다는 의미이다. 두부는 「제양(諸陽)의 모임」이며 양기가 왕성하기 때문에 흥분하기 쉬워 두통을 일으키는 경우에 여기에 자침하면 치료할 수 있으므로 이 혈은 「태양」이라고 명명되었다.

경외기혈(經外奇穴)

EX-HN7 구후(球後)

작 용

열을 없애 눈을 밝게 한다〔청열명목(淸熱明目)〕.

>>미용의 효용<<

구안와사, 안검부종, 눈 주위의 다크서클 · 늘어짐 · 주름

효 능

눈의 충혈 · 종창 · 통증, 안구피로, 근시, 기타 안과질환 전반

위 치

안와 하연 바깥쪽 1/4과 3/4의 경계

취혈법

가볍게 눈을 감고 똑바로 앞을 본 상태에서 안와 하연을 4등분 하여 바깥쪽부터 1/4 부분에 취혈한다.

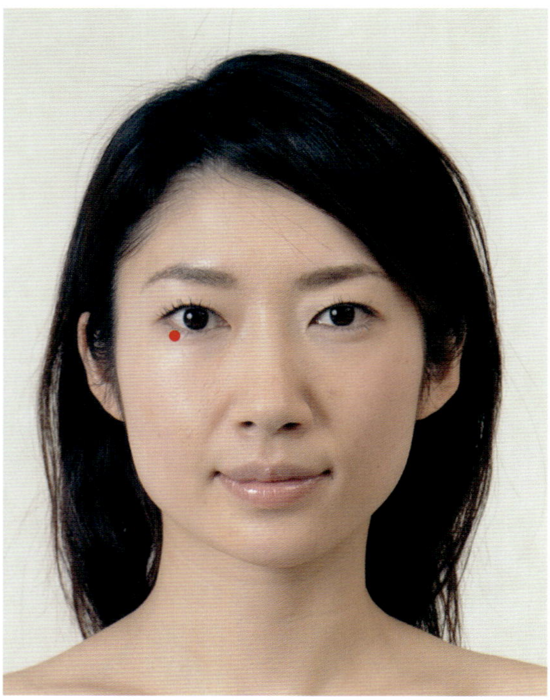

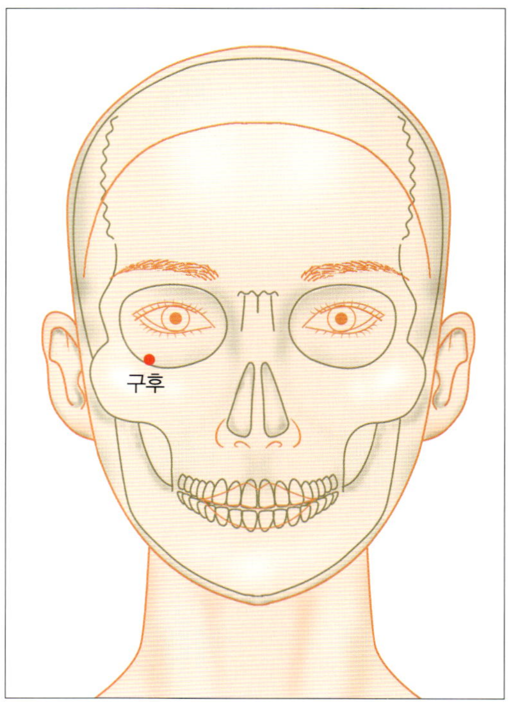

자침법

안구를 안저를 향해 가볍게 압박하고, 안저 방향을 향해 천천히 0.5~1촌 직자(直刺)한다.

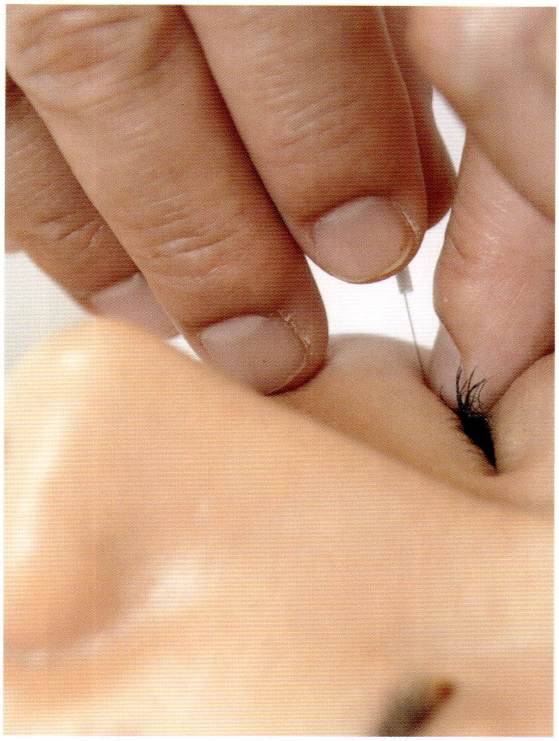

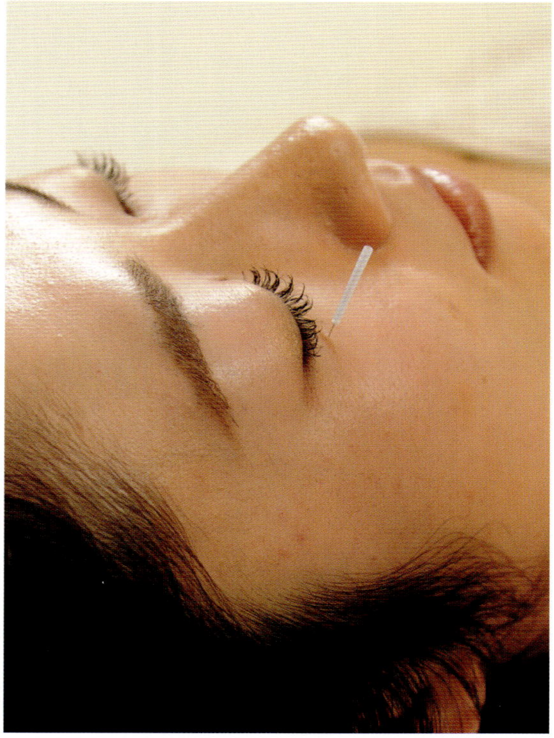

해 부

M : 안륜근

MN : 안면신경의 협골지(頰骨枝)

SN : 상악신경(안와하신경의 분지), 모양체 신경절(毛樣體 神經節), 시신경, 안신경

BV : 안면동맥

비 고

—

출 전

『침구학(鍼灸學)』, 『절강중의잡지(浙江中醫雜誌)』

경혈명의 유래

「구(球)」는 「안구」, 「후(後)」는 안구 뒤쪽을 의미하고 있다. 여기에 자침하면 안구부의 뒤쪽 아래쪽에 자극이 미치기 때문에 이 혈은 「구후」라고 명명되었다.

경외기혈(經外奇穴)

EX-HN8 상영향(上迎香) ※ 별명 : 비통(鼻通)

작 용

열을 없애 풍사(風邪)를 제거하고〔청열산풍(淸熱散風)〕, 코막힘을 개선한다〔선통비규(宣通鼻竅)〕.

>>미용의 효용<<

안면 부종, 늘어짐, 여드름 · 부스럼, 법령선의 개선

효 능

비염, 비폐색(코막힘), 콧물, 부비강염(副鼻腔炎)에 의한 후각장애 등 코의 질환 전반, 안면경련, 눈의 염증

위 치

콧등 위의 비익연골(鼻翼軟骨)과 비골(鼻骨)의 경계 부분.

코는 1개의 비골에 연골이 붙어 외비(外鼻 : 바깥코)가 형성되어 있어 상영향혈은 비골의 하단에서 연골이 부착되어 있는 곳에 해당한다.

취혈법

비순구(鼻脣溝)의 상단(上端) 부근에서, 콧등 위에서 비익연골과 비골의 경계 부분에 취혈한다.

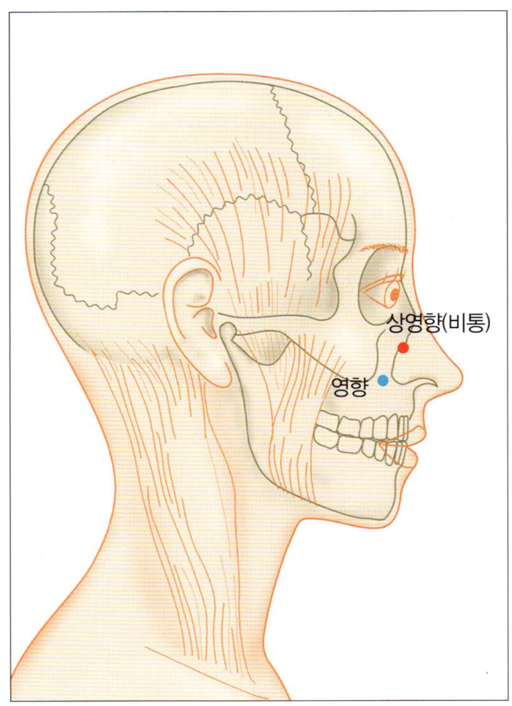

자침법

안쪽 위쪽을 향해 사자(斜刺)로 0.3~0.5촌

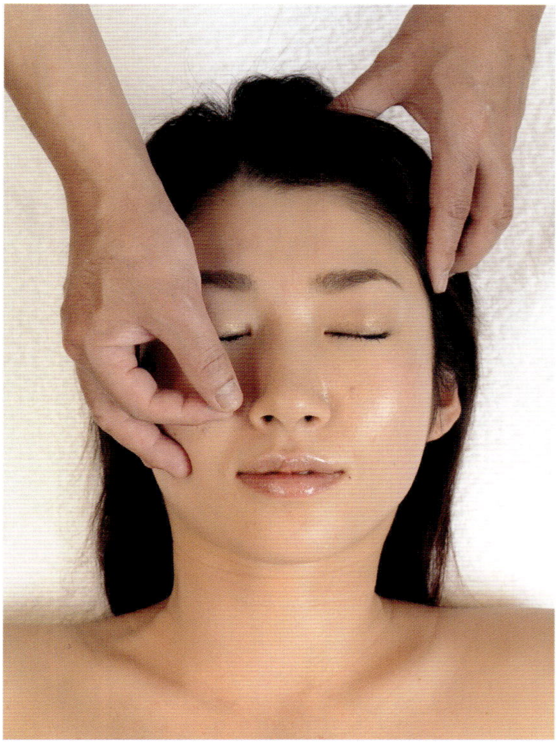

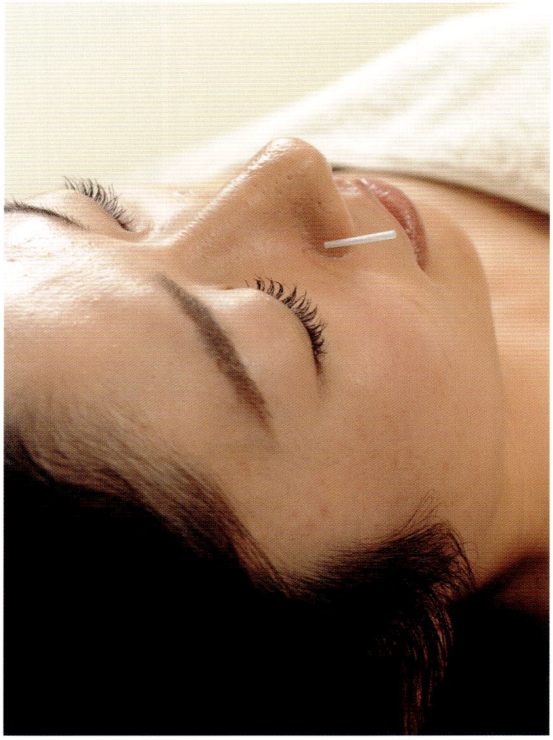

해 부

M : 흉쇄유돌근(胸鎖乳突筋)

MN : 부신경(副神經), 경신경총근(頸神經叢筋) 가지

SN : 대이개신경

BV : 후두동맥

비 고

—

출 전

『은해정미(銀海精微)』 등

경혈명의 유래

이 혈은 「영향(迎香)」의 상부에 위치하므로 「상영향」이라고 명명되고, 또한 코막힘을 치료하므로 별명으로는 「비통(鼻通)」이라고 명명되었다.

경외기혈(經外奇穴)

협승장(俠承漿)

작 용

풍사(風邪)를 제거하여 경락의 흐름을 활발하게 한다〔거풍활락(去風活絡)〕.

부종을 없애 통증을 멈추게 한다〔소종진통(消腫鎭痛)〕.

>>미용의 효용<<

안면 부종, 거친 피부, 잡티, 구안와사, 입 주위와 악부(顎部)의 주름 · 늘어짐 · 여드름 · 부스럼

효 능

안면마비, 삼차신경통, 치통

위 치

승장(承漿)의 양쪽 1촌 부분

취혈법

승장의 양쪽 1촌에 취혈한다.

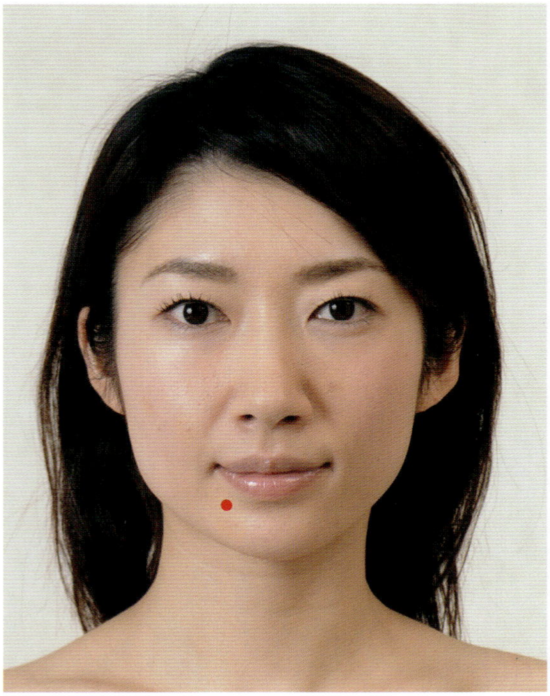

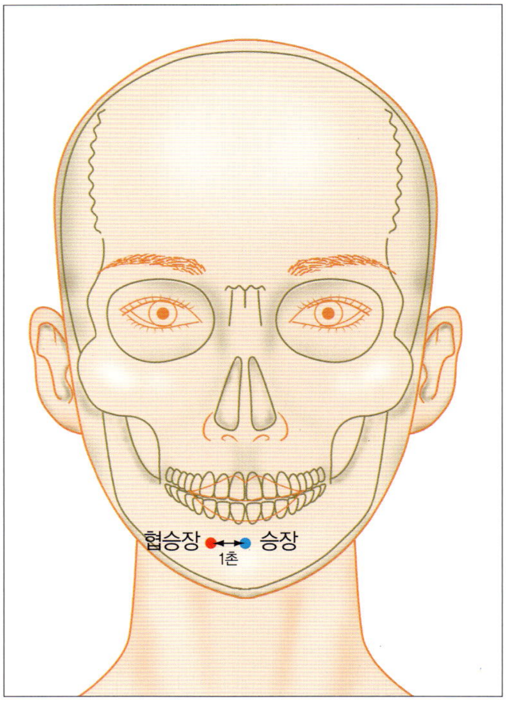

자침법

직자(直刺)로 0.1~0.2촌

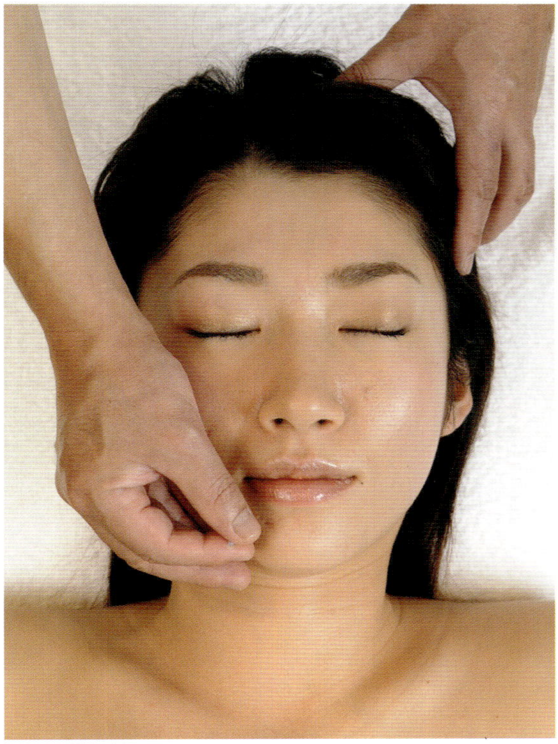

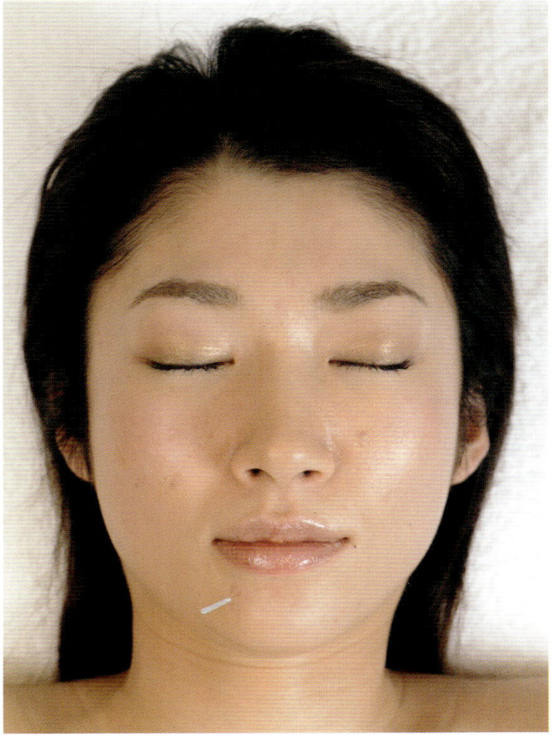

해 부

M : 구륜근, 하순하제근(下脣下制筋)

MN : 안면신경의 하악연(下顎緣) 가지

SN : 하악신경〔이신경(頤神經) : 턱끝신경〕

BV : 하순동맥

비 고

하악골의 이공(頤孔 : 턱끝구멍)이 있어 이신경이 통한다.

출 전

『천금방(千金方)』

경혈명의 유래

「협(俠)」은 「옆」을 의미하고 이 혈은 「승장」의 바깥쪽에 위치하기 때문에 「협승장」이라고 명명되었다.

경외기혈(經外奇穴)

EX-HN14 예명(翳明)

>>미용의 효용<<

구안와사, 협부(頰部)의 부종 · 늘어짐

작 용

풍열(風熱)의 사기(邪氣)를 다스리고〔소산풍열(疏散風熱)〕, 귀막힘과 청력을 개선한다〔총이규(聰耳竅)〕.

효 능

근시, 원시, 건조성 각막염(dry eye), 시력 저하, 안구피로, 이명, 악관절증, 현기증, 불면증, 정신불안, 경항부의 경직과 통증

위 치

예풍(翳風)혈의 뒤 1촌

취혈법

흉쇄유돌근의 정지부에서 유양돌기의 바로 아래.

예풍혈의 뒤 약 1촌에서 이수(耳垂 : 귓불)와 거의 같은 높이에 있는 함요부에 취혈한다.

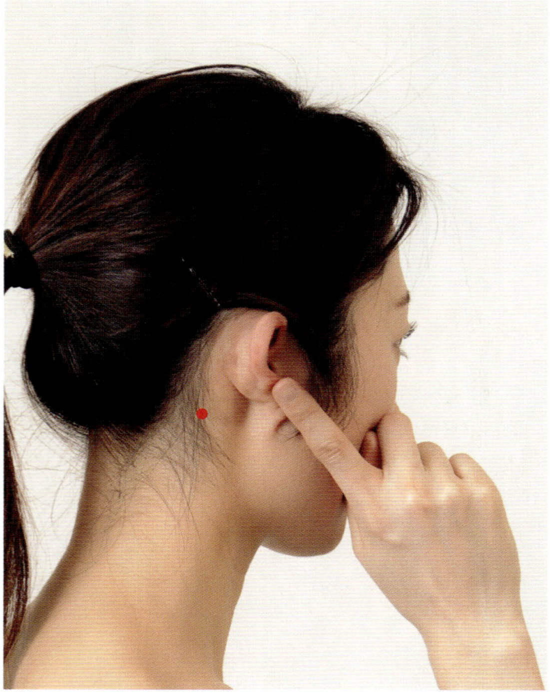

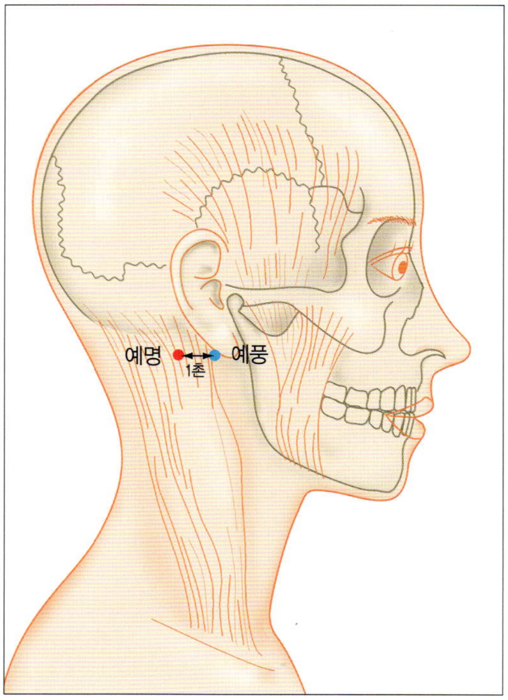

자침법

직자(直刺)로 0.5~1.2촌

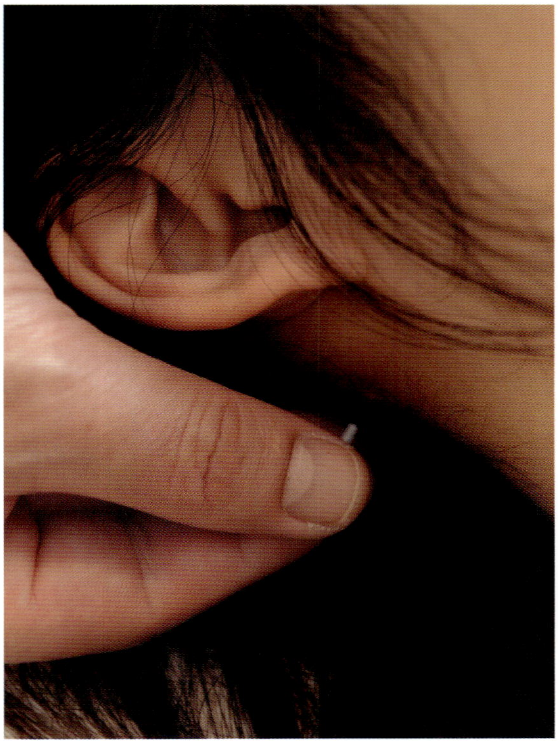

해 부

M : 흉쇄유돌근

MN : 안면신경

SN : 대이개신경, 소후두신경

BV : 후이개동맥

비 고

—

출 전

『중화의학잡지(中華醫學雜誌)』

경혈명의 유래

「예(翳)」는 「예풍(翳風)」을 가리키고, 「예풍」의 뒷부분에 위치하고 여기에 자침하면 시각 기능이 개선되어 시야가 밝아지므로 「예명」이라고 명명되었다.

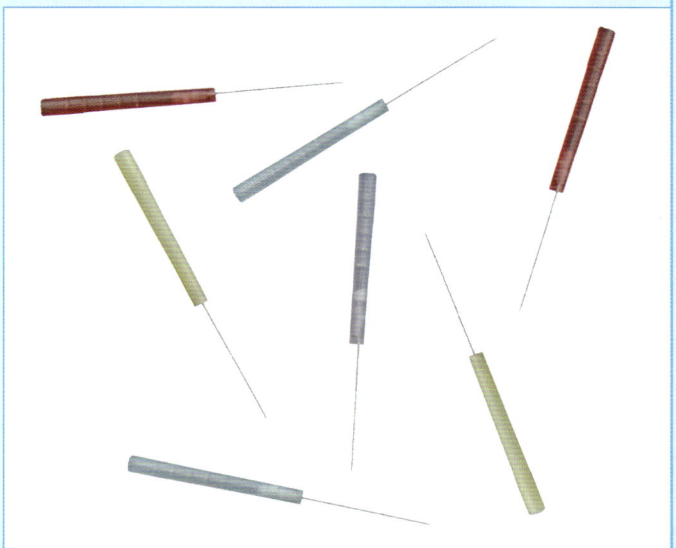

찾 • 아 • 보 • 기

ㄱ

ㄴ

ㄷ

ㅁ

| ㅇ |

| ㅈ |

| ㅊ |

| ㅋ |

| ㅌ |

| ㅍ |